世界兵器解码

驱逐舰篇

北京中科鹦鹉螺软件有限公司 组编

石宏 郑保华 著

机械工业出版社
CHINA MACHINE PRESS

随着军事科技的进步，驱逐舰的技术复杂程度和造价越来越高，逐步成为各海军强国的主力舰种。广大军迷对海军这位“后起之秀”也是越来越关注。本书邀请了该领域权威专家通过专业视角为读者解码驱逐舰，首先从驱逐舰的基本概念、基本分类入手；然后解析了现役驱逐舰的典型代表，包括其性能、参数、内部结构；最后介绍了驱逐舰的基本战术运用、相关故事与战例等内容，以期让读者对驱逐舰有一个全方位的认识，并更深刻地理解驱逐舰对海战的作用。特别值得一提的是，本书部分精美图片是由专业软件建模团队负责呈现的，可以让读者在详细了解驱逐舰知识的同时还能够通过不同角度欣赏驱逐舰的独特魅力。

图书在版编目（CIP）数据

世界兵器解码. 驱逐舰篇 / 北京中科鹦鹉螺软件有限公司组编；
石宏，郑保华著. — 北京：机械工业出版社，2021.7（2025.9 重印）
ISBN 978-7-111-68871-6

Ⅰ. ①世…　Ⅱ. ①北…　②石…　③郑…　Ⅲ. ①驱逐舰 – 世界 – 通俗读物　Ⅳ. ①E92-49

中国版本图书馆CIP数据核字（2021）第157980号

机械工业出版社（北京市百万庄大街22号　邮政编码100037）
策划编辑：韩伟喆　　责任编辑：赵　屹　韩伟喆
责任校对：赵　燕　　责任印制：张　博
北京瑞禾彩色印刷有限公司印刷

2025年9月第1版第9次印刷
215mm × 225mm · 8.4印张 · 140千字
标准书号：ISBN 978-7-111-68871-6
定价：69.00元

电话服务
客服电话：010-88361066
010-88379833
010-68326294

网络服务
机　工　官　网：www. cmpbook. com
机　工　官　博：weibo. com/cmp1952
金　　书　　网：www. golden-book. com
机工教育服务网：www. cmpedu. com

序

《诗经·小雅·鹤鸣》中有一句耳熟能详的话，叫“他山之石，可以攻玉”。这里面包含了很强的辩证法和中国智慧，体现了中华传统文化中的“通变”思维，也是我们这个民族历经五千年不衰，且不断焕发活力的文化密码。

循着这样一个思维逻辑，无论是从历史还是从现实中，都能找到很多经得起历史和实践检验的经典案例。机械工业出版社出版的这套《世界兵器解码》系列图书，就是将“他山之石”为我所用、所鉴的一个很好探索。从这个角度看，这套《世界兵器解码》系列图书至少可以解决两个方面的问题：一个是透过这套书，可以了解当代世界主要武器装备或武器平台的基本情况和发展趋势，获得更宽阔的视野。另一个是，可以激发国民，尤其是年轻人对军事武器装备的兴趣，进而淬炼强军尚武的情怀。

当今世界新格局新形势下，在全社会加强国防教育和培养尚武精神的重要性更加凸显。全民皆兵、寓军于民这些传统的理念，都有了新的内涵和形式。为社会提供优质的军事科普书刊，则是为这样的传统理念注入新的知识、新的观念、新的动力的最好途径。现在一部分年轻男性存在的一个很大问题是缺乏阳刚之气和血性。国家领导人提出的要培养“四有”新一代革命军人的要求，其中很重要的一条就是要有血性。因为血性不仅是中国军人战斗力的精神内核，更是中华民族能够压倒一切敌人而不被敌人所压倒的英雄气概。我们发现一个十分有趣又值得深思的现象：越是国防意识强烈、军事科普知识丰富的年轻人，越是崇尚英雄硬汉。这就从一个侧面说明了军事科普的看得见与看不见的多重效应。

我长期从事军事新闻工作，退休后又继续从事军事文化研究。我们看到，近十多年来，军事科普读物，已经成为全民国防教育不可或缺的重要教材。其中，武器装备类的书刊，更是越来越受广大青少年所喜爱，并产生越来越大的影响力。机械工业出版社过往推出的一大批这方面的书籍，就产生了良好的反响和社会效益。我深度接触过许多军事文化爱好者特别是军迷群体中的朋友，从他们那里得知，一本好的军事科普书刊的影响力，真的大到局外人难以想象。有很多青少年读者，受一本书刊的影响，或者改变了自己的专业方向，或者发现了一个全新的思路，或者实现了某一场景下的弯道超车，或者准确预测出某项技术的走向，如此等等，不一而足。以致从读者群中催生出了一个个人才，成就了一项项事业。军事科普读物为什么会产生如此强大的效应？我想，应该是这样一个逻辑：武器装备，是作战理论、概念的物化和各项最新科学技术应用的终端集成，其读物，自然也就成为一座座知识宝库。这也正是有那么多人喜欢武器装备类书刊的原因所在。

基于这样一个认识和一个老军人的情怀，当这套书的作者带着书稿找到我时，我欣然同意为这套书作序。除了共识和情怀上的共鸣，这套书选取的题材和写作风格我也比较认可，无论是内容还是相应的图片都很吸引人，也有不少独到和创新之处。一个是内容比较系统。这一系列书对航空母舰、驱逐舰、潜艇、战斗机、轰炸机等武器装备都做了非常全面系统的梳理，内容丰富、结构严谨、逻辑性很强。这一系列书所选取的武器装备，既是世界各军事大国争相发展的重点，也是我军装备事业发展的主要方向。武器装备是军队现代化的重要标志，是国家安全和民族复兴的重要支撑。中国这样一个世界性大国，发展与国家地位相称、同国家发展利益相适应的军事力量至关重要，这是中华民族伟大复兴和我国有效应对世界百年未有之大变局的必然要求。我很欣喜地看到，这套书涉及到的武器装备，仅就其知识的完整性、系统性而言，就有不少可圈可点的价值。二是视角比较新颖。这套书在写作结构上比较注重创新，既有知识科普的内容，介绍相关的武器装备及作战性能，也有对内部设计、相关参数、优缺点评估等技术层面的深度解剖，还有作战样式、作战理论等的梳理和归纳。这些研究上的创新点，既有很好的知识性，也增加了趣味性，让人有继续读下去的愿望，很吸引人。三是研究上突出了思想性。一篇文章、一个报告乃至一本书有没有价值，关键看有没有思想，思想是一本书的灵魂。这套书，通过对大量公开资料的收集、归纳、整理，把冰冷的武器装备与一幅幅精彩的图片和应用案例剖析、历史经典战例解读等串起来，很有思想性，给人带来启发和思考，很是难得。

在人类社会发展的历史长河中，从冷兵器时代的刀枪剑戟、斧钺钩叉，到近代兵器的毛瑟枪、来复枪、火炮，再到现代的机枪、远程大炮、坦克、飞机、导弹、核武器、电子武器等热兵器，总有一种或几种武器在一段时间内独占鳌头、独领风骚，并在战争中尽显风流。尤其是伴随着军事高技术的迅猛发展，信息系统的超强指挥能力和武器系统全纵深打击能力的发展，“非接触性作战”已经成为高技术条件下局部战争的主要特点。所谓“非接触性作战”，就是充分利用战场情报获取能力和电子战优势，摸准对手“关键”地段或要害目标，实施突如其来的“非接触性”打击，通过重创敌人直接达成作战目的。而“非接触性作战”的基本前提条件是我方所拥有的作战装备能对敌要害目标实施精准打击。这套书所选取的武器装备，无疑都是“非接触性作战”的主要作战载体，也是当下世界军事舞台上的主角，在特定条件下甚至决定着战争的胜负，值得研究。我的一个体会：凡是出版物中的精品力作，一定都具备内容丰富、选题精彩、思想性和可读性强等突出特点。这套书，在很多方面满足了这些条件，相信它能成为那种一看就吸引人，拿起就放不下，打开就合不上的上品读物。

于北京寓所

2021 年 3 月 1 日

目　录

C O N T E N T S

第一章 CHAPTER 1

驱逐舰的发展历程、地位与作用

问世初期

19 世纪后期，鱼雷的技战术水平有了很大提升，在鱼雷搭载到鱼雷艇上之后，机动灵活，神出鬼没的鱼雷艇对水面舰艇的安全构成了巨大威胁。为了应对鱼雷艇的威胁，英国皇家海军在 1892 年开始建造一种对付鱼雷艇的新型舰艇，称之为鱼雷艇驱逐舰（TBD）。1893 年 10 月，“哈沃克”号鱼雷艇驱逐舰下水，这是世界上第一艘真正意义上的驱逐舰。1894 年 1 月，“哈沃克”号正式加入英国皇家海军服役。同年 7 月，“哈沃克”号的姊妹舰“大黄蜂”号也加入英国皇家海军服役。

哈沃克级鱼雷艇驱逐舰全长 56.4 米，宽 5.64 米，吃水 2.29 米，满载排水量 279 吨，装有 2 台三胀式蒸汽机、2 座机车锅炉（“哈沃克”号）或 8 座亚罗水管锅炉（“大黄蜂”号），功率为 3700 轴马力㊀，最大航速 26.68 节，双轴推进。武备包括 1 门 76 毫米口径炮、3 门 57 毫米口径速射炮、3 具 457 毫米鱼雷发射管。

世界上第一艘驱逐舰——英国的“哈沃克”号。

哈沃克级鱼雷艇驱逐舰服役之后，很快引起了其他国家海军的重视。数年后，法国、美国、德国、意大利等都开始设计和建造自己的鱼雷艇驱逐舰，日本则由于当时的技术水平有限，索性从英国直接采购。

第一次世界大战时期

第一次世界大战期间，各参战国投入的驱逐舰数量高达 600 艘。在第一次世界大战中建造驱逐舰最疯狂的还是英德两国，其中英国建造了 200 多艘，德国建造了近 110 艘。

驱逐舰在第一次世界大战期间有了进一步划分：一种是能够跟随舰队作战的远洋型驱逐舰，标准排水量普遍在 1100 吨以上，主炮口径大，称为舰队驱逐舰；另一种是主要为商船提供护航的驱逐舰，标准排水量普遍在 800 吨以下，主炮口径较小，但深弹投掷装置和深弹数量多，称为护航驱逐舰。

㊀ 若传递动力的单位以马力来表示叫轴马力。——编者注

以英国桑尼克罗夫特造船厂在第一次世界大战期间建造的改进型 W 级驱逐舰为例，其采用高干舷、长艏楼舰型，标准排水量为 1140 吨，满载排水量达到 1550 吨，动力装置包括 3 台蒸汽轮机和 3 座燃油水管锅炉，最大功率 30000 轴马力，最大航速 34 节，舰上携带 320~370 吨燃油，航速 15 节时续航力可达 3500 海里（1 海里 =1.852 千米）。武备包括 4 门 120 毫米口径舰炮、2 座四联装 40 毫米口径高炮、2 座三联装 533 毫米鱼雷发射管。

英国的 W 级驱逐舰。

两次世界大战间隙期

在两次世界大战间隙期对各国海军影响最大的无疑是两个条约——《华盛顿海军条约》和《伦敦海军条约》，前者对主力舰（战列舰、战列巡洋舰、重巡洋舰）吨位、火力等方面做了严格限制，这就使得各国海军开始绞尽脑汁钻空子，大力发展不受该条约限制的驱逐舰，其中舰队驱逐舰成为发展重点。

从 1928 年开始，英国皇家海军以每年开工一个驱逐舰支队的规模批量建造新的标准型驱逐舰，而这种发展思路也给了其他海军强国提供了参考，引起广泛的仿效。尤其是日本海军深感自己的主力舰被《华盛顿海军条约》约束很大，于是开始设计比英美两国更大的驱逐舰，称为特型驱逐舰，其标准排水量达到了 1780 吨。

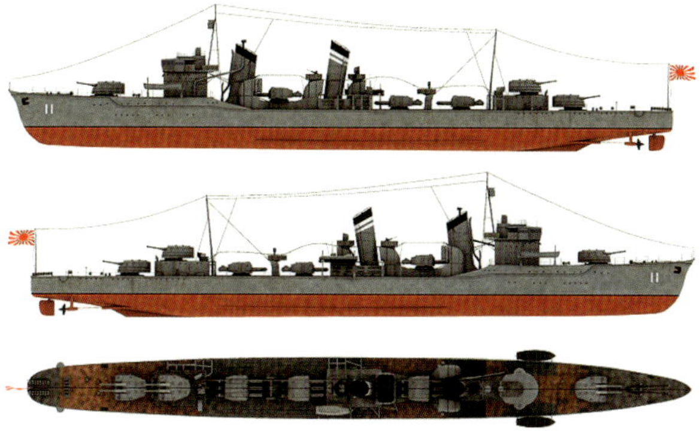
日本特I型驱逐舰，也称为吹雪级驱逐舰。

日本特型驱逐舰问世后，震惊了世界。英美两国为了制约日本，又拉着日本签订了《伦敦海军条约》，要求驱逐舰主炮口径不得超过130毫米，标准排水量定义为600吨以上但不得超过1850吨，排水量1500吨以上的驱逐舰不得超过驱逐舰限定吨位总额的16%（这里所说的排水量单位是英制长吨）。但是到1935年12月9日，美国、英国、日本、法国、意大利在伦敦再次召开海军裁军会议，日本不满条约限制，随后在1936年1月宣布退出裁军会议，条约到期后不再续约，开始随心所欲发展大型驱逐舰。而在日本单干之后，英美两国感到继续延续条约无疑是自缚手脚，于是也陆续放弃，开始发展自己的大型驱逐舰。

二战时期

二战期间主要是英美两国在大力设计和建造新的驱逐舰。日本虽然也是二战中参加海战的主要国家之一，但其 14 型 185 艘驱逐舰大部分都是太平洋战争之前建造的，太平洋战争期间建造的驱逐舰总数不到 70 艘。

英国在二战期间共建造了 250 多艘驱逐舰，另外还从美国手里租借了 50 艘老旧驱逐舰为商船队护航，并且自己建造了 86 艘狩猎级护航驱逐舰。

美国在 1938 年开始建造格里夫斯级驱逐舰，在太平洋战争爆发后，美国整个工业产能爆发，在 4 年时间里就建成了近 400 艘各级驱逐舰，其中弗莱彻级驱逐舰就建了 175 艘。

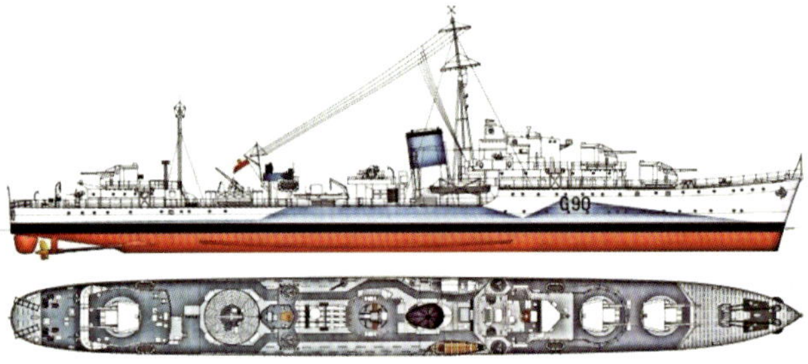

英国 M 级驱逐舰。

二战期间各国海军投入的驱逐舰总数超过 1000 艘，表现非常活跃，几乎所有海上作战行动都有驱逐舰的身影，执行的任务包括舰队警戒、对海攻击、反潜、对岸火力支援、防空、护航、布雷、扫雷、高速运输和补给等，是名副其实的海上多面手。

二战期间建造的舰队驱逐舰标准排水量普遍达到了 2000 吨以上，主炮口径普遍在 120 毫米以上，鱼雷

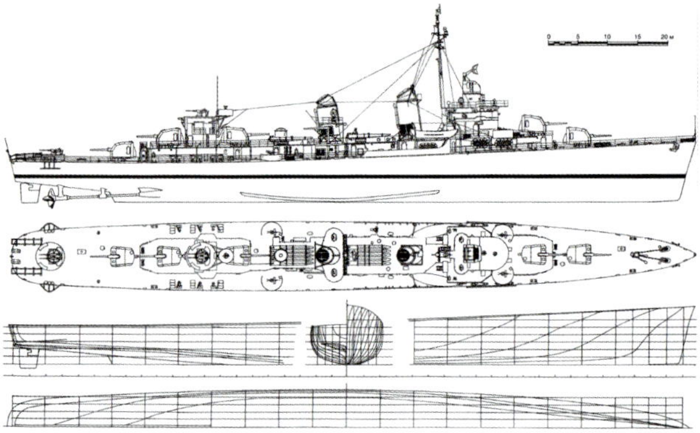

美国在二战时期大批量建造的弗莱彻级驱逐舰线图。

口径则达到了 533 毫米甚至 610 毫米。由于二战期间空中力量对水面舰艇的威胁空前增加（例如二战期间英军战损驱逐舰中有三分之一毁于空袭），所以二战期间的驱逐舰普遍强化了防空能力，到后期还出现了专门的防空驱逐舰。

二战中有很多驱逐舰的设计都很经典，这里以美国建造数量最多的弗莱彻级驱逐舰为代表讲一下二战驱逐舰的主要特点。弗莱彻级驱逐舰全长 114.68 米，舰宽 12.09 米，吃水 4.07 米，标准排水量 2100 吨，满载排水量 2924~3300 吨，最大航速 38 节，15 节航速下续航力 4800 海里，编制舰员 329 人（其中 34 名军官、295 名水兵）。

武备方面，弗莱彻级驱逐舰装备 5 座单管 127 毫米口径 38 倍径高平两用舰炮；防空武器主要是 40 毫米口径博福斯高炮和厄利孔单管 20 毫米口径机关炮；攻舰的鱼雷武器系统是 2 座五联装 533 毫米鱼雷发射管；弗莱彻级的反潜武器为 2 条 MK3 DC 型深弹投掷轨、3 座 K 型深弹发射炮。

弗莱彻级的火控系统是 MK37 舰炮火控系统，由

弗莱彻级驱逐舰。

MK22 火控雷达、MK1A 火控计算机⊖和一个可以感受到军舰横摇、纵摇与平摆的稳定仪组成；探测设备包括 SC-2 对空搜索雷达、SG 对海搜索雷达、无线电高频测向仪、QCE 声呐；通信设备为 TBS 型近程保密电台。

有 16 艘弗莱彻级驱逐舰在 1944 年 12 月至 1945 年 2 月被改成了防空驱逐舰，拆除了一座 533 毫米鱼雷发射管，腾出的地方用于布置 1 座四联装 40 毫米口径博福斯高炮，使全舰的 40 毫米口径博福斯高炮总数达到了 14 门（2 座四联装、3 座双联装）。另外，舰上的厄利孔单管 20 毫米口径机关炮数量也增至 12 门。

冷战时期

二战结束后，驱逐舰的角色发生了重大变化，反潜和防空作战上升为驱逐舰的主要任务。进入 20 世纪 60 年代，驱逐舰的舰载武器逐渐以导弹为主，火炮的地位迅速下降并且更加轻量化。这一时期的驱逐舰主炮口径大都在 100~130 毫米，数量减至 1~2 座。此外，为了搭载反潜直升机，驱逐舰还要设置机库和飞行甲板。

到了 20 世纪 70 年代，作战信息控制以及指挥自动化系统，愈加先进的雷达电子设备，用来防御反舰导弹的小口径速射炮开始相继出现在驱逐舰上，这也使得驱逐舰变得越发复杂而昂贵。美国海军在这一时期建造的斯普鲁恩斯级驱逐舰则朝着通用驱逐舰的方向发展。所谓通用，就是均衡反潜、防空、对海等多种作战任务。但实际上，斯普鲁恩斯级也没有很好地达到通用的目标，其防空和对海（反舰）能力都很弱，主要是侧重反潜。所以，很多资料将斯普鲁恩斯级驱逐舰归为反潜驱逐舰。

在动力方面，这一时期的驱逐舰开始采用柴燃交替、柴燃联合或者全燃动力，快速反应能力、海上机动能力、静音能力变得更强。在航速上，这一时期的西方国家驱逐舰都不再追求很高的航速，最大航速基本稳定在 30 节左右。

20 世纪 70 年代的驱逐舰还有一个显著特点，就是更趋向大型化，目的不仅仅是为了装载更复杂、更多的武器系统，同时还是为了大幅提高续航力、适航性以及改善舰员的居住和生活条件。

进入 20 世纪 80 年代后，美国海军开始将“宙斯盾”系统装到驱逐舰上，推出了具有划时代意义的伯克级“宙斯盾”驱逐舰。

⊖ 这里讲的计算机并不是电子计算机。——编者注冷战时期最具代表性的驱逐舰是美国海军斯普鲁恩斯级驱逐舰，伯克级驱逐舰虽然性能更好，但它基本是在冷战结束后才批量建造和服役的。

斯普鲁恩斯级是美国海军在二战后建造的第一种满载排水量超过 8000 吨的大型驱逐舰，也是美国海军第一种采用燃气轮机的水面舰艇。为了遂行航母战斗群的反潜任务，斯普鲁恩斯级不仅强调高速，而且还要求动力系统噪声不能过大，以免影响声呐探测性能。为此，斯普鲁恩斯级驱逐舰采用了全燃联合动力（COGAG），主机为 4 台通用电气 LM2500 燃气轮机，总功率 80000 轴马力，最大航速可达 32.5 节。

斯普鲁恩斯级驱逐舰的反潜系统齐全而先进。20 世纪 70 年代中后期建成服役的 13 艘该级舰主要舰载搜潜系统是 AN/SQS-53A/B ㊀大功率、远程、全数字化

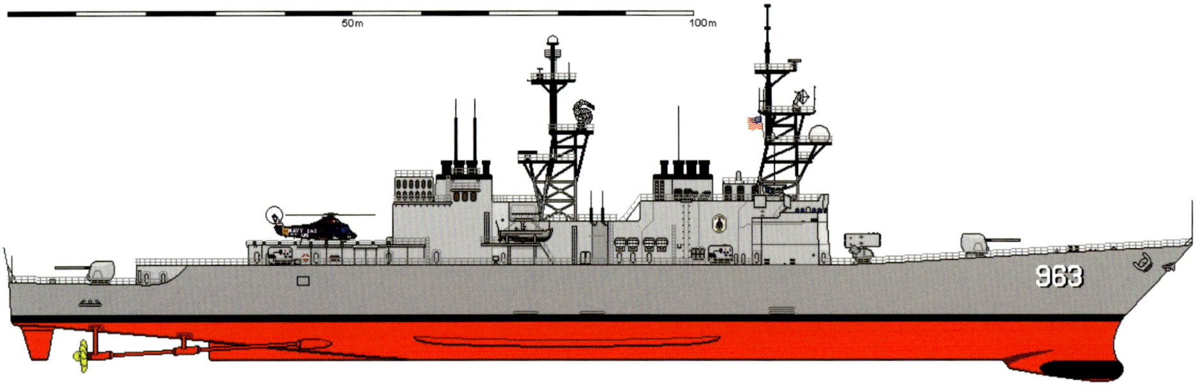

1975 年刚服役时的“斯普鲁恩斯”号驱逐舰侧视效果图。

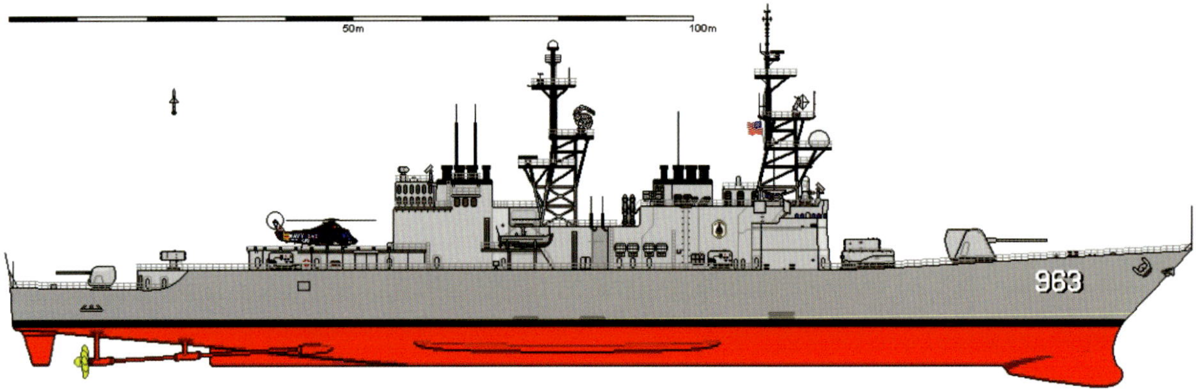

1984 年改装后的“斯普鲁恩斯”号驱逐舰侧视效果图。

㊀ “AN”可视为命名规则中的固定格式，意为“陆海联合”。在装备描述中通常省略“AN”。 ——编者注

低频舰艏声呐和 AN/SQR-15/18 拖曳线列阵声呐。反潜武器共分为三个层次，最外层是 SH-2F/G“海妖”反潜直升机，机库内可容纳 2 架，但一般只搭载 1 架；中层反潜由艏部装备的 1 座 MK112 型八联装“阿斯洛克”反潜导弹发射装置负责；内层反潜由 2 座三联装 MK32 型 324 毫米鱼雷发射管承担，发射 MK46 轻型鱼雷打击潜艇（MK46 鱼雷在 40 节时射程为 11 千米）。

20 世纪 70 年代末到 80 年代，美国海军对斯普鲁恩斯级进行了多次现代化改进，使该级舰成为一型反潜为主的通用驱逐舰。

后冷战时期

冷战结束后，驱逐舰呈现出高性能、高造价的发展趋势。其中高性能主要体现在：一是普遍大型化，二是相控阵雷达系统的普及，三是多用途化，四是隐身化。

冷战之后的新型驱逐舰标准排水量普遍在 4000 吨以上，满载排水量在 5000 吨以上。进入 21 世纪后，驱逐舰的大型化更加明显，特别是近年来各国建造的一些新型驱逐舰满载排水量突破了 1 万吨，吨位和二战时期的重巡洋舰相当。

四面阵样式的相控阵雷达系统在冷战后的驱逐舰上日益普及，甚至可以说成为冷战后驱逐舰技术水平的重要标志。

多用途化主要是由于装备规模有限，需要一艘驱逐舰能够去执行更多的任务，而军事技术的快速发展也让多用途化成为可能。例如美国的伯克ⅡA 型驱逐舰增加了双机库，为 MK41 垂直发射装置配备种类繁多的导弹，使得该型舰能够执行防空、反潜、反舰、对陆攻击、对岸火力支援、巡逻、警戒、侦察、海上封锁和海上救援等很多种任务。

注重隐身性是由于现代精确探测系统、打击武器

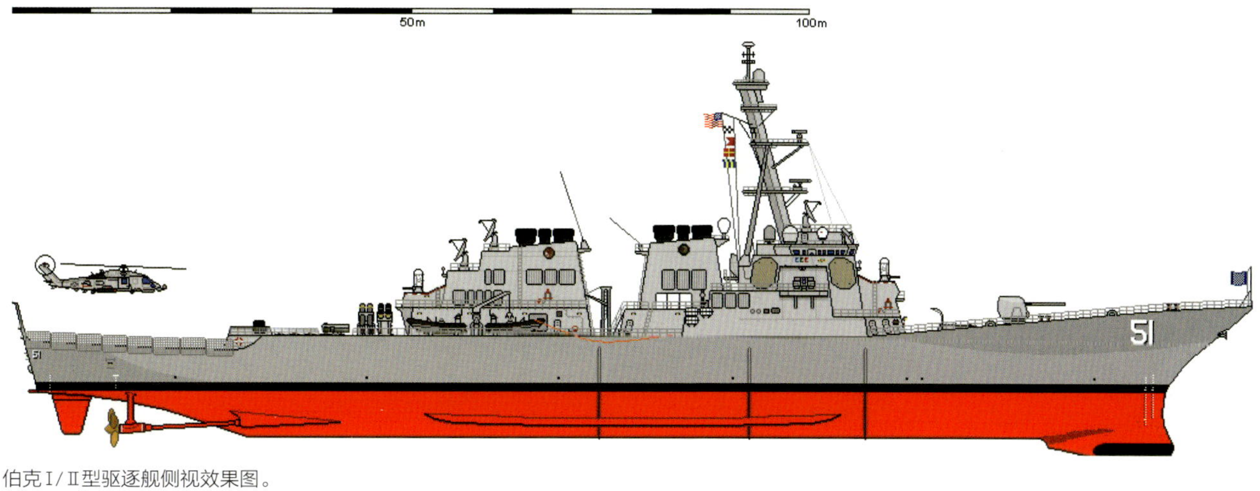

伯克Ⅰ/Ⅱ型驱逐舰侧视效果图。

伯克ⅡA 型驱逐舰增加了双机库，反潜能力由此得到了显著提升。

对水面舰船构成了巨大威胁，具备“发现即打击，命中即摧毁”的能力。因此，驱逐舰必须降低自身信号特征，来减小被对方发现的概率。

冷战后的驱逐舰在设计上越来越趋同，比如内倾的上层建筑、相控阵雷达、模块化垂直发射装置、舰艏单座舰炮、艉部机库和飞行甲板、燃气轮机都已经是标准配置了。之所以如此，主要还是驱逐舰多用途化的发展方向导致的。不同之处主要表现在舰载作战指挥系统、雷达电子设备、导弹武器的种类和性能方面。就打击和防御范围而言，今后的驱逐舰只会越来越大，例如美国的“标准”-6 舰空导弹最大射程已经接近 400 千米，“标准”-3 Block2A 反导导弹最大射程更是达到了 2500 千米，这样单靠舰载火控系统引导导弹已经难以满足需要，因此美国海军引入了协同交战能力（CEC）系统去支持。

第二章 CHAPTER 2

现代驱逐舰的分类及任务

分门别类

现代驱逐舰通常是在二战之后发展的驱逐舰。但是从二战之后到现在已经超过 75 年，在此期间驱逐舰无论是设计思想还是技战术性能都有了翻天覆地的变化，再加上各国海军对驱逐舰的划分不同，因此驱逐舰的分类不能一概而论。

美国海军对驱逐舰的分类一度非常庞杂，但在 1974 年 6 月 30 日之后，美国海军的驱逐舰在分类上只剩下导弹驱逐舰（DDG）和驱逐舰（DD）。实际上，导弹驱逐舰是指装有区域舰空导弹系统的驱逐舰，驱逐舰是指以反潜为主的通用驱逐舰。

苏联海军在 20 世纪 60 年代以后，将装备反舰导弹的驱逐舰称为大型导弹舰，将装有反潜导弹和近程防空导弹系统的驱逐舰称为大型反潜舰。但是这种分法很笼统，因为苏联海军将装备反潜导弹和中程防空导弹的巡洋舰也称为大型反潜舰。苏联解体后，俄罗斯未发展新的驱逐舰，所以现有的无畏级驱逐舰仍按照苏联时期的分法被称为大型反潜舰。

日本海上自卫队的驱逐舰按照美国海军的分法，将装有区域舰空导弹系统的驱逐舰称为导弹驱逐舰（DDG），将反潜为主的通用驱逐舰称为驱逐舰（DD）。但是日本还独立发展了一种搭载多架直升机的驱逐舰，称为直升机驱逐舰（DDH）。此外，日本海上自卫队还为地方守备部队设计建造了排水量较小、以反潜为主的护航驱逐舰（DE），例如阿武隈级。

日本海上自卫队的“阿武隈”号护航驱逐舰（DE-229），实际上相当于其他国家的护卫舰。

纯粹的反舰型驱逐舰现在已经消失；反潜型驱逐舰在 20 世纪 70 年代以前比较流行，但在 20 世纪 70 年代后期，随着通用驱逐舰的崛起，现在已经越来越少了；防空型驱逐舰是指装备区域防空导弹，为海上编队提供防空能力的驱逐舰；通用驱逐舰是指反潜、反舰、防空等能力比较均衡的驱逐舰，但相比较而言还是反潜能力更突出。

多用途驱逐舰与通用驱逐舰有相似之处，即都能执行多种作战任务，但是多用途驱逐舰的能力更强、任务种类更多。例如在防空方面，多用途驱逐舰装备

日本海上自卫队“高波”号通用驱逐舰。

美国海军朱姆沃尔特级驱逐舰的满载排水量和二战时期的重巡洋舰相当。

的是中远程舰空导弹，通用驱逐舰装备的是中近程舰空导弹。在雷达方面，多用途驱逐舰所装备的对空、对海雷达探测距离更远，通常可达 300~460 千米，这同样是通用驱逐舰无法相比的。进入 21 世纪之后，驱逐舰越来越趋于多用途化，这点在欧美海军表现得尤其明显。例如美国、英国海军的驱逐舰完全多用途化，法国、意大利海军虽然仍坚持防空型、反潜型的分类，但实际上它们的现役驱逐舰基本都属于多用途型，这也是驱逐舰分类标准日益模糊的一个重要表现。

需要强调的是，不仅驱逐舰的反潜型、防空型、通用型、多用途型等分类标准日益模糊，驱逐舰与巡洋舰、护卫舰之间的分类标准也越来越模糊。

二战以及战后初期的巡洋舰、驱逐舰、护卫舰还比较清晰，因为主要还是以主炮口径和吨位来划分。主炮口径方面，轻巡洋舰主炮口径在 152 毫米和 155 毫米，重巡洋舰主炮口径多在 203 毫米；驱逐舰的主炮口径在 100~130 毫米；护卫舰的主炮口径基本在 100 毫米以下。吨位方面，巡洋舰的吨位普遍在 5000 吨以上，驱逐舰的吨位普遍在 2500~4000 吨，护卫舰的吨位普遍在 2500 吨以下。但是随着导弹的广泛装备，

伊朗海军的“萨汉德”号驱逐舰仅相当于其他国家的轻型护卫舰。

再加上驱逐舰和护卫舰的不断大型化，区分就日益模糊了。其中巡洋舰还相对好说一些，因为战后的巡洋舰越来越少，除了美苏之外已经没有什么国家的海军继续装备巡洋舰。现在美国海军的提康德罗加级巡洋舰满载排水量达 9800 吨，俄罗斯海军的基洛夫级巡洋舰满载排水量高达 25860 吨、光荣级巡洋舰满载排水量达 11490 吨，作为巡洋舰完全没问题。然而，越来越多的驱逐舰满载排水量超过 6000 吨，还有不少新型驱逐舰的满载排水量超过 1 万吨，美国朱姆沃尔特级

驱逐舰满载排水量更是达到了 14564 吨，和二战时期的重巡洋舰相当。但是没有哪个国家把这些大舰分类为巡洋舰，而是作为驱逐舰。还有一个反例就是伊朗海军的“萨汉德”号驱逐舰标准排水量仅 1300 吨，满载排水量也才 1500 吨，充其量就是轻型护卫舰的标准，但伊朗海军就是把它列为驱逐舰。

现代的护卫舰大型化更加明显，满载排水量普遍突破 4000 吨，德国的 F125 型护卫舰满载排水量则达到了 7316 吨，在吨位上超过大多数驱逐舰。武器装备方面，现在的护卫舰和驱逐舰也没有明显差别。至于法意合作研制的欧洲多用途护卫舰（FREMM）就更有意思，法国海军在其服役后将之列为驱逐舰，而意大利海军则仍旧列为护卫舰。同样一款舰，却有两种完全不同的分类，这是现在驱逐舰和护卫舰分类模糊的最典型案例。

可以说现在的驱逐舰分类已经没有严格的标准，如何划分更多的是各国海军根据自己的传统习惯，甚至政治需要。换句话说，现在的驱逐舰分类随意性很强。

使命任务

二战时期的驱逐舰已经是海上多面手，能够执行防空、反潜、反舰、护航、侦察、巡逻、警戒、布雷、扫雷、对岸火力支援等任务。现代的驱逐舰不但在这些方面的能力更强，还进一步扩展了任务种类，例如远程对陆攻击、反导等。任务的多样性，也使得驱逐舰在各国海军中的地位越发重要。但不同国家的海军战略不同，所以驱逐舰的角色也有所不同。

美国海军是全球进攻型海军，驱逐舰的首要角色是在航母编队和两栖编队中充当护航舰，保护编队不受敌方空中和水下的攻击损伤。现在美国海军只有伯克级驱逐舰，以“标准”-2 区域舰空导弹为主力拦截敌进攻飞机和反舰导弹，以“改进型海麻雀”中近程导弹填补防空盲区；以垂直发射型“阿斯洛克”反潜导弹、舰载反潜直升机提供区域反潜能力。“宙斯盾”系统提供指挥控制能力。

由于美国海军实力极为强大，长时期内美国海军驱逐舰为编队护航的压力很小，所以为了不浪费驱逐舰战力，才增加了“战斧”巡航导弹、“标准”-3 反导导弹执行远程对陆攻击和战区反导任务。在进行中低强度战争时，伯克级驱逐舰主要是发射“战斧”导弹打击对手陆上纵深目标。但是随着美国军事战略现在转为大国竞争，美国海军要“重返大洋”，为了应对传统高强度海战，于是区域防空和区域反潜再度成为主要任务，其中在区域防空方面最大的变化是增加了“标准”-6 远程舰空导弹，通过 CEC 系统让“标准”-6 在更远的地方拦截敌进攻飞机和反舰导弹。

美国海军现在还提出了“分布式作战”概念，就是把海军舰艇在广阔的海洋上进行分散部署，大幅增加潜在对手发现和打击的难度。近年来，美国海军不断用伯克级驱逐舰进行“分布式作战”概念的演练，每个驱逐舰分队由 3~4 艘驱逐舰组成，各分队之间的距离在数百甚至上千千米，这就使得潜在对手搜索、发现、跟踪和打击的难度增加了很多倍。美国海军的这种大调整，既是根据潜在对手的发展情况，也是根据技术的快速发展。如果没有网络化的指挥控制系统，

美国海军伯克I型驱逐舰“约翰·保罗·琼斯”号发射“标准”-6远程舰空导弹。

如果没有舰载远程打击和防御武器，“分布式作战”概念就无从谈起。技术决定战术，这个原则一定不能忽视。

英、法、俄、意都属于区域性海军强国，但他们并不完全相同，其中英、法在一定程度上竭力保持全球存在，为此都保有航母、大型两栖舰。然而，受制于国力日渐衰弱，英、法的海军规模逐渐缩小。英国皇家海军现在仅有 6 艘 45 型驱逐舰，法国海军也才 11 艘驱逐舰。相比之下，英国驱逐舰的活动范围更大一些，主要是在北大西洋、地中海、波斯湾以及南大西洋的马岛（马尔维纳斯群岛）附近海域活动，执行巡逻警戒、威慑等任务。由于英国驱逐舰的数量很少，所以多数情况下都是以单舰轮换的方式进行海外部署；法国驱逐舰主要是在地中海、红海活动，尤其是西亚、北非一带海域。如果“戴高乐”号航母出动，一般会有 1~2 艘驱逐舰伴随护航。如果没有“戴高乐”号航母，则驱逐舰活动方式与英国皇家海军类似，以单舰轮换方式进行海外部署。

俄罗斯自从苏联解体之后就国力大减，无法维持远洋海军，只能被迫转为近海型海军，活动区域主要是俄罗斯周边的北冰洋、黑海、波罗的海、里海、日本海、鄂霍次克海等，在印度洋、太平洋、大西洋基本只是象征性存在。俄罗斯海军的驱逐舰都是苏联时期设计的，大部分还是苏联时期建造的，苏联解体之后建造完工的驱逐舰只有 3 艘。目前，俄海军共拥有 11 艘驱逐舰，包括 7 艘无畏Ⅰ级驱逐舰、1 艘无畏Ⅱ级驱逐舰、3 艘现代级驱逐舰。

日本海上自卫队现在拥有的各型驱逐舰总数达 42 艘（未把 6 艘护航驱逐舰计算在内）。日本海上自卫队的驱逐舰特点是吨位大、舰龄短、技术先进。目前

英国 45 型多用途驱逐舰。

俄罗斯无畏I级驱逐舰。

日本海上自卫队将满载排水量 27000 吨的出云级也列为驱逐舰，称为直升机驱逐舰。现在出云级正在被改造为轻型航母。

护卫舰队 4 个护卫队群的 32 艘驱逐舰满载排水量均在 6000 吨以上，其中 2 艘出云级直升机驱逐舰的满载排水量达到了 27000 吨，2 艘日向级直升机驱逐舰的满载排水量也达到了 19000 吨，2 艘摩耶级、2 艘爱宕级的满载排水量都在 10000 吨左右，4 艘金刚级的满载排水量在 9485 吨。随着 2 艘出云级改装为航母，日本海上自卫队的驱逐舰总数将会减少 2 艘，但是日本又计划建造 2 艘新的大型驱逐舰，所以日本海上自卫队的驱逐舰实力不仅不会下降，反而会进一步提升。

日本在战后长期奉行“专守防卫”政策，其海上自卫队的建设是为美国全球军事战略服务的，一度被戏称为“美国海军第七舰队的日本护航队”，主要任务是反潜和扫雷。因此，日本海上自卫队的骨干水面作战兵力——4 个护卫队群都是围绕反潜任务建设的，每个护卫队群的 8 艘驱逐舰有 5 艘是以反潜为主的通用驱逐舰、1 艘主要搭载反潜直升机并担任反潜战指挥的直升机驱逐舰，只有 2 艘是防空驱逐舰，负责为护卫队群提供区域防空能力。其护卫队群活动区域主要是在日本周边海域，包括日本海、西太平洋和北太平洋。近年来随着日本军事战略不再遵循“专守防卫”原则，4 个护卫队群的任务也在悄悄发生变化，特别是随着 2 艘出云级直升机驱逐舰改装为航母，搭载美制 F-35B 隐身战斗机，那么要不了太长时间日本海上自卫队将会有 2 个护卫队群变身为航母编队，将具备强大的反潜、防空、反舰、对地攻击等多种作战能力。

战力标准

每个国家的海军对驱逐舰的战力标准要求并不一样，这与各自的国家整体战略、经济实力和技术实力等有很大关系。一般来说，远洋型海军对驱逐舰的要求最高，这方面最典型的代表就是美国海军，现在的驱逐舰是清一色的伯克级“宙斯盾”多用途驱逐舰。下面就以世界上正在服役和正在建造的典型驱逐舰的技术参数来分析一下不同国家现代驱逐舰的战力标准。

以防空为主的多用途驱逐舰

		伯克ⅡA（美）	伯克Ⅲ（美）	金刚级（日）	爱宕级（日）	摩耶级（日）
舰长（米）		155.29	155.48	161	165	170
舰宽（米）		20.4	20.239	21	21	21
型深（米）				12	12	12
吃水（米）		9.3	9.3	6.2	6.2	6.2
标准排水量（吨）			9200	7250	7700	8200
满载排水量（吨）		9200	9800	9485	9950	10400
动力系统	发动机	全燃联合动力，4 台 LM2500-30 燃气轮机	全燃联合动力，4 台 LM2500-30 燃气轮机	全燃联合动力，4 台 LM2500 燃气轮机	全燃联合动力，4 台 LM2500 燃气轮机	燃气轮机－电动机联合电力推进系统，LM2500 ICE 燃气轮机 +2 台电动机
	总功率（轴马力）	105000	105000	100000	100000	69000
最大航速（节）		30+	30+	30+	30+	30
舰内燃油（吨）				1785		
续航力		4200~4400 海里 /20 节	4200~4400 海里 / 20 节	6000 海里 /20 节	6000 海里 /20 节	
武器系统	主炮	1 座 MK45 Mod2 型 54 倍径 127 毫米口径舰炮（DDG-79、DDG-80）或 1 座 MK45 Mod4 型 62 倍径 127 毫米口径舰炮	1 座 MK45 Mod4 型 62 倍径 127 毫米口径舰炮	1 座奥托 127 毫米口径单管舰炮	1 座 MK45 Mod4 型 62 倍径 127 毫米口径舰炮	1 座 MK45 Mod4 型 62 倍径 127 毫米口径舰炮
	垂直发射装置型号	MK41	MK41	MK41 Mod6	MK41 Mod20	MK41 Mod20
	垂直发射单元数量	96（前 32，后 64）	96（前 32，后 64）	90（前 61，后 29）	96（前 64，后 32）	96（前 64，后 32）

世宗大王级（KDX-Ⅲ型）（韩）	45 型勇敢级（英）	霍巴特级（澳）	福尔班级（地平线级）（法）	安德里亚·多利亚级（地平线级）（意）	加尔各答级（P15A 型）（印）
165.9（第一批次），171.9米(第二批次）	152.4	147.2	152.87	152.87	163
21.4	21.2	18.6	20.3	20.3	17.4
6.25	5.7	5.17	5.4	5.4	6.5
7650（第一批次），8500（第二批次）	5800		5290（轻载）	5290（轻载）	6800
10290(第一批次），11000（第二批次）	7350	7000	7050	7050	7400
全燃联合动力，4 台 LM2500-30 燃气轮机	综合电力推进系统（IEP），2 台 WR-21（IRC）燃气轮机，2 个 MTU 20V 4000 M53B 柴油发电机组，2 台通用电气功率转换先进感应电动机和 VDM 25000 驱动器	柴燃交替动力（CODOG），2 台 7LM2500-SA-MLG38 燃气轮机，2 台卡特彼勒·布拉沃 16V 布拉沃柴油机	柴燃交替动力，2 台通用电气 / 菲亚特·阿维奥 LM2500+ 燃气轮机，2 台 SEMT 皮尔斯蒂克（Pielstick）12 PA6 STC 柴油机，1 台舰艏推进器	柴燃交替动力，2 台通用电气 / 菲亚特·阿维奥 LM2500+ 燃气轮机，2 台 SEMT 皮尔斯蒂克（Pielstick）12 PA6 STC 柴油机，1 台舰艏推进器	柴燃交替动力，2 个 Zorya M36E 燃气轮机组（包括 4 台 DT-59 燃气轮机、2 个 RG-54 减速齿轮箱），2 台 Bergen/Garden Reach S&E KVM-18 柴油机
105000	59900（燃气轮机），15160（柴油机）	54982(燃气轮机），11586（柴油机）	54982（燃气轮机），11586（柴油机）	64000（燃气轮机），9900（柴油机）	
30+	27、29、31、32（不同数据来源给出的数据均不相同）	28	29	29	30
5500 海里 /20 节	7000 海里 /18 节	5000 海里以上 / 18 节	6100 海里 /18 节，3500 海里 /25 节	6100 海里 /18 节，3500 海里 /25 节	5000 海里 /18 节
1 座 MK45 Mod4 型 62 倍径 127 毫米口径舰炮	1 座 MK8 Mod1 型 114 毫米口径舰炮	1 座 MK45 Mod4 型 62 倍径 127 毫米口径舰炮	2 座奥托 76 毫米口径炮	3 座奥托 76 毫米口径炮	1 座奥托 76 毫米口径炮
MK41 Mod20，KVLS	"席尔瓦"A50	MK41	"席尔瓦"A50	"席尔瓦"A50	UKSK，"巴拉克"-8 导弹系统的垂发①
128（其中 MK41 是 80 单元，KVLS 是 48 单元）	48（舰艏部）	48	48	48	16(UKSK)+32("巴拉克"-8 导弹系统的垂发）

		伯克ⅡA（美）	伯克Ⅲ（美）	金刚级（日）	爱宕级（日）	摩耶级（日）
武器系统	舰空导弹	“标准”-2 MR Block3A/B、“标准”-6、“改进型海麻雀”（DDG-82 之后）	“标准”-2 MR Block 3A/B、“标准”-6、“改进型海麻雀”	“标准”-2 MR Block 3A/B	“标准”-2 MR Block 3A/B，“改进型海麻雀”	“标准”-2 MR Block3A/B，“改进型海麻雀”
	反导导弹	“标准”-3（部分改装舰）	“标准”-3	“标准”-3	“标准”-3	“标准”-3
	对陆攻击导弹	“战斧”	“战斧”	无	无	无
	反舰导弹	无	远程反舰导弹（LRASM）	2 座四联装 MK141“鱼叉”反舰导弹发射架	2 座四联装 90 式反舰导弹发射架	2 座四联装 17 式反舰导弹发射架
	反潜导弹	垂发型“阿斯洛克”	垂发型“阿斯洛克”	垂发型“阿斯洛克”	垂发型“阿斯洛克”	07 式
	近防武器	2 座“密集阵”（DDG-79 到 DDG-84），或 1 座“密集阵”或者取消（DDG-85 之后）		2 座“密集阵”	2 座“密集阵”Block1B	2 座“密集阵”Block1B
	反潜鱼雷发射管	2 座三联装 MK32 型	2 座三联装 MK32 型	2 座三联装 HOS-302 型（68 式）	2 座三联装 HOS-302 型（68 式）	2 座三联装 HOS-303 型
	反潜鱼雷（324毫米）	MK50 或 MK54	MK50 或 MK54	MK46 Mod5	MK46 Mod5	MK46 Mod5，97 式，12 式
	其他武器	2 门 MK38 Mod1 型 25 毫米口径机关炮，或 2 门 MK38 Mod2 型 25 毫米口径机关炮（DDG-104 到 DDG-112），4 挺 M2HB 型 12.7 毫米口径机枪				2 门 MSI DS-30M Mk.2 型 30 毫米口径机关炮，2 挺 M134 米尼冈 7.62 毫米口径加特林机枪，6 挺 FN MAG 型 7.62 毫米口径通用机枪
声呐		1 部 AN/SQS-53C 舰艏声呐，1 部 AN/SQR-19 拖曳阵声呐。DDG-113 之后将拖曳阵声呐换为 AN/SQR-20（TB-37U）	1 部 AN/SQS-53C 舰艏声呐，1 部 AN/SQR-20（TB-37U）拖曳阵声呐	1 部 OQS-102 低频主/被动舰艏声呐、1 部 OQR-2 拖曳线列阵声呐	1 部 AN/SQS-53C 舰艏声呐，1 部 AN/SQR-20 MFTA[②]（“爱宕”号）或 1 部 OQR-2D-1 拖曳阵声呐（“足柄”号）	1 部 AN/SQS-53C 舰艏声呐，1 部 AN/SQR-20 MFTA

（续）

世宗大王级（KDX-Ⅲ型）（韩）	45型勇敢级（英）	霍巴特级（澳）	福尔班级（地平线级）（法）	安德里亚·多利亚级（地平线级）（意）	加尔各答级（P15A型）（印）
“标准”-2MR Block 3A（MK41），1座MK49型21联装“拉姆”近程防空导弹发射架	“紫菀”-15和“紫菀”-30	“标准”-2 MR Block3A/B、“标准”-6、“改进型海麻雀”	“紫菀”-15和“紫菀”-30	“紫菀”-15和“紫菀”-30	“巴拉克”-8
无	无		无	无	无
“玄武”ⅢC（KVLS，32单元）	无	“战斧”	无	无	布拉莫斯
4座四联装SSM-700K“海星”反舰导弹发射架	2座四联装MK141“鱼叉”反舰导弹发射架（选装）	2座四联装MK141“鱼叉”反舰导弹发射架	2座四联装MM40 Block2“飞鱼”反舰导弹发射架	2座四联装反舰/反潜导弹发射架，可发射“奥托马特”MK3反舰导弹	布拉莫斯
红鲨（KVLS，16单元）	垂发型“阿斯洛克”（选装）	垂发型“阿斯洛克”	无	米拉斯，用反舰/反潜导弹发射架发射	无
1座“守门员”	2座“密集阵”Block1B	1座“密集阵”Block1B	1座六联装SADRAL PDMS近程舰空导弹发射架（实际未装）		4座AK-630
2座三联装MK32 Mod5	2座双联装Plessey STWS MK2（实际未装）	2座三联装MK32 Mod9	2具单管B-515	2具单管B-515	2座双联装PTA-533（533毫米）
蓝鲨	黄貂鱼（实际未装）	MU90	MU90（舰上储备24枚）	MU90（舰上储备24枚）	
2座装25毫米口径机关炮的“台风”遥控武器站	3座纳克斯特（Nexter）公司生产的装有20毫米口径Mod F2机关炮的“独角鲸”（Narwhal）遥控武器站，DS-30型30毫米口径机炮	2门奥托KBA 25毫米口径炮，2部LRAD Sitep MS-424轻型多功能远程噪声干扰系统	2座12管RBU-6000火箭深弹发射器		
1部STN Arlas Elektronik DSQS-21BZ-M舰艏声呐，1部SQR-220K“黑龙”主/被动拖曳阵声呐	1部Ultra-EDO MFS-7000主/被动舰艏声呐	Ultra Electronics海军系统综合声呐系统，包括1部主/被动舰艏声呐和1部主/被动拖曳阵声呐	1部泰利斯TMS 4100CL主/被动舰艏声呐	1部泰利斯TMS 4100CL主/被动舰艏声呐	1部巴拉特电子有限（BEL）公司HUMSA主/被动舰壳声呐，1部BEL Nagin低频主/被动拖曳阵声呐

		伯克ⅡA（美）	伯克Ⅲ（美）	金刚级（日）	爱宕级（日）	摩耶级（日）
雷达和电子系统	对空 / 多功能雷达	1 部 S 波段 AN/SPY-1D(V)[③]三坐标无源相控阵雷达（4 块阵面）	1 部 S 波段 AN/SPY-6(V) 有源相控阵雷达（4 块阵面）	1 部 S 波段 AN/SPY-1D 三坐标无源相控阵雷达（4 块阵面）	1 部 S 波段 AN/SPY-1D (V) 三坐标无源相控阵雷达（4 块阵面）	1 部 S 波段 AN/SPY-1D (V) 三坐标无源相控阵雷达（4 块阵面）
	对海搜索雷达	1 部 AN/SPS-67(V)3 或 1 部 X 波段 AN/SPQ-9B 对海搜索 / 火控雷达（DDG-118 号之后）	1 部 X 波段 AN/SPQ-9B 对海搜索 / 火控雷达	1 部 OPS-28D 对海搜索雷达	1 部 OPS-28D 对海搜索雷达	1 部 X 波段 AN/SPQ-9B 对海搜索和火控雷达
	导航雷达	1 部 AN/SPS-64(V)9 或 1 部德卡“舰桥主人”E（DDG-87 之后）雷达	1 部德卡“舰桥主人”E 雷达	1 部 OPS-20B 导航雷达；ORN-6C“塔康”天线	1 部 OPS-20B 导航雷达；ORN-6C“塔康”天线	1 部 OPS-20B 导航雷达；ORN-6C“塔康”天线
	火控雷达（照射雷达）	3 部 SPG-62 雷达	3 部 SPG-62 雷达	3 部 SPG-62，1 部 FCS-2（81 式 2 型）-21C 雷达	3 部 SPG-62，1 部 FCS-2（81 式 2 型）-21C 雷达	3 部 SPG-62 雷达
机库数量		2 座	2 座	1 座	1 座	1 座
舰载直升机		1 架 MH-60R、1 架 MH-60S	1 架 MH-60R、1 架 MH-60S	1 架 SH-60J/K	1 架 SH-60J/K	1 架 SH-60K
编制舰员（人）		380（军官 32，水兵 348）		300	300	300

注：表中空白处为数据暂不确定或公开资料空缺。
① 垂直发射单元的简称。
② “MFTA”为多模式拖曳阵列声呐。
③ “AN”表示陆海联合，“（v）”表示可变配置。

（续）

世宗大王级（KDX-Ⅲ型）（韩）	45 型勇敢级（英）	霍巴特级（澳）	福尔班级（地平线级）（法）	安德里亚·多利亚级（地平线级）（意）	加尔各答级（P15A 型）（印）
1 部 S 波段 AN/SPY-1D 三坐标无源相控阵雷达（4 块阵面）（第一批次）	1 部 S 波段 1045 型“桑普森”三坐标多功能有源相控阵，1 部 1046 型（S-1850M）三坐标雷达	1 部 S 波段 AN/SPY-1D (V) 三坐标无源相控阵雷达（4 块阵面）	1 部 C 波段塞莱克斯“克洛诺斯”（Kronos）三坐标多功能有源相控阵，1 部塞莱克斯 L 波段 RAN-40L 三坐标远程对空搜索雷达	1 部 C 波段塞莱克斯“克洛诺斯”（Kronos）三坐标多功能有源相控阵，1 部塞莱克斯 L 波段 RAN-40L 三坐标远程对空搜索雷达，1 部塞莱克斯 X 波段 ES SPS-791 RASS（RAN-30X/I）多功能雷达	1 部 S 波段 EL/M-2248 MF-STAR 多功能有源相控阵雷达（4 块阵面），1 部 L 波段两坐标 RAWL-02 MK3 对空警戒雷达
1 部 SPS-95K 对海搜索 / 导航雷达		1 部 X 波段 AN/SPQ-9B 对海搜索和火控雷达		1 部塞莱克斯 SIR R/S 次级监视雷达	3 部 MR-212/201 雷达
	1 部凯尔文·休斯(Kelvin Hughes)1007 型 I 波段; 1 部雷卡 - 德卡 1008S 波段雷达	2 部 L-3 Communications SAM ElectronicsX 波段雷达	2 部古野雷达（FURUNO）	1 部 SPN-753G(V)10 ARPA 导航 / 直升机着舰引导雷达，1 部 SPN-730 低截获概率导航与精密进场管制雷达	1 部凯尔文·休斯（Kelvin Hughes）Nucleus-2 6000A 雷达
3 部 SPG-62 雷达		2 部 SPG-62 雷达	1 部塞莱克斯 RION RTN-30X（NA-30S）雷达	2 部塞莱克斯 NA-25X 综合光电 / 雷达火控系统	1 部 Garfun-Bal（北约代号 Plank Shave）反舰导弹火控雷达，1 部 Ratep JSC 5P-10E“美洲狮”综合光电 / 雷达火控系统
2 座	1 座	1 座	1 座	1 座	2 座
2 架“超山猫”	1 架 AW101“默林”HM2，或 1-2 架 AW159“野猫”HMA2	1 架 MH-60R	1 架 NH-90	1 架 AW-101 或 1 架 NH-90	2 架卡 -28PL，或 2 架“海王”，或 2 架奇塔克（Chetak），或 2 架“北极星”
近 400(第一批次)，200（第二批次）	190(最多可容纳 285 人)	186 舰员 +16 名航空人员（最多可容纳 230 人）	200	236	

从这份表格可以看出，现代以防空为主的多用途驱逐舰大型化非常明显，满载排水量均在7000吨以上，显然都是为了满足远洋作战需求，而且7000吨也成了多用途驱逐舰的下限。

在驱逐舰的长宽比上，可见较小的长宽比已经成为多用途驱逐舰的标准之一，这样设计的目的是让驱逐舰具有更高的稳性、适航性，同时增加舰内空间。

在雷达方面，固定安装的四面阵样式的相控阵雷达成为主流，因为四面阵样式的相控阵雷达最突出的特点就是既能实现360°探测，还具备全时探测的能力。

固定安装的四面阵样式的相控阵雷达成为流行趋势，图为美国伯克ⅡA型驱逐舰后部的一块AN/SPY-1D（V）天线阵面。

英国、法国、意大利虽然知道四面阵相控阵雷达的巨大优势，但是它们没有特别大的海空威胁，因此选择了相对便宜的旋转相控阵雷达，其中又以英国的“桑普森”雷达性能最好。

今后的趋势是有源相控阵雷达将会全面成为驱逐舰的主用雷达，例如美国海军就研制了SPY-6（AN/SPY-6的简写形式）有源相控阵雷达，装备于新的伯克Ⅲ型驱逐舰上。

在多目标拦截能力上，现在的以防空为主的多用途驱逐舰比以前的防空驱逐舰有了巨大的提升，但也不是能够做到有多少目标就拦截多少，因为防空拦截不仅与驱逐舰携带的防空导弹数量有关，还与防空导弹的制导方式有关。例如美国伯克级驱逐舰所装备的“标准”-2 MR Block3A/B导弹采用的是半主动雷达制导方式，需要制导雷达进行全程引导。而舰上的3部SPG-62照射雷达（火控雷达）即便采用分时照射技术，每部也只能同时引导4枚“标准”-2 MR Block3A/B，因此其能够同时进行多目标拦截的数量就是12个。所

伯克级驱逐舰在后部烟囱处装有2部SPG-62照射雷达，另外在舰桥顶部还有1部。每部SPG-62可同时引导4枚舰空导弹攻击目标。

以，哪怕MK41垂直发射系统的发射速度再快（每秒1枚），受制于火力通道数有限也无法有效发挥垂直发射带来的高发射速率优势。美国现在的“标准”-6导弹采用了主动雷达导引头，并且引入了CEC系统，这样就不再受舰上SPG-62照射雷达引导能力的限制，真正解决了多目标拦截能力受限的问题。

垂直发射系统现在已经是这类多用途驱逐舰的标配，因为垂直发射不仅有发射速率快的优势，还具有全向攻击的优势，驱逐舰不需要进行任何转向机动，就能对目标进行攻击，无须考虑射界问题。至于驱逐舰上的垂直发射单元到底有多少才算合适，则需要各国海军根据自己实际情况而定。美国海军因为是全球作战，任务种类又非常多，所以在伯克ⅡA、伯克Ⅲ型驱逐舰上装了96个单元。而像英、法、意、澳（澳大利亚）等国，则因为没有较大威胁，同时还要严格控制成本，所以只设48个垂发单元。

在反舰武器方面，一般8枚反舰导弹是此类驱逐舰的标配，像韩国海军世宗大王级那样配备16枚的极少。但是美国海军现在“重返大洋”，发展了射程1000千米左右的远程反舰导弹，供MK41垂直发射系统进行发射，因此美国海军伯克级驱逐舰装填的远程反舰导弹数量可能显著增加。

在反潜武器方面，现代多用途驱逐舰丝毫不亚于以反潜为主的通用驱逐舰和反潜驱逐舰。典型的代表就是美国的伯克ⅡA型，反潜探测设备和武器系统十分豪华，综合反潜能力属于世界顶级水平。

美国海军伯克级驱逐舰“麦克福尔”号前部29单元MK41垂直发射系统。

美国海军伯克级驱逐舰“麦克福尔”号后部61单元MK41垂直发射系统。

现代多用途驱逐舰的反潜主力是舰载反潜直升机，为此多用途驱逐舰不惜腾出大量空间来设置机库和飞行甲板，以供搭载和起降直升机之用。值得一提的是，现代的舰载直升机已经不仅仅是用于反潜，还能执行反舰、侦察、监视、编队警戒、海上补给等多种任务，这也使得多用途驱逐舰的任务多样性愈发明显。而反潜导弹并非多用途驱逐舰的标配，有了更好，没有也不会产生太大影响，所以除了美、日、韩、澳等国之外，法、印的新一代多用途驱逐舰并未装备反潜导弹。

美国海军伯克级驱逐舰“穆斯汀”号（DDG-89）发射RUM-139垂直发射型“阿斯洛克”反潜导弹。

在近程防御武器方面，美国海军正在趋向取消多管速射小口径近防炮，改为全导弹+电子战系统防

韩国海军世宗大王级驱逐舰采用的“守门员”近防武器系统。

御；但是其他国家不敢像美国海军那样，所以都保留了 1~2 座近防炮。印度海军没有类似“密集阵”或“守门员”那样的近防炮，同时又为了保持和本国其他舰艇近防武器系统的通用性，选择了 4 座 AK-630 近防炮。

以对空为主的多用途驱逐舰在作战指挥系统上很先进，普遍采用数字化、开放式架构，由运算能力十分强大的高性能多任务计算机、多个战术显控台，通过数据总线连接全舰的传感器和武器系统，能够同时处理数百到上千批目标信息，指挥全舰进行防空、反潜、反舰或对陆攻击作战。此外，作战指挥系统还能够通过无线电或卫星数据链和海上、空中、地面作战平台进行信息交换。不少多用途驱逐舰还装有旗舰指挥系统，可搭载司令部人员，充当编队旗舰，统一指挥编队各舰进行作战，也可与其他海上编队、空中编队进行联合作战。

日本海上自卫队“爱宕”号驱逐舰的战情中心。

在隐身性能上，各国多用途驱逐舰所采取的技术手段基本都差不多。从全球范围里看，各国对于多用途驱逐舰仍采取适度隐身的策略，毕竟成本还是非常重要的制约因素。

通用和反潜驱逐舰

		村雨级（日）	高波级（日）	秋月级（日）	朝日级（日）	
舰长（米）		151	151	150.5	150.5	
舰宽（米）		17.4	17.4	18.3	18.3	
型深（米）		10.9	10.9	10.9	10.9	
吃水（米）		5.2	5.3	5.4	5.4	
标准排水量（吨）		4550	4650	5000	5100	
满载排水量（吨）		6200	6300	6800	6800	
动力系统	发动机	全燃联合动力，2 台川崎重工生产的 LM2500 燃气轮机，2 台斯贝 SM1C 燃气轮机	全燃联合动力，2 台川崎重工 LM2500 燃气轮机，2 台斯贝 SM1C 燃气轮机	全燃联合动力，4 台斯贝 SM1C 燃气轮机	燃气轮机 - 电动机联合电力推进系统，2 台 LM2500 ICE 燃气轮机 +2 台电动机	
	总功率（轴马力）	60000	60000	64000	62500	
发电机组		3 台 1500 千瓦柴油发电机。1 台 500 千瓦辅助柴油发电机	3 台 1500 千瓦柴油发电机。1 台 500 千瓦辅助柴油发电机	3 台 2400 千瓦川崎 M1A -35 燃气涡轮发电机		
驱动形式		双轴双桨	双轴双桨	双轴双桨	双轴双桨	
最大航速（节）		30	30	30	30	
续航力		6000 海里 /20 节	6000 海里 /20 节			
武器系统	主炮	1 座奥托 76 毫米口径 62 倍径单管舰炮	1 座奥托 127 毫米口径 54 倍径单管舰炮	1 座采用隐身炮塔的 MK45 Mod4 型 127 毫米口径 62 倍径单管舰炮	1 座 MK45 Mod4 型 127 毫米口径 62 倍径舰炮	
	垂直发射装置型号	1 座 16 单元 MK48 Mod4（用于舰空导弹），1 座 16 单元 MK41 Mod9（用于反潜导弹）	MK41 Mod18	MK41 Mod18	MK41 Mod33	
	垂直发射单元数量	32	32	32	32	

忠武公李舜臣级（KDX-Ⅱ型）（韩）	德里级（印）	阿基坦级反潜/对陆攻击型（法）	无畏级（俄）
154.4	163	142	163.5
16.9	17	20	19.3
4.3	6.5	5.0	7.79
4400	5400		6930（无畏Ⅰ）、6200（无畏Ⅱ）
5500	6700	6000	7570（无畏Ⅰ）、7900（无畏Ⅱ）
柴燃交替动力，2 台 LM2500 燃气轮机，2 台 MTU 20V 956 TB-92 柴油机	柴燃交替动力，2 台 Zorya M36E 燃气轮机组（包括 4 台 DT-59 燃气轮机、2 个 RG-54 减速齿轮箱），2 台 Bergen/Garden Reach S&E KVM-18 柴油机	柴电燃联合动力，1 台通用电气 LM-2500+G4 燃气轮机，功率 43000 马力；2 台 MTU-4000 柴油发电机，总功率 11800 马力；2 台 EPM 主推进电机，总功率 6705 马力；1 台舰艏推进器，功率 1475 马力	全燃联合动力，2 台 16.5 兆瓦 DT-59（UGT-16000R），2 台 14.7 兆瓦 D090（UGT-15000R）
燃气轮机总功率 58200，柴油机总功率 8000	64000（燃气轮机），9900（柴油机）	84890	84890
4 台 800 千瓦柴油发电机			
双轴双桨	双轴双桨	双轴双桨	双轴双桨
29	32	27+（巡航时电力推进为 15.6 节）	35
4000 海里 /18 节	5000 海里 /18 节	6000 海里 /15 节	4500 海里 /18 节
1 座 MK45 Mod4 型 127 毫米口径 62 倍径舰炮	1 座 AK-100DP 型 100 毫米口径 70 倍径舰炮	1 座奥托 76 毫米口径炮（未来可能换装 127 毫米口径舰炮）	2 座 AK-100 型 100 毫米口径单管舰炮（无畏Ⅰ）、1 座 AK-130 型双管 130 毫米口径舰炮（无畏Ⅱ）
MK41 Mod2（第一批次），或 MK41 Mod2+KVLS（第二批次）	“巴拉克”-1 系统	“席尔瓦”A43、“席尔瓦”A50 或“席尔瓦”A70	3K95“匕首”（北约称 SA-N-9“长手套”）近程舰空导弹垂发系统
32（第一批次），或 56（第二批次）	32	32（包括 16 单元“席尔瓦”A43 或 A50+16 单元“席尔瓦”A70）	64

		村雨级（日）	高波级（日）	秋月级（日）	朝日级（日）
武器系统	舰空导弹	初期为 RIM-7F “海麻雀”，2004 年之后换为“改进型海麻雀”（16 枚）	“改进型海麻雀”（32~64 枚）	“改进型海麻雀”（64 枚）	“改进型海麻雀”（64 枚）
	对陆攻击导弹	无	无	无	无
	反舰导弹	2 座四联装 90 式反舰导弹发射架	2 座四联装 90 式反舰导弹发射架	2 座四联装 90 式反舰导弹发射架	2 座四联装 90 式反舰导弹发射架
	反潜导弹	垂发型“阿斯洛克”（16 枚）	垂发型“阿斯洛克”（16 枚）	垂发型“阿斯洛克”（16 枚），或 07 式（16 枚）	垂发型“阿斯洛克”（16 枚），或 07 式（16 枚）
	近防武器	2 座“密集阵”	2 座“密集阵”	2 座“密集阵” Block 1B	2 座“密集阵”Block1B
	反潜鱼雷发射管	2 座三联装 HOS-302A 型	2 座三联装 HOS-302A 型	2 座三联装 HOS-303 型	2 座三联装 HOS-303 型
	反潜鱼雷	MK46 Mod5，或 89 式	MK46 Mod5，或 89 式	MK46 Mod5，或 97 式，或 12 式	MK46 Mod5，或 97 式，或 12 式
	其他武器				
声呐		1 部 OQS-5 低频主 / 被动舰壳声呐，1 部 OQR-2 拖曳线列阵声呐	1 部 OQS-5 低频主 / 被动舰壳声呐，1 部 OQR-2 拖曳线列阵声呐	1 套 OQQ-22 综合声呐（包括 1 部低频主 / 被动舰艏声呐、1 部 OQR-3 拖曳线列阵声呐）	1 套 OQQ-24 综合声呐（包括 1 部低频主 / 被动舰艏声呐、1 部 OQR-4 拖曳线列阵声呐）

（续）

忠武公李舜臣级（KDX-Ⅱ型）（韩）	德里级（印）	阿基坦级反潜/对陆攻击型（法）	无畏级（俄）
“标准”-2MR Block3A（第二批 3 艘可能增加“改进型海麻雀”），1 座 MK49 型 21 联装“拉姆”近程防空导弹发射架	2 座 3S90 单臂舰空导弹发射架，共备有 SA-N-7/12 中程舰空导弹 48 枚；垂发型“巴拉克”-1 近程舰空导弹 32 枚	“紫菀”-15 和“紫菀”-30	3K95“匕首”（北约称 SA-N-9“长手套”）
天龙（第二批次，KVLS 发射）	无	16 枚 MdCN（用“席尔瓦”A70 垂发系统发射）	无
2 座四联装 SSM-700K“海星”反舰导弹发射架	4 座四联装 SS-N-25“天王星”反舰导弹发射架	2 座四联装 MM40 Block3“飞鱼”反舰导弹发射架	2 座四联装 SS-N-14“石英”反舰/反潜导弹发射架（无畏Ⅰ），或 2 座四联装 SS-N-22“日炙”超声速反舰导弹发射架（无畏Ⅱ）
红鲨（第二批次，KVLS 发射）	无	无	SS-N-14“石英”反舰/反潜导弹（无畏Ⅰ），或 SS-N-16“种马”（无畏Ⅱ）
1 座“守门员”	2 座 AK-630M	1 座六联装 SADRAL PDMS 近程舰空导弹发射架（实际未装）	4 座 AK-630M（无畏Ⅰ），或 2 座卡什坦（无畏Ⅱ）
2 座三联装 MK32 Mod5	1 座五联装 PTA 533 型 533 毫米鱼雷发射管	2 座双联装 B-515 鱼雷发射管	2 座四联装 533 毫米鱼雷发射管（用来发射 SS-N-16 反潜导弹）
MK46 Mod5，蓝鲨	53-65 或 SET-65E 型 533 毫米重型鱼雷	MU90	
4 挺 12.7 毫米口径机枪	2 座 12 管 RBU-6000 火箭式反潜深弹发射器	3 座纳克斯特（Nexter）公司生产的装有 20 毫米口径 Mod F2 机关炮的“独角鲸”（Narwhal）遥控武器站	2 座 12 管 RBU-6000 火箭式反潜深弹发射器（无畏Ⅰ），或 2 座 10 管 RBU-12000 火箭式反潜深弹发射器（无畏Ⅱ）
1 部 ATLAS DSQS-21BZ 主/被动舰艏声呐，1 部 SQR-220K“黑龙”主/被动拖曳阵声呐	1 部 BEL HUMVAD 主/被动舰艏声呐（D-60“德里”号、D-61“孟苏尔”号），或 1 部 BEL HUMSA 主/被动舰艏声呐（D-62“孟买”号）；1 部 Model 15-750 可变深度声呐（D-61、D-62），或 1 部泰利斯 ATAS 主/被动拖曳阵声呐（D-62）	1 部泰利斯 BMS 4110CL 低频主/被动舰艏声呐，1 部 CAPTAS UMS-4249 低频主/被动拖曳阵声呐，泰利斯 TUUM-6 水下通信系统	1 部“马颚”低频主/被动舰艏声呐，1 部“马尾”低频主/被动可变深度声呐

		村雨级（日）	高波级（日）	秋月级（日）	朝日级（日）
雷达和电子系统	对空 / 多功能雷达	1 部三坐标 OPS-24B 有源相控阵雷达	1 部三坐标 OPS-24B 有源相控阵雷达	1 部 FCS-3A 多功能有源相控阵雷达（4 组阵面，每组包括 1 块较大的 C 波段和 1 块较小的 X 波段天线阵面）	1 部 C 波段 OPY-1A 多功能有源相控阵雷达（4 块阵面）
	对海搜索雷达	1 部 OPS-28D 雷达	1 部 OPS-28D 雷达	1 部 OPS-20C 对海搜索 / 导航雷达，ORN-6C“塔康”天线	1 部 OPS-20C 对海搜索 / 导航雷达，ORN-6C“塔康”天线
	导航雷达	1 部 OPS-20B 导航雷达，ORN-6C“塔康”天线	1 部 OPS-20B 导航雷达，ORN-6C“塔康”天线		
	火控雷达	1 部 IBPDMS 舰炮火控雷达，2 部 FCS-2-31 舰空导弹火控雷达	1 部 IBPDMS 舰炮火控雷达，2 部 FCS-2-31 舰空导弹火控雷达		
机库数量		1 座	1 座	1 座	1 座
舰载直升机		1 架 SH-60J/K	1 架 SH-60J/K	可携带 2 架 SH-60K（通常只携带 1 架），或 1 架 MCH-101	可携带 2 架 SH-60K（通常只携带 1 架）
编制舰员（人）		165	165	200	200

注：表中空白处为数据暂不确定或公开资料空缺。

（续）

忠武公李舜臣级（KDX-Ⅱ型）（韩）	德里级（印）	阿基坦级反潜/对陆攻击型（法）	无畏级（俄）
1部L波段两坐标AN/SPS-49(V)5对空雷达，1部C波段三坐标MW-08对空/对海雷达	1部MR-755 Fregat-M2（北约称“半板”）三坐标对空雷达，1部巴拉特RAWL-02型两坐标对空雷达（泰利斯荷兰公司LW-08型雷达的许可生产型）	1部S波段赫拉克勒斯（“武仙座”）三坐标多功能有源相控阵雷达	1部MR-760MA Fregat-MA（北约称“顶板”）三坐标对空搜索雷达，1部MR-320M Topaz-V（北约称“支柱对/撑曲对”）对空/对海搜索雷达
1部SPS-95K对海搜索/导航雷达	3部MR-201/212“伏尔加河”-U对海搜索/导航雷达（北约代号“棕榈叶”）		3部MR-201/212“伏尔加河”对海搜索/导航雷达（北约称“棕榈叶”）
1部DTR-92雷达	1部拉什米（Rashmi）雷达	2部I波段Terma Scanter 2001雷达	2部“圆屋”空中战术导航雷达，1部“飞屏”直升机进场引导雷达
2部STIR-240火控雷达	1部MR-145（北约代号“鸢声”）舰炮火控雷达，2部EL/M-2221近防炮火控雷达，2部EL/M-2221 STGR照射雷达（用于“巴拉克”-1导弹），1部Garfun-Bal（北约代号Plank Shave）反舰导弹火控雷达，6部MR-90“前罩”照射雷达，1部Radamec Series 2000光电/雷达火控系统	1部萨吉姆公司Sagem Najir光电/雷达舰炮火控系统，1套萨吉姆公司VIGY MM光电火控系统	2部F波段MR-212“飞龙”SS-N-14反潜导弹火控雷达（北约称“眼球”），1部MR-114列夫舰炮火控雷达（北约代号“鸢鸣”A/B），2部MR-360 Podkat（北约称“十字剑”）型SA-N-9导弹制导雷达，2部MR-123“三角旗”型AK-630M近防炮火控雷达（北约称“低音帐篷”，无畏Ⅰ），2部3P37（北约称“热闪”）型SA-N-11导弹制导雷达（无畏Ⅱ），1部Garpun-BAL反舰导弹火控雷达，MP-145光电/雷达火控系统
1座	2座	1座	2座
1~2架“超山猫”	2架“海王”Mk.42B	1架NH-90	2架卡-27
300	350（包括40名军官）	145	300

通用驱逐舰和反潜驱逐舰

与以防空为主的多用途驱逐舰相比，通用和反潜驱逐舰最大的优势在于便宜。实际上，现在的通用和反潜驱逐舰可以看作是弱化了防空反导能力、降低了吨位、更加注重成本控制的多用途驱逐舰。

通过上面这份表格，可以得出的直接结论就是通用和反潜驱逐舰与以防空为主的多用途驱逐舰之间的区别日益变得模糊，不排除未来统一称呼为多用途驱逐舰的可能。日本的通用驱逐舰就是典型代表，吨位不断增大，多用途能力一再增强。现在的秋月级、朝日级通用驱逐舰，依靠自身的相控阵雷达和“改进型海麻雀”舰空导弹，可为编队提供中程防空能力。此外，通用和反潜驱逐舰将继续大型化，携带的导弹种类和数量也会继续增加，多用途能力将进一步增强。

通过日本通用驱逐舰，还可看出编制舰员方面的变化。由于服役越晚的驱逐舰自动化程度越高，所以对人员的需求就越少。但是如果从通用驱逐舰的任务多样性来看，日本通用驱逐舰的编制舰员变化幅度并不大。特别是在村雨级、高波级到秋月级、朝日级，满载排水量仅增加了 500~600 吨，但是编制舰员却增加了 35 人，这个幅度是很大的。原因一是驱逐舰的多用途能力显著增加，需要较多的人员；原因二是从轮班、损管等角度考虑，也需要保持较多的人员。因此，在驱逐舰的设计上，并不一定是随着自动化程度的提高就让编制舰员越少，那样只是省了人头费，却会影响到驱逐舰的战斗力和生存力。

日本海上自卫队“朝日”号通用驱逐舰。

第三章 CHAPTER 3

现役典型驱逐舰的技战术性能

美国朱姆沃尔特级驱逐舰

舰体系统组成

DDG-1000 朱姆沃尔特级驱逐舰可谓是二战后最具革命性的水面作战舰艇之一，在舰体、动力系统、武器系统的设计与布置上都有所创新。

舰体设计

朱姆沃尔特级驱逐舰满载排水量 14564 吨，舰体长 182.8 米、宽 24.1 米，吃水深 8.5 米。外观上最显著的特征是内倾带有尖锐结构的舰体，这让人联想到 19 世纪末期的某些铁甲舰。这种水线上方船幅逐渐缩小的内倾侧舷构型称为“Tumble Home”，原是帆船时代为减轻舰体上部重量而出现的设计，当铁甲舰在 19 世纪末期登场时，也有部分设计师采用了这种设计，以压低重心、平衡增设装甲后的重量，不过到了二战前后，这种设计就在各国的舰艇设计中消失了。但是进入 21 世纪后，出于隐身性的要求，这种古典设计又复活了。因为在某些雷达照射角度下，外倾的下半部舰体仍可能会使雷达波反射到海面上，从而折回发射源方向，但是内倾舰体就没有这种问题。

至于朱姆沃尔特级驱逐舰舰艏类似古代战舰的“冲角”造型，可在恶劣海况下切开波浪、降低舰体晃动，所以朱姆沃尔特级驱逐舰的整个船形就称为穿浪内倾

朱姆沃尔特级驱逐舰

是美国海军新一代多用途对地打击宙斯盾舰。

“朱姆沃尔特”号驱逐舰。

舰体，朱姆沃尔特级驱逐舰的船壳构造亦有不同寻常之处，采用了现代水面舰艇少见的双层壳体，外壳敷设有装甲，内、外壳之间则布置了舷侧垂直发射系统。

为了保证完整的隐身特性，朱姆沃尔特级驱逐舰甲板以上的结构极度简化，除了前甲板的 2 座 155 毫米口径先进舰炮系统外，就只剩下一个内倾的大型上层结构，排烟管道与所有电子设备均集中在这个上层结构内，上层结构后方为大型机库。

朱姆沃尔特级驱逐舰的机库可容纳 1 架有人直升机与 3 架无人直升机，较特别的是携带舰载小艇的位置是位于直升机起降平台下方的舰体内部，这个位置设有可容纳 2 艘 11 米长刚性充气艇（RHIB）的小型船坞，目前暂定配备 2 艘 7 米长的 RHIB。“藏”在舰艉内的小型船坞除能满足舰体隐身要求外，也便于舰载小艇的施放与回收作业，比起传统上多半布置在甲板上的小艇，朱姆沃尔特级驱逐舰的小型船坞更易于操作，也免除了使用大型机械吊车的麻烦。

为把所有电子设备都“包”在具有隐身外形设计的上层结构内，朱姆沃尔特级驱逐舰采用了综合射频系统设计，上层结构的倾斜壁面设有电子设备的天线孔径位置，除上层结构顶部的 1 个六面锥体与 1 个八面锥体结构内可安装传统的旋转式天线外，其余雷达与通信系统的天线均为埋设在上层结构表面的平板阵列型天线。烟囱排气口也设在上层结构顶部，只有从顶部才能看到排气口，有效降低了从其他方位观测该舰时的红外信号。

动力系统

综合电力系统（IPS）是朱姆沃尔特级驱逐舰的一大特色，由 2 部功率 35 兆瓦（47600 轴马力）主机与 2 部功率 4 兆瓦（5440 轴马力）的辅机组成，全系统最大输出功率 78 兆瓦，可使朱姆沃尔特级驱逐舰获得 30 节的最大持续航速。主、辅机组均含有作为原动机的燃气轮机与发电机，由燃气轮机驱动发电机，所得电力再经由配电网路分配给 2 部用于驱动推进桨叶的电动机，以及作战、生活设施等其他舰载次级系统的用电。

系统组成

朱姆沃尔特级驱逐舰任务系统包括外部通信系统、传感器系统、舰船域控制系统、武器控制系统、指挥控制和情报系统、训练任务和保障系统等几部分，各部分外围资源通过分布式适配处理器（DAP）接入相应的控制系统。各控制系统又作为全舰计算机环境（TSCE）核心的一部分与指挥、控制及情报无缝融合。

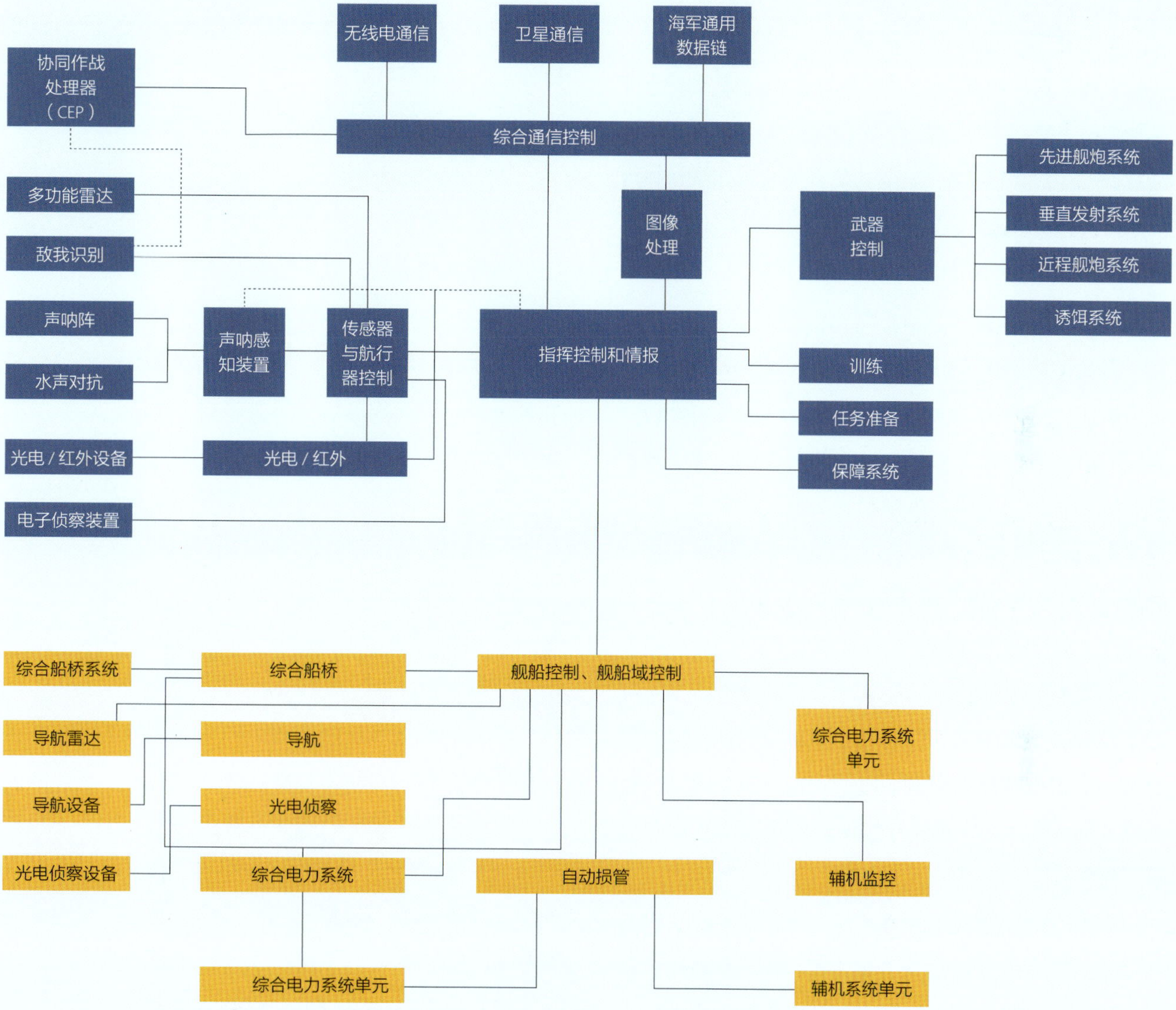

朱姆沃尔特级驱逐舰任务系统组成框图。

朱姆沃尔特级驱逐舰的任务系统的主要分系统包括：

（1）外部通信系统（EXCOMMS）

作为朱姆沃尔特级驱逐舰的 C^3I 系统的一部分，外部通信系统为朱姆沃尔特级驱逐舰执行任务期间提供与其他岸基、空中和海上平台以及码头之间的语音、数据和视频通信。外部通信系统由卫星通信、视距通信、海军通用数据链、信息安全、通用阵列单元、协同作战处理、集成通信控制软件等七部分组成。

（2）多功能雷达（MFR）

多功能雷达使朱姆沃尔特级驱逐舰获取对海和对空优势，为近距离压制敌方水面舰艇和飞机提供支持。多功能雷达为 X 波段 AN/SPY-3 相控阵雷达，采用通用信号处理设备，可提供水面水平搜索以及空中三坐标搜索能力。另外，X 波段雷达一部分支持导航功能，具备高功率和低功率两种导航模式。

（3）敌我识别系统（IFF）

敌我识别系统用于防空作战和反舰作战任务，与询问及应答系统协同工作，用于快速进行己方作战平台身份识别、跟踪和控制。敌我识别系统包括三部分硬件：询问单元、应答单元和电扫描天线单元以及相应的软件。

（4）综合水下作战系统（IUSW）

综合水下作战系统为朱姆沃尔特级驱逐舰提供指挥反潜作战、鱼雷防御、反水雷、搜索救援等能力，使其具备极大的水下优势。综合水下作战系统集成了舰艏声呐、拖曳声呐、拖曳反水雷单元等用于空中、水面和水下目标探测的声呐系统以及相应软件。

（5）光电 / 红外系统（EO/IR）

光电 / 红外系统包括软件和硬件两部分，用于 C2 系统侦察、测距特定目标以及报告航迹，由位于甲板上主要阵面之上的 5 个万向光电传感器和相应的电子模块设备组成，另外还包括内嵌于 C2 系统中的控制和生成航迹的侦察和跟踪软件、目标检测算法等。

（6）舰船控制系统

这是为朱姆沃尔特级驱逐舰提供分级、集成的舰船平台控制软硬件。舰船控制系统软件架构允许分级进行自动化监视、控制和配置舰船控制系统设备，从而降低人员需求。舰船控制系统可为朱姆沃尔特级驱逐舰协调、控制和监视导航、动力、电力、机械等装置提供支持，另外还具备损管控制功能。

机电控制系统（ECS）是舰船控制系统的一部分，是一个相当先进和高度集成的机电设备控制系统。ECS 在层次上支撑舰船控制系统为作战系统提供舰船机动和电力，其主要由三个部分组成：综合电力系统（IPS）、自动损管（ADC）和辅机控制系统（ACS）。ECS 是一个分布式实时控制系统，用于自动监视和控制朱姆沃尔特级驱逐舰机电设备，实现电力自动化和辅机控制自动化。ECS 采用网络分布式控制单元（DCU）和远程终端单元（RTU）作为与全舰机电设备之间的接口，用于监视和控制传感器、执行机构、接触器和电力设备等。

（7）先进舰炮系统（AGS）

先进舰炮系统是一个全自动、垂直装弹、稳定的 155 毫米口径单管舰炮系统，能够按照存储、初始化 / 可编写的程序装填和发射炮弹。其主要任务是对陆攻击作战，可以在朱姆沃尔特级驱逐舰濒海交战范围内精确、快速、大范围火力支援视距之外的地面先遣部队。

朱姆沃尔特级驱逐舰携带两套完整的 AGS 系统——Mount 61 和 62。两套系统的配置在甲板之上完全相同，但在甲板下稍有区别。

（8）垂直发射系统（MK57 VLS）

MK57 垂直发射系统是一个通用的、无人操作的导弹发射系统，能够自动装填、准备和发射导弹。在朱姆沃尔特级驱逐舰上，MK57 垂直发射系统共 80 个发射单元。

（9）协同交战能力（CEC）系统

CEC 系统为具备集成火控能力的传感器网络。装备有 CEC 系统的实时协同交战平台，可通过实时、视距、高速的分布式网络来共享各平台防空搜索传感器获取的协同监测数据，能够有效提高防空和反导作战能力。CEC 系统采用精确定向通信，具备很强的抗干扰能力。各协同交战平台采用独立的高容量并行处理算法来融合传感器数据，形成一个高质量跟踪态势。CEC 系统数据可看作由各单个协同交战平台防空反导传感器最大能力的总集合，并且将其输入到每个协同交战平台的武器系统。CEC 系统可极大地提高战斗防御纵深，包括针对本地和区域的现行及未来空中导弹威胁。

（10）全舰计算机环境（TSCE）

全舰计算机环境提供朱姆沃尔特级驱逐舰所有的计算资源及相关软件。TSCE 为舰船平台、作战系统和支撑保障系统提供单个计算环境，为应用 / 功能系统软件提供中间件平台，用于建立和执行其功能。TSCE 应用软件、硬件和软件基础设施一同构成计算资源的绝大部分。

（11）综合电力系统（IPS）

朱姆沃尔特级驱逐舰的综合电力系统（IPS）产生供推进系统、舰船服务和作战系统所需的电力。IPS 的高效灵活的电力分配能够大幅度降低能源消耗，并且适合高能武器（如电磁轨道炮和高能激光武器）以及传感器的使用。

此外，朱姆沃尔特级驱逐舰上还应用了通用阵列电源系统（CAPS）和通用阵列冷却系统（CACS）。CAPS 完成全舰集成电力系统的船用电压到其他设备供电电压转换，支持对多功能雷达、敌我识别、电子战、密码、外部通信等多种分系统供电。CAPS 是一套分布式电力系统，包括两套配电设备和四套变电设备。CACS 为多功能雷达、外部通信系统天线阵列提供冷却能力，将热量交换给舰船平台提供的冷却水。

CACS 是一套分布式冷却系统，冷却设备分为三个独立部分，每部分冷却回路可单独操作，包括冷媒输送至双波段雷达和外部通信设备以及对其监视和控制的设备。冷却设备由冗余设计的泵、一个热交换器和过滤系统组成。

通过上述先进技术和系统的应用，朱姆沃尔特级驱逐舰战技性能大幅提高，相比美国海军现役主力驱逐舰伯克级，其在火力支援和防御反舰巡航导弹方面的能力提升了 3 倍，整体雷达反射截面积（RCS）减少到原来的 1/50，综合防御能力是伯克级的 10 倍，浅水域对抗水雷的作战范围也增大了 10 倍。然而，朱姆沃尔特级驱逐舰的人员编制只有 142 人，比伯克级的人员减少了 60% 左右。

作战系统功能结构

朱姆沃尔特级驱逐舰专为濒海和对陆攻击任务的持续作战而量身定制，提供独立的前方存在和威慑能力，支持特种部队作战，并作为联合远征部队的一个组成部分。

该级舰的进攻性武器包括两座 155 毫米口径先进舰炮系统（AGS）和“战斧”对陆攻击巡航导弹。先进舰炮系统旨在通过为地面部队提供持续的精确密集火力支持，来满足海军陆战队对海军水面舰艇火力支援的要求。这些舰炮设计用于发射精确制导的远程对陆攻击弹（LRLAP），射程可达 76 海里。但在 2016 年，美国海军以成本为由取消了对 LRLAP 的进一步采购。该级舰的导弹安装在舰体外侧的 MK57 垂直发射装置中，该装置能够向外引导爆炸性伤害，大大降低了单次被命中后船只损失的可能性。

朱姆沃尔特级驱逐舰拥有斜角式船舷舰体、一个集成的甲板室和合成孔径雷达，旨在最大限度地减少雷达特征。该船的开放式架构总线船舶计算环境将使用即插即用系统，提供适应性和可扩展性，以便在整个使用寿命期间经济高效地升级软硬件。开放式架构和螺旋式开发将确保与未来船舶的兼容性，并简化新技术的导入，以提高作战能力。

作战指挥系统

鉴于计算机技术、通信技术的成熟性，朱姆沃尔特级驱逐舰采用了全舰计算机环境系统，将全舰指控、传感器等集成于一个大的计算环境下，具备支持网络中心战、作战系统、指控系统、全舰辅助系统的物理条件和功能性能力。朱姆沃尔特级驱逐舰采用 Akcita 分布式高度综合化与自动化作战系统，以其为核心，连接综合宽带主被动声呐、有源相控阵雷达与电子战系统。

预警探测系统

为了适应不同任务的要求，朱姆沃尔特级驱逐舰也搭载了以双波段雷达（DBR）与综合水下作战系统（IUSW）为核心的空中、水下探测系统。

双波段雷达

这种双波段雷达由 S 波段的广域搜索雷达（VSR）负责远距离搜索，搭配负责精密跟踪、识别、武器火控的 X 波段多功能雷达，两者相辅相成，互补不足。

VSR 是洛克希德 · 马丁公司研制的 S 波段有源相控阵雷达，每套由 3 面天线阵列组成，而不是过去固定式舰载相控阵雷达常见的 4 面。VSR 的用途在于提供长时间、连续的广域搜索能力，美国海军计划将其用于替代服役多年的 SPS-48、SPS-49 等远程搜索雷达。VSR 与同为 S 波段的 SPY-1 无源相控阵雷达在任务定位与功能上存在本质性的差别。VSR 主要是进行远程探测，不具备 SPY-1 那样的引导导弹的上 / 下链功能。通过新一代固态电子元件的导入，洛克希德 · 马丁公司宣称VSR的可靠性足以满足 7 × 24 小时连续开机要求。

MFR 由雷神公司（今雷神技术公司）负责研制，官方赋予的代号是 SPY-3，也是由 3 面天线阵列组成，每面天线约含 5000 个 T/R 模块，可为“改进型海麻雀”（ESSM）、“标准”-2、“标准”-3 导弹提供照射能力，并具有改进的探测低雷达反射截面积（RCS）目标的能力，同时还大幅减少了人力需求，平时无须配置操作人员，系统即能自动将雷达资料反馈到舰载指挥系统。

雷神公司宣称，由于模块化的系统设计以及新一代高可靠性固态 T/R 模块的应用，SPY-3 可满足 7 × 24 小时的长时间连续开机要求，系统可用度达 95% 以上，每个任务年所需的校正维护工作低于 100 小时，而故障修复时间也只有 30 分钟，这些指标均与 VSR 相同。

另外，SPY-3 是美国海军首套完全采用商用计算机技术的舰载雷达，其信号处理器与数据处理器均为 IBM、HP 与 Sun 提供的商用加固产品，软件也是由 C++ 语言编写而成。

综合水下作战系统（IUSW）

IUSW 包括船舷声呐、拖曳阵列声呐、鱼雷诱饵与综合战斗系统等部分，其特色在于船舷声呐同时具备中频与高频模式。其中中频模式用于探测潜艇，高频模式则用于探测水雷。另外船舷声呐与拖曳阵列声呐均具备较现有系统更佳的自动化能力，可有效降低舰员的操作负荷。虽然声呐的具体型号不详，不过很有可能包括研发多年的轻量宽频可变深度声呐（LBVDS）在内。

LBVDS 专为探测低速静音潜艇而设计，承包商为洛克希德 · 马丁公司海洋系统分部，可在中频与高频（1~7 千赫）作业，具有宽频（1~6 千赫）信号产生与处理能力，并采用了高能量密度的换能器材质，对抗浅水区不同温度层的低多普勒效应目标时，具备高可靠性、低虚警率与低人力要求特性。

LBVDS 作业时可与新型的多模式拖曳阵列声呐（MFTA）协同，LBVDS 安装于舰体内，施放于外的

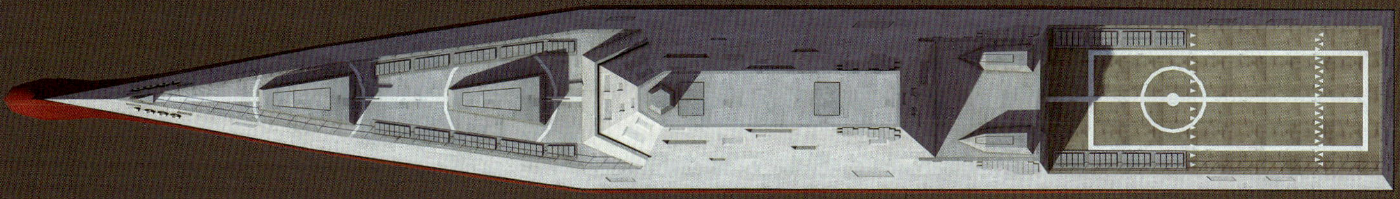

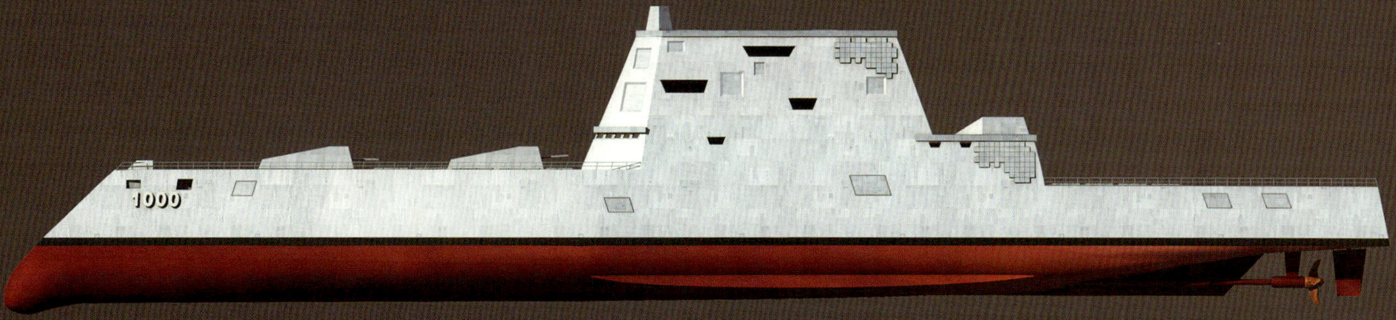
1000

MFTA 则扮演接收器角色，据称 LBVDS、MFTA 组合后的效能可超越美军现役的 SQR-19 拖曳阵列声呐 10 倍。

作战系统

舷侧配置垂直发射系统（PVLS）

由于朱姆沃尔特级驱逐舰要安装 2 座 AGS，占去了舰体中心线一大段长度。如果要在舰体中心线上布置垂直发射系统，加上不可或缺的飞行甲板，则无可避免地需要延长舰体长度，以致排水量也随之增加。如果要严格控制舰体长度、以求压低排水量，唯一能牺牲的就只有飞行甲板。但飞行甲板的面积缩减，又会带来直升机起降难度增加、运用弹性降低等副作用，所得不见得能弥补所失。

为解决上述两难问题，诺思罗普·格鲁曼公司提出了创新的舷侧配置垂直发射系统（PVLS）概念，沿舰体舷侧布置垂直发射系统的优点有四：一是为了可以把舰体中轴附近位置保留给 AGS 等需要大容积的设备使用；二来又能在不增加舰体长度的情况下，获得非常宽广的飞行甲板面积；三为舰体的深度可以容纳弹体更长的导弹，故装设在主甲板下方的 PVLS，通用性比布置在甲板上的 MK48 或 MK56 垂直发射系统要大得多；四是 PVLS 可以结合诺思罗普·格鲁曼公司的双层舰体设计，安装在内外舰体之间，远离舰体重要区域，即使遭到命中导致弹药殉爆，爆炸也会被导向舷外，不易蔓延到舰艇核心区域，极大地改善了生存性。

MK57 垂直发射系统（MK57VLS）

诺思罗普·格鲁曼公司的 PVLS 只是一种安装垂直发射系统的舰体结构（或者说是一种设计概念），本身并不直接用于容纳导弹。在朱姆沃尔特级驱逐舰上与 PVLS 搭配使用的是雷神与联合防卫公司共同研发的 MK57 垂直发射系统。

MK57 的标准模块为 4 个单元，比 8 单元的 MK41 模块容易布置。MK57 的深度较 MK41 打击型模块略深，能容纳尺寸更大的导弹，另外排焰处理能力也比 MK41 提高 45%，可充分支持日后搭载新型导弹的需求。

MK57 的主要控制单元包括导弹容器电子单元（CEU）、模块控制单元（MCU）、电力分配单元（PDU）

MK57 垂直发射系统。

与舱盖控制组件（HCA）。其中 CEU 是作为实现“任意导弹、任意发射管”架构概念的关键部件，可作为容器中的导弹与舰艇作战系统间的连接界面，未来若有配置新型导弹的需求，只要修改 CEU 与该导弹相关的软件即可，无须更换垂直发射系统其余硬件。MCU 则是 MK57 与朱姆沃尔特级驱逐舰的全舰计算机环境，用于管理与监控每个 MK57 模块的状态。而 PDU 则是用于在舰艇电力系统与 MK57 的电力传输与供电状态监控。至于 HCA 则由舱盖控制单元与舱盖驱动单元组成，用于提供导弹舱盖与排焰舱盖的动作控制与伺服驱动。

朱姆沃尔特级驱逐舰在舰艇两侧船舷各开设了一级 PVLS 结构，其中分别装设 6 个 MK57 模块、舰尾飞行甲板两侧亦分别装设 4 个模块，因此全舰一共有 20 个 MK57 模块。

武器系统

朱姆沃尔特级驱逐舰主要搭载“标准”-2 Block3、“标准”-6 Block1、“改进型海麻雀”（ESSM）舰空导弹与“战斧”巡航导弹。

“标准”-2 Block3 舰空导弹

该型弹射程达 90 海里（167 千米），速度 3 马赫，导弹采用惯性 / 指令 + 半主动雷达复合制导，单发命中概率为 0.9。

“标准”-2 Block3A 导弹采用了 MK125 战斗部和 MK45 TDD Mod 9 近炸引信，进一步增大了对贴近水面活动目标的打击能力并增大杀伤力。“标准”-2 Block3B 导弹主要引入了导弹导引头改进项目中开发出来的侧装附属红外传感器，来补充半主动雷达导引头的不足，并增强复杂电磁环境下的作战能力。导弹导引头逻辑电路得到扩展，足以综合判断来自舰船和导弹导引头的信息：一旦导弹评估出从每个导引头获取的信息，它能决定依靠哪个导引头来引导，以打击目标。

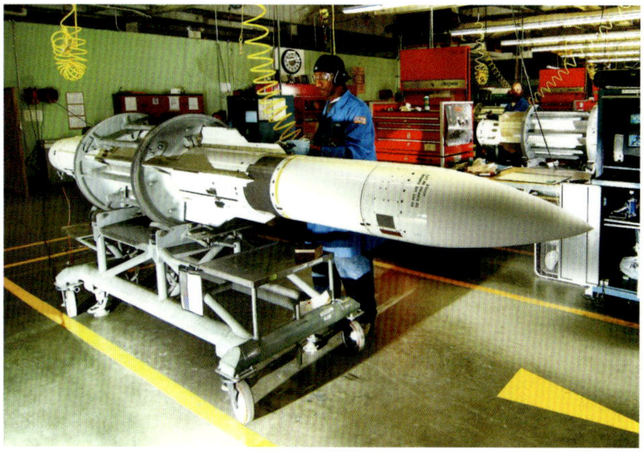

“标准”-2 型舰空导弹。

“标准”-2 舰空导弹主要性能

主要性能	型号	
	Block3A	Block3B
最大射程（千米）	167	167
最大射高（千米）	24.4	24.4
最大时速（马赫）	3	3
战斗部（千克）	70	70
长 × 直径 × 翼展（米）	7.98 × 0.34 × 1.58	7.98 × 034 × 1.58
全重（千克）	—	—
动力装置	二级固体火箭发动机	二级固体火箭发动机
制导方式	—	增加红外制导
备注	主要拦截掠海飞行反舰导弹	增加红外制导、增强复杂电磁环境适应性。

“标准”-6 舰空导弹

该导弹采用 MK72 助推器（助推火箭发动机）与 MK104 双推力固体火箭发动机，最大射程可达 200 海里（370 千米）左右。导引头为主 / 被动双模，其中主动导引头来自 AIM-120D 空空导弹。作战时，该导弹可通过协同交战数据链接收目标信息，再通过导弹数据链将目标更新信息上传给导引头，当目标进入主动导引头有效范围后，再启动导引头转为主动模式。通过这种交战模式，“标准”-6 可以摆脱对末段半主动照射雷达的依赖，能够打击地平线以外的目标，同时也能减轻发射舰的照射雷达负担，提高协同交战效能。除了防空，“标准”-6 也有一定的反导能力。2016 年，美国海军还演示了“标准”-6 的反舰能力。不过，“标准”-6 高性能的背后就是其造价不菲，单价高达 437 万美元。

舰载火炮

朱姆沃尔特级驱逐舰共装备了 2 座 155 毫米口径先进火炮系统（AGS）。该型炮由联合防卫公司研制，采用 62 倍径炮管与 29.5 升的药室容积，射速为每分钟 10~12 发，发射普通炮弹时可有 44 千米（24 海里）的射程，发射 113 千克的 LRLAP 时射程可达 185 千米（100 海里）。由于 LRLAP 费用昂贵，所以美国海军取消了发展计划，这就使得 AGS 只能发射普通炮弹。

AGS 的炮塔设计相当特别，采用的是与安装在瑞典维斯比级护卫舰上的博福斯 57 毫米口径火炮相似的设计。平时炮管折叠收纳在炮塔前方的保护罩内以维持舰船隐身外形，使用时再打开保护罩让炮管升起。整座炮塔空重达 87.5 吨，是 MK45 的 22 吨的近 4 倍，AGS 原定的弹舱容量为 600~750 发，满载弹药时的炮塔总重达 300 吨。

AGS 的自动化模块弹舱亦颇具特色。弹药在弹舱中是以弹夹模块方式存放，每个模块含 8 发炮弹与 8 组药包，所有模块分成三层存放在弹舱中。弹舱设有负责水平搬运的穿梭车台与垂直搬运的升降机，火炮回转中心正下方有提升机可将 1 组炮弹与药包送上炮塔甲板，再由摆弹机依炮管俯仰角送进炮尾，整个过程完全自动化，因此通过自动装填机构可直接将弹舱中储放的数百发炮弹全部逐一上膛射出，也就是说 AGS 弹舱中的所有炮弹都是“即用炮弹”。

电子战系统

朱姆沃尔特级驱逐舰在舰桥下方与舰艉飞行甲板两侧，均布置有施放雷达箔条和红外干扰弹用的舷外干扰系统发射器。也会装备美军一线舰艇都有的 MK53 “努尔卡”主动式诱饵。

而在电子支援（ESM）与主动式电子反干扰（ECCM）方面，美国海军打算为该级舰装备 20 世纪 90 年代中期开始研发的先进综合电子战系统（AIEWS），即 SLY-2，预计发展成集 ESM、ECM 红外搜索与跟踪（IRST）与红外干扰（IRCM）于一体的全功能电子战系统，由于朱姆沃尔特级驱逐舰的低 RCS 与低红外信号特性，都将使电子战作业过程简化许多，可大幅降低对干扰功率或箔条云散布范围的要求。

舰载机、导航等保障系统

朱姆沃尔特级驱逐舰的机库空间足可容纳 2 架 10 吨等级的舰载直升机，或是搭载 1 架 MH-60R 多功能舰载直升机，另外搭配 3 架 MQ-8B/C 舰载无人直升机。而设于舰艉的飞行甲板面积达 150×51 平方英尺（1 平方英尺≈0.093 平方米），可用空间超过伯克级驱逐舰飞行甲板两倍以上，有助于改善舰载航空器的操作效率。

MH-60“海鹰”直升机

MH-60R 直升机搭载 APS-147 多模式机载雷达、ALQ-210 电子侦察系统、AAS-52 多光谱瞄准系统（MTS）与 ASQ-22 机载低频吊放声呐等侦搜装备，另外还有与吊放声呐及声呐浮标搭配的 UYS-2A 增强型信号处理器，机身上的 3 个挂载点能携带 3 枚 MK46、MK50、MK54 等轻型反潜鱼雷，以及“海尔法”导弹（最多 8 枚）、GAU-16/20 火箭等武器，可以执行反潜、反舰、海面侦搜、电子情报侦察、通信中继、搜索救援、垂直补给与人员输送等多种任务。

作战数据系统

朱姆沃尔特级驱逐舰的作战数据系统——NTDS 海军战术数据系统数据链的构成如下：

11 号数据链：编队范围内装有 NTDS 海军战术数据系统的各舰对空侦察和探测信息，通过 11 号数据链实现战术数据的交换与共享。

14 号数据链：装备有 NTDS 海军战术数据系统的舰艇与未装有 NTDS 海军战术数据系统的舰艇之间，通过 14 号数据链实现信息共享。

4A 号数据链：舰艇与飞机之间通过 4A 数据链实现信息共享。

16 号数据链：舰艇与飞机之间也可通过 16 号数据链实现信息共享，由飞机中继，舰艇之间通过 16 号数据链实现超视距信息共享。

美国伯克ⅡA 型驱逐舰

该型舰的具体任务包括：（1）在高威胁海区担负航母编队的防空、反潜护卫和对海作战任务；（2）在高威胁海区担负水面作战编队的防空、反潜护卫和对海作战任务；（3）为两栖作战编队和海上补给编队担负防空、反潜护卫和对海作战任务；（4）对岸上重要目标用“战斧”巡航导弹进行常规打击和核打击。

作战系统总体概况

伯克ⅡA 型驱逐舰作战系统主要包括由 AN/SPY-1D（V）无源相控阵雷达、AN/SPS-67（V）3 对海搜索雷达、SPG-62 照射雷达以及 AN/SQS-53C（V）主 / 被动舰艏声呐等传感器组成的预警探测系统；由“宙斯盾”系统组成的指挥控制系统；由“战斧”巡航导弹、“标准”系列舰空导弹、“阿斯洛克”反潜导弹、127 毫米口径舰炮等组成的火力打击系统；由 AN/SLQ-32（V）3 组成的电子战系统，以及通信、导航系统等。其组成及各系统位置如下图所示。

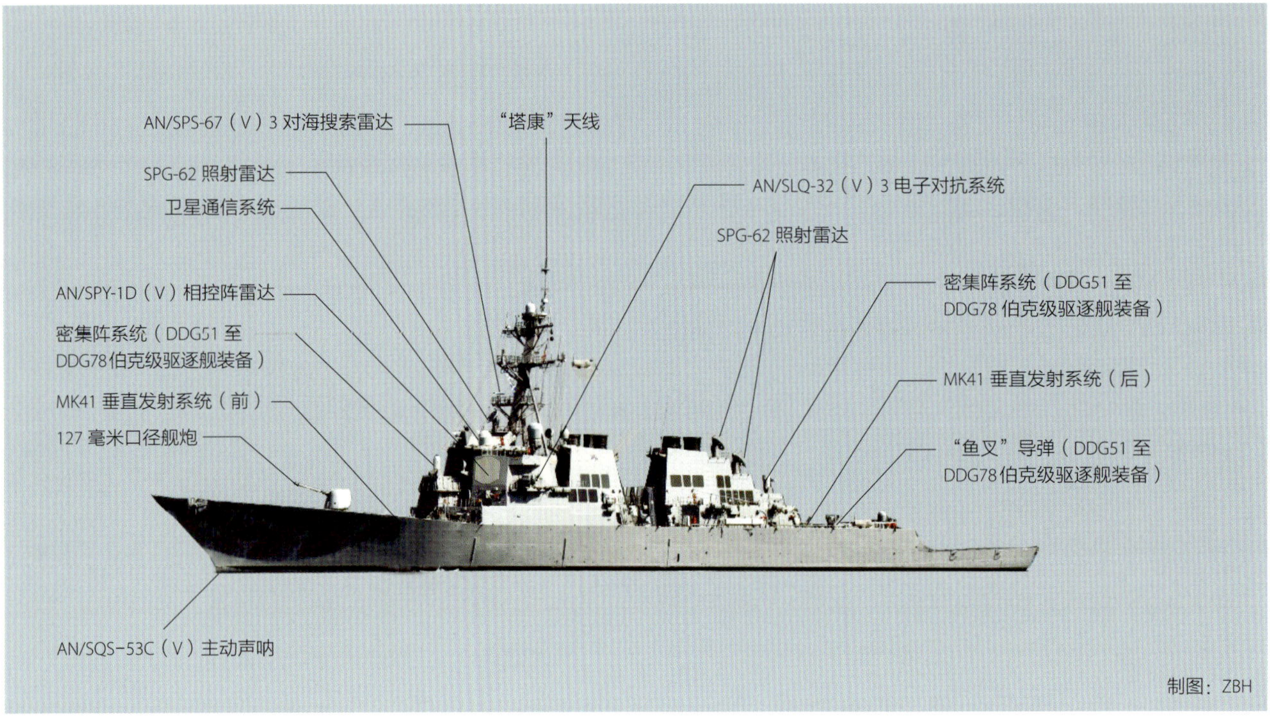

美军伯克级驱逐舰作战系统组成示意图。

AN/SPY-1D（V）相控阵雷达。

预警探测系统

SPY-1D（V）相控阵雷达

AN/SPY-1D（V）相控阵雷达由四面固定式天线、发射机及信号处理器组成，工作在 S 波段。四面八边形固定式天线可实施 360° 全空域扫描，而且由于电子扫描速度非常快，能够同时执行对海、对空搜索与目标跟踪以及引导控制“标准”系列导弹交战等任务。

AN/SPY-1D（V）雷达有效作用距离 463 千米，最远探测距离可达 1000 千米，能同时搜索 400 批以上的目标，自动跟踪 300 批以上的目标，并可同时引导超

阿利·伯克级驱逐舰
一般简称为伯克级驱逐舰，为美国海军主力。

过 20 枚飞行中的“标准”-2 导弹进行拦截交战。该雷达还能实时将目标战术态势显示在作战控制屏幕上，同时将全部数据传输给其他舰只。该雷达的扫描速度相当快，可在 1 秒钟内测定目标方位，并为火控系统提供目标方位及其距离、高度、速度等参数，其从搜索到跟踪的转换时间仅为 50 微秒。

SPS-67（V）3 对海搜索雷达

SPS-67（V）3 对海搜索雷达工作于 C 波段，在视距模式下，其探测距离约为 50 千米。在超视距模式下，最大探测距离可达 104 千米。

SPG-62 照射雷达

在伯克ⅡA 型驱逐舰上共装备 3 部 SPG-62 照射雷达，其中舰艏方向装备一部，舰艉方向装备 2 部。SPG-62 照射雷达天线可在方位 360°、俯仰 −30° ~38° 范围内扫描，通过舰艏、艉的 3 部雷达，可提供几乎覆盖全舰的全方位照射。

SPG-62 照射雷达采用单脉冲体制，工作在 X 波段，能自动跟踪目标，采用窄波束连续波体制，平均功率 10 千瓦。SPG-62 雷达子系统包括 T-1348/SPG 雷达发射机、MK15 Mod0 数据转换器、AS-3444 天线组，导弹指示器和指挥仪等。在 AN/SPY-1D（V）相控阵雷达探测到来袭目标后，“标准”-2 舰空导弹子系统采用 SPG-62 照射雷达对来袭目标进行精确跟踪和照射，为“标准”-2 舰空导弹提供目标指示。

该雷达主要由“标准”导弹发射控制系统生成引导命令，对来袭空中目标实现精确跟踪和照射，除为本舰提供目标照射外，也可为其他舰艇进行目标照射，提供目标捕获提示或接力引导，以实现 CEC。

指挥控制系统

伯克ⅡA 型驱逐舰采用“宙斯盾”基线 6 或基线 7 作战指挥控制系统。装备在伯克ⅡA 型驱逐舰上的基线 6 作战系统在 2000 年开始服役，首先装在 DDG-79 伯克级驱逐舰上，基线 7 作战系统首先装在 DDG-91 伯克级驱逐舰上。此两型作战系统可担负低空弹道导弹防御（TBMN）、防空战（AAW）、反舰战（ASUW）、反潜战（ASW）、对陆火力支援（NSFS）、电子战（EW）、指挥控制与通信情报（C4ISR）等任务。

“宙斯盾”基线 7 主要由 MK1㊀指挥和决策分系统、MK8 武器控制分系统、SPY-1D 多功能相控阵雷达分系统、MK1 显示分系统、MK41 垂直发射分系统以及 MK1 战备状态测试分系统等 6 个分系统组成，如下图所示。

MK1 指挥和决策分系统

MK1 指挥和决策分系统是“宙斯盾”作战指挥控制系统的核心设备，它接收来自 SPY-1D 雷达和其他传感器的目标信息，负责信息的分类、识别、处理、威胁判断，根据单舰或编队中舰艇、飞机的情况，通过 UYA-4 显控台向武器控制系统传递指令信息。该系统自动化程度很高，根据交战程度可按全自动、自动、半自动与人工操作 4 种模式进行操作。全自动模式时

㊀ MK1 有许多不同名称的系统名。——编者注

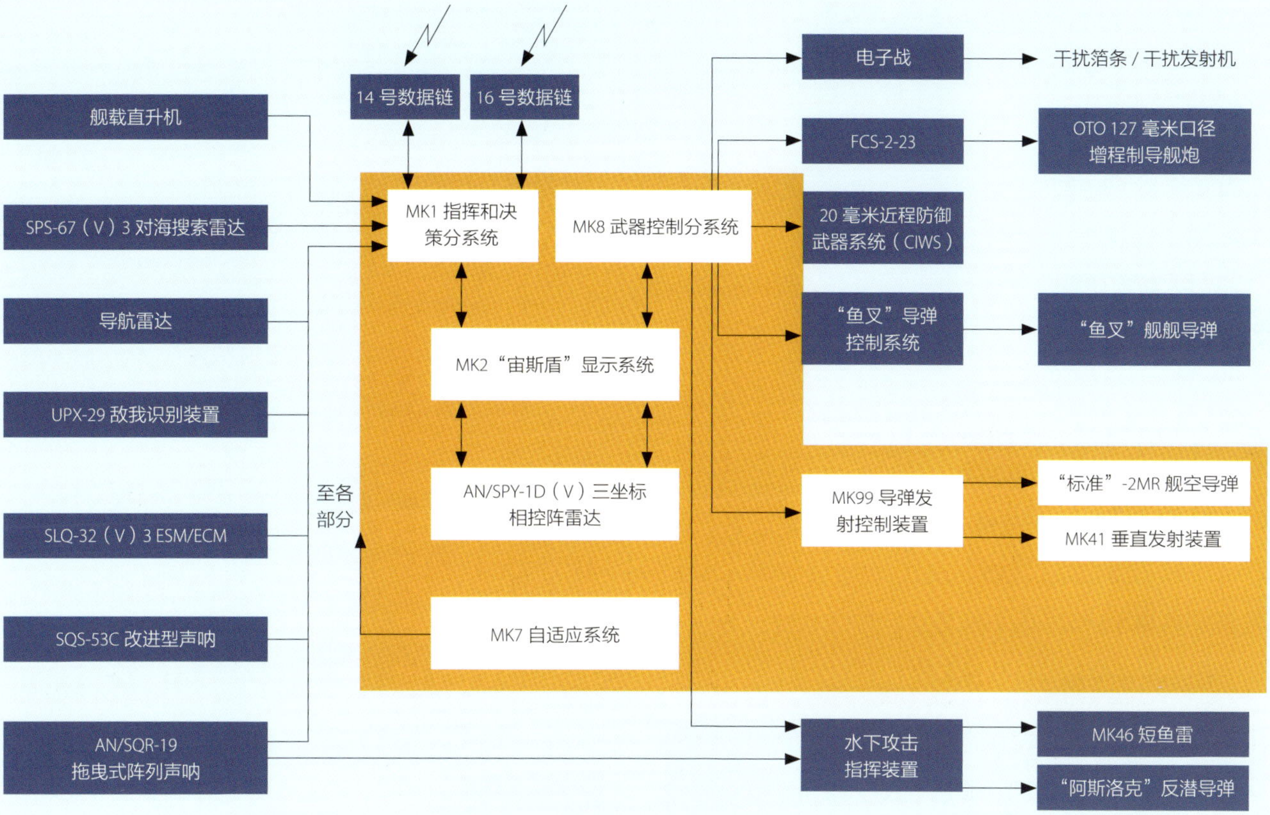

美军伯克级驱逐舰指挥控制系统组成框图。

系统完全不须人工介入，并与 MK8 武器控制系统连接，可指挥 MK8 武器控制系统控制各武器分系统自动发射武器，拦截任何进入警戒区以内的目标，其他三种模式则都需要不同程度的人工参与控制。系统不仅能指挥对空作战，也可以指挥对海、对陆、反潜作战，还能作为旗舰指挥、协调其他作战平台协同交战。

MK8 武器控制分系统

该分系统负责按照 MK1 指挥和决策分系统的作战指令，具体实施对武器系统的目标分配、拦截计算、指令发射和导弹制导等功能，连接并控制 MK99 火控分系统、MK86 火炮控制分系统与 SQQ-89/MK116 水下作战分系统。它下辖 MK99 火控分系统、MK86 火炮控制分系统与 SQQ-89/MK116 水下作战分系统。其中，MK99 火控分系统包括 AN/SPG-62 目标照射雷达、MK82 导向器和数据转换装置。

AN/SPY-1D 多功能相控阵雷达分系统

该雷达是“宙斯盾”作战系统的核心，由相控阵天线、信号处理机、发射机、接收机和雷达控制及辅助设备组成。它能完成全空域快速搜索、自动目标探测和多目标跟踪。该雷达工作在 S 波段（3100~3500 兆赫），峰值功率 5 兆瓦，对空搜索最大作用距离约为 463 千米，同时跟踪目标数大于 300 批（可变配置），同时迎战 20 个目标。

MK1 显示分系统

该分系统由位于战情室中的 2 对 UYQ-21 系列的 OJ-471 显示器组成，包括 4 面边长 42 英寸 PT-525 大屏幕。通常 1 对（2 面）屏幕显示本舰状况，另 1 对显示舰队战斗群的整体战斗态势。

美军伯克级驱逐舰指挥舱显示设备。

MK41 垂直发射分系统

MK41 是一种先进的垂直发射装置，伯克ⅡA 型包括前后两部 MK41 发射单元，其中舰艏 32 单元，舰艉 64 单元，可发射“标准”“战斧”“鱼叉”和“阿斯洛克”导弹，MK41 发射分系统由 MK8 武器控制分系统的计算机实施控制。

MK1 战备状态测试分系统

该分系统与“宙斯盾”作战系统各主要分系统相连，完成对整个作战系统的监视、自动故障检测和维护。它由一台 AN/UYK-20 小型计算机和若干 AN/UYA-4/OJ-194 显控台、主数据终端、遥控数据终端和辅助设备组成。

由于“宙斯盾”舰在进行弹道导弹防御及对陆攻击作战时必须接受陆基战场管理系统的控制，因此具有与陆基良好的通信及信息交换能力，“宙斯盾”舰大部分的作战控制指令是通过卫星信号传输方式传达，通达率高、速率快。

武器系统

伯克ⅡA 型驱逐舰的打击武器主要装在 MK41 垂直发射系统中。除 MK41 外，伯克ⅡA 型驱逐舰还装备 1 座 MK45 型 127 毫米口径 54 倍径单管舰炮或 MK45 Mod4 型 127 毫米口径 62 倍径单管舰炮、2 座三联装 324 毫米 MK32 Mod14 鱼雷发射管。部分早期舰艇上还装备有 2 座 MK15 Mod12 型“密集阵”近防炮。

“战斧”巡航导弹

“战斧”是由美国雷神公司研制的一种全天候巡航导弹，可用于水面战舰、潜艇、空中平台和陆基等多种形式发射，可打击陆上目标及水面目标。

伯克级驱逐舰可装备的“战斧”导弹主要性能

主要性能	型号					
	对陆攻击型			反舰型	战术战斧	
	战斧 A	战斧 C	战斧 D	战斧 B	战斧 E	战斧 H
弹头类型	核弹头	高爆弹头	子母弹头	高爆弹头	高爆弹头	钻地弹头
弹长（米）	6.4	6.4	6.4	6.4	6.4	6.4
弹体直径（米）	0.54	0.54	0.54	0.54	0.54	0.54
翼展（米）	2.6	2.6	2.6	2.6	2.6	2.6
射程（千米）	2500	1852	1300	460	1667	1667
平均速度（M）①	0.75	0.75	0.75	0.75	0.75	0.75
飞行高度（米）	15~100	15~100	无数据	无数据	无数据	无数据
精度（米）	圆概率误差 < 80	圆概率误差理论值为 6~8	圆概率误差 <10	圆概率误差 <10	圆概率误差 < 3	圆概率误差 < 3
备注	已退役	1986 年服役，后持续改进	1988 年服役，后持续改进	已退役	2003 年服役，可对陆、对海	2005 年服役，对陆

① “M”表示马赫数。

伯克级驱逐舰发射“战斧”巡航导弹。

“标准”舰空导弹

伯克ⅡA 型驱逐舰装备的“标准”导弹由美国通用公司研制，分为“标准”-2、“标准”-3 和“标准”-6 型。其中“标准”-2 和“标准”-6 在前面已有介绍，这

“标准”-3 型舰空导弹。

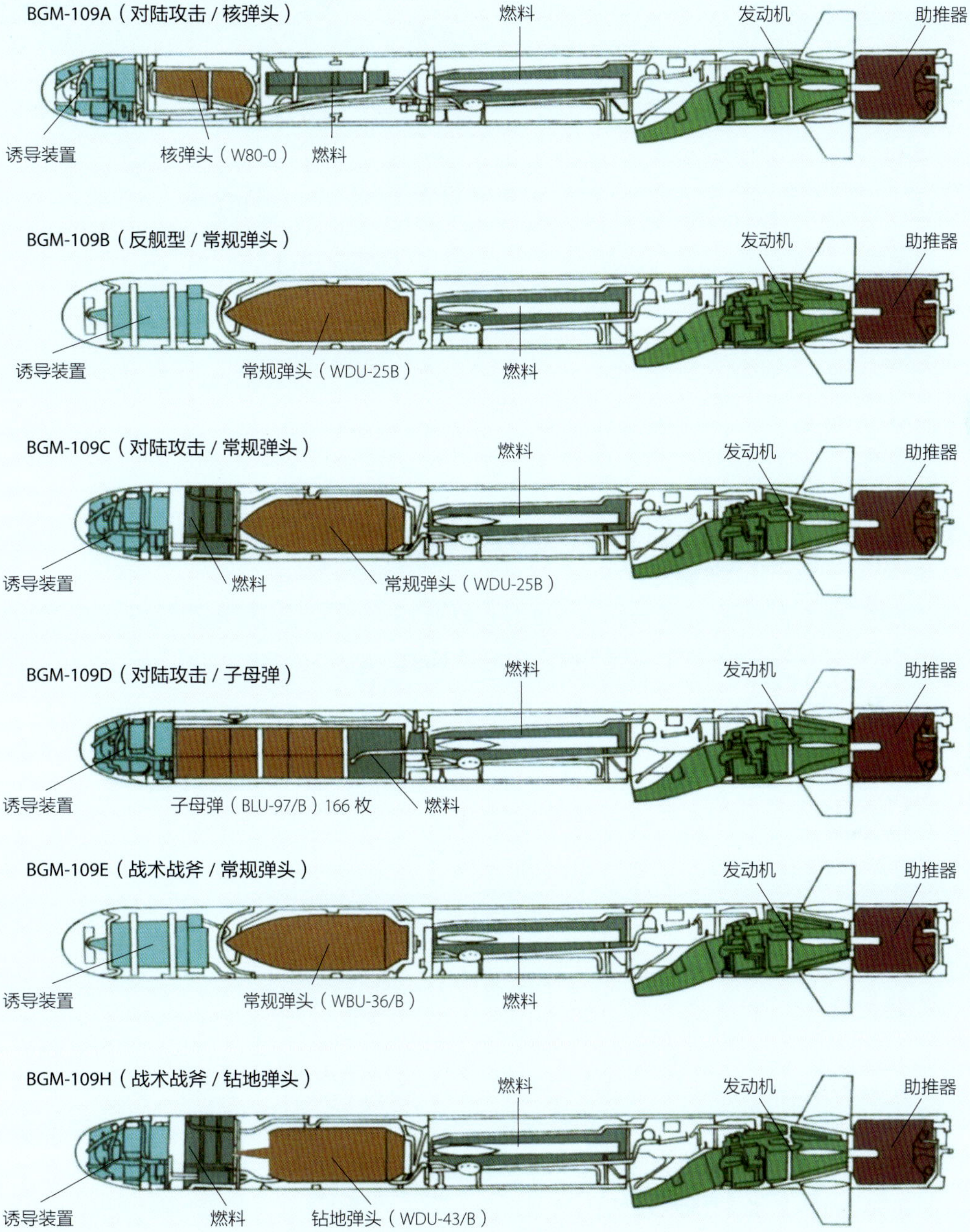
BGM-109A（对陆攻击 / 核弹头）
燃料
发动机
助推器
诱导装置
核弹头（W80-0）
燃料
BGM-109B（反舰型 / 常规弹头）
发动机
助推器
诱导装置
常规弹头（WDU-25B）
燃料
BGM-109C（对陆攻击 / 常规弹头）
燃料
发动机
助推器
诱导装置
燃料
常规弹头（WDU-25B）
BGM-109D（对陆攻击 / 子母弹）
燃料
发动机
助推器
诱导装置
子母弹（BLU-97/B）166 枚
燃料
BGM-109E（战术战斧 / 常规弹头）
发动机
助推器
诱导装置
常规弹头（WBU-36/B）
燃料
BGM-109H（战术战斧 / 钻地弹头）
燃料
发动机
助推器
诱导装置
燃料
钻地弹头（WDU-43/B）

“战斧”导弹结构示意图。

里主要介绍一下“标准”-3。该导弹是雷神公司研制的专门用于拦截弹道导弹的反导型号，是海基战区导弹防御系统（TMD）的重要一环，主要用来拦截中远程弹道导弹。目前“标准”-3 主要发展了 Block 1A、Block 1B、Block 2A 等不同版本。

“标准”-3 导弹的发射速率为 1 发 / 秒，其第三级火箭于 60 千米高度首次点火，90 千米高度二次点火。Block 1B 型拦截高度超过 160 千米，射程超过 500 千米，战斗部为直接碰撞式动能弹头，具备拦截近程和中程弹道导弹的能力；Block 2A 型最大射程达 2500 千米，最大射高为 1500 千米，具备拦截远程和洲际弹道导弹的能力。

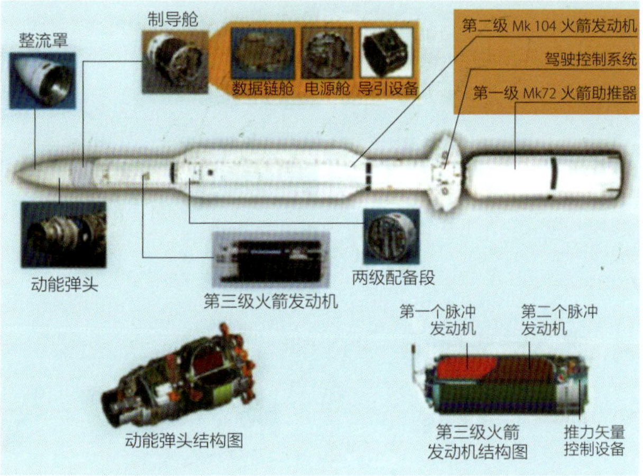

“标准”-3 导弹结构图。

伯克级驱逐舰装备的“标准”-3 型防空导弹主要性能

主要性能	型号	
	“标准”-3 Block1A/1B	“标准”-3 Block 2A
最大射程（千米）	500	2500
最大射高（千米）	160	1500
最大 / 平均时速（马赫）	8~12/10.2	无数据 /15.25
战斗部	EX-142 的动能弹头，重量 18.2 千克，又称为大气层外轻型射弹	无数据
全长 × 直径 × 翼展（米）	6.58 × 0.35 × 1.57	无数据
全重（千克）	1502	无数据
动力装置	3 级固体火箭	3 级固体火箭
制导方式	惯性制导 + 指令修正 + 轨道控制、姿态控制 + 焦平面红外成像制导 /1B 加装更为先进的双色红外导引头	无数据
备注	具备拦截近程和中程弹道导弹能力。“标准”-3 Block1B 除加装更先进的双色红外导引头之外，还具有更好的机动性能。	具备拦截洲际弹道导弹的能力。2017 年“标准”-3 Block 2A 导弹首次成功拦截弹道导弹，2018 年底形成初始作战能力。

“阿斯洛克”反潜导弹

该导弹的最初射程为 1.9~16.7 千米，2010 年美军开始对其进行改进，使其射程增加到 47 千米。“阿斯洛克”反潜导弹全长 5.08 米，弹径 0.35 米，翼展 0.696 米，全重 635 千克，最大飞行速度 426 米 / 秒，最大飞行弹道高度 2600 米，速度 0.9 马赫，战斗部为 MK46 或 MK54 反潜鱼雷，制导方式采用末段声自导方式。

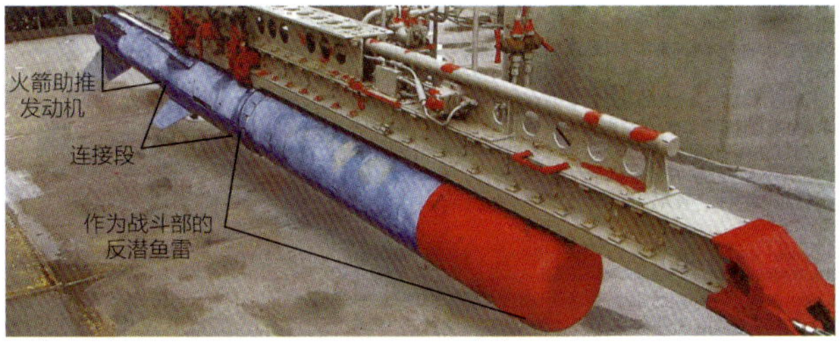

“阿斯洛克”反潜导弹。

“改进型海麻雀”舰空导弹

该导弹具有抗击各种反舰导弹的能力，每个 MK41 垂直发射单元可装 4 枚。“改进型海麻雀”舰空导弹最大射程为 50 千米，最大射高 3 千米，平均速度超过 2 马赫，最大速度 2.5 马赫，装药 40 千克，导弹全长 3.66 米，弹径 0.2 米，翼展 1.02 米，全重 204 千克。

“改进型海麻雀”舰空导弹。

“改进型海麻雀”导弹增加了 S 波段上下行链路，使其具有路线制导能力；在作战模式上，增加目标搜索中即时发射、延迟照射、中断照射及全程制导等方式，在作战使用上更具弹性；具有快速发射能力；减少发射产生的浓烟，降低舰船在发射后浓烟遮蔽的时间。

电子战系统

伯克ⅡA 型驱逐舰装备的电子战系统包括：AN/SLQ-32(V)3 电子对抗系统、MK36 SRBOC 舰用箔条 / 红外干扰弹发射系统、“努尔卡”舰用反导防御系统、LURES 舷外有源诱饵系统，以及 TBS 舷外有源诱饵系统等。

AN/SLQ-32（V）3 型电子战（对抗）系统

该型电子战系统工作频率在 2.5~18 吉赫，可对导弹雷达导引头及导弹发射平台上的雷达进行警戒、监视、识别和测向，并实施有源压制干扰和有源欺骗干扰，对普通雷达、频率捷变雷达和随机扫描雷达有 100% 的截获概率。据称可同时干扰 80 部雷达，并可警戒和监视其他雷达活动。还可控制 MK36 SRBOC 干扰弹发射系统进行无源干扰。

AN/SLQ-32 (V)3 型电子战系统干扰样式与技术参数

干扰方式	干扰样式及调制形式
压制干扰	阻塞式
压制干扰	窄带杂波（瞄准式干扰）（噪声）
压制干扰	宽带扫频（噪声、三角波）

（续）

干扰方式	干扰样式及调制形式
欺骗干扰	距离欺骗（快拖）（拖距脉冲）
欺骗干扰	距离欺骗（慢拖）+闪烁方波（拖距脉冲+闪烁方波）
欺骗干扰	距离欺骗（快拖）+扫频方波（拖距脉冲+扫频方波）
组合干扰	窄带噪声+距离拖距
组合干扰	窄带噪声+扫频方波；转发+拖距+扫频方波
组合干扰	窄带噪声+扫频方波+前移脉冲；转发+拖距+扫频方波
组合干扰	窄带噪声+闪烁干扰+前移脉冲；转发+拖距+扫频方波

AN/SLQ-32（V）3 型电子战系统。

MK36 SRBOC 舰用箔条/红外干扰弹发射系统

该系统可在 SLQ-32（V）3 电子战系统的触发下自动发射，进行联合干扰，最大限度地降低被反舰导弹命中的概率。可发射的干扰弹包括 SUPER CHAFFSTAR 箔条弹、SUPER HIRAM Ⅲ、SUPER HIRAM Ⅳ 红外曳光弹和 SUPER GEMINI 射频/红外混合干扰弹以及 SUPER LOROC 远距离舰外箔条弹（射程 2.5 千米）；该系统还可以发射北约“海蚊”SLQ-95AEB 和 SLQ-39 箔条浮标。SUPER CHAFFSTAR 箔条弹发射后可形成一片面积很大的箔条云，可在 2~20 吉赫范围内进行任一单种频率、多种频率或宽频带干扰。SUPER HIRAM 红外曳光弹配有浮子、降落伞和折叠式自动竖立标杆各一个，发射后成为一个漂浮水面的红外假目标，可模拟一艘大型舰船的红外辐射强度。SUPER GEMINI 干扰弹能在发射数秒钟同时形成一个较大面积的箔条干扰云和一个红外干扰源。SUPER LOROC 远距离舰外箔条弹用于迷惑干扰，可在距舰 2500 米处产生一个干扰区域。

MK36 SRBOC 舰用箔条/红外干扰弹发射系统。

“努尔卡”主动式诱饵

由美国和澳大利亚联合研制，属于主动式诱饵。诱饵飞行时，通过发射很强的类似舰艇截面积信号，形成无线电模拟的假目标，能有效地使舰艇避开来袭的雷达寻的导引头反舰导弹。

这种舰用主动式诱饵主要由一次性的诱饵、发射装置和射击指挥部分组成，并有配套的电子支援和专用火控系统。其中电子支援系统用于侦察敌方导弹制导系统的工作数据，引导诱饵系统的参数设置；火控系统用于控制多座诱饵发射架中诱饵的发射。每艘舰可根据需要安装 2 或 4 座独立的发射架，每座发射架装有 4 枚诱饵弹。每座发射架都有自己的专用处理机，用以监控系统测试和诱饵弹发射。

诱饵弹的形状为上端带有类似直升机旋转翼的圆柱形长筒。主要部件有：飞行控制装置、折叠式尾翼及其旋转装置、发动机、推力矢量控制系统和无线电模拟设备；诱饵弹的质量为 54.5 千克。诱饵由固体燃料火箭发动机推进，由火箭发动机和顶部的旋转翼来控制诱饵的飞行。诱饵采用垂直发射方式，可在强浪（5 级海况）和大风（时速 60 千米）情况下使用。

诱饵弹诱骗反舰导弹的过程如下：发射前，从发射装置输入威胁目标的数据；发射后，诱饵可自主工作，按预编程的高度（可达 100 米）、速度和飞行航线飞离舰艇，在反舰导弹的作用区域自主飞行并依靠发动机滞空一段时间，诱饵弹的推力矢量控制系统保证其在水平面内移动，以模拟舰艇的机动，飞到预定区域后至少悬停 55 秒。诱饵采用美国研制的 I/J 波段转发器，在雷达寻的导引头的工作波段内具有相当大的有效辐射功率，能大功率转发反舰导弹导引头的信号，保证产生有效散射面积很大的假雷达影像。诱饵的天线覆盖较宽，可在宽立体角内实现再辐射，这就能同时作用于数枚反舰导弹的导引头，可同时对付几个威胁，包括进行规避机动的俯冲攻击反舰导弹和掠海飞行的反舰导弹。

LURES 舷外有源诱饵系统

LURES 是美国利顿公司生产的紧急响应电子诱饵，该诱饵弹弹径 130 毫米，弹长 1.123 米，弹重 24 千克，能从 MK36 SRBOC 发射架发射到离舰 150~250 米处，入水后浮上水面展开天线（高于水面 1.7 米）发射假目标回波，工作于 C/X 波段（7.5~16 吉赫）。它被视为一个应急反射脉冲增强器，将来袭导弹引离目标舰。该诱饵弹包含一个模块化单片微波集成电路接收机，一个数字控制装置，光纤延迟线和一个行波管发射机。其寿命长（大于 1 小时），且不需舰载系统的任何支持。反应时间时 15 秒，系统响应时间小于 400 纳秒。用海水电池的有效辐射功率为 1 千瓦（可选 2 千瓦）。灵敏度 >−45dBm，动态范围 >60dB。可回收，可重新整修和重新利用 5 次，或是其在 1 小时之后沉没。

TBS 舷外有源诱饵系统

TBS 是一个浮动的诱惑诱饵，从 MK36 SRBOC 发射架发射，在 150 米额定距离处入水，然后浮上水面，竖起它的天线，引诱来袭导弹。

英国 45 型驱逐舰

45 型驱逐舰也称勇敢级驱逐舰，主要围绕 PAAMS 导弹系统设计，配备了性能优异的“桑普森”相控阵雷达和 S1850M 远程雷达，并采用了综合电力推进系统（IEP），使得本级舰成为世界上现役最新锐的驱逐舰之一。

英国 45 型驱逐舰。

英国皇家海军原计划分三批总共建造 12 艘 45 型驱逐舰，但由于经费持续缩减，实际建造数量被减少至 6 艘。

设计特点

45 型驱逐舰采用模块化建造方式，主承包商制造舰体与次承包商制造子系统在同时进行，舰体完成后，子系统就直接送到造船厂装到舰体上。由于采用模块化建造，不仅减少了建造时间与成本，未来进行维修、升级也十分便利。

为了对抗北大西洋上恶劣的风浪，45 型的舰炮前方设有大型挡浪板，此外也在垂直发射系统前方和两侧设置一圈颇高的档墙来隔绝大浪以及导弹发射产生的火焰。由于自动化程度的提升以及采用可大幅减少人力需求的推进系统，7200 吨的 45 型仅编制官兵 190 名（其中军官占 22 名），此外还可搭载额外的人员 45 名（最多 60 名）与装备，执行两栖特种作战或其他非军事任务（例如救灾）。

动力系统

动力系统方面，英国在 2000 年 11 月 1 日就正式决定，45 型驱逐舰将采用革命性的综合全电推进系统（FEP，美国称之为综合电力系统，英文缩写 IPS）。45 型的 FEP 系统包含两台罗尔斯·罗伊斯公司 WR-21 中段冷却再加热（IRC）燃气轮机，总输出功率为 42 兆瓦（59900 轴马力），每台燃气轮机分别驱动一个 21 兆瓦的交流主发电机，两具螺旋桨分别由一个 20 兆瓦级（27000 轴马力）的 Converteam 推进用电动机直接驱动。

除了主要燃气涡轮发电机之外，舰上还配备了两组辅助的 2 兆瓦柴油发电机。

在传统推进系统中，舰船主机系统直接通过减速齿轮箱与推进器连接，而 45 型的 IEP 则打破这种直接耦合关系，燃气轮机只带动主发电机，与辅助柴油发电机的电力一同馈送入整合输配电网，并由数字化的综合输配电系统实施控制，而带动推进器的电动机只是输配电网之中的一个终端。在高速航行时，燃气轮机带动的主发电机自然将主要功率都用于推进电机，而辅助的柴油发电机则可在低速作业时提供推进以及舰船本身辅助系统所需的电力，使燃气轮机得以停机节省油耗。

战斗系统

45 型驱逐舰采用 BAE 系统公司旗下 BAE 战斗与雷达系统公司与意大利阿莱尼亚·马可尼公司合作研制的战斗管理系统（CMS），包括指挥系统（CS）与其他若干战斗系统装备（CSE）等部件，通过 BAE 系统公

45 型驱逐舰

或以首舰命名称为勇敢级驱逐舰，是英国皇家海军隶下的新一代防空导弹驱逐舰。

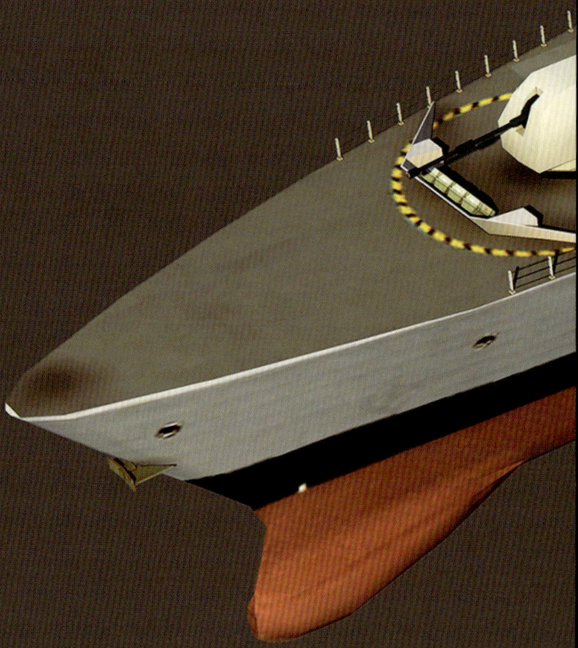

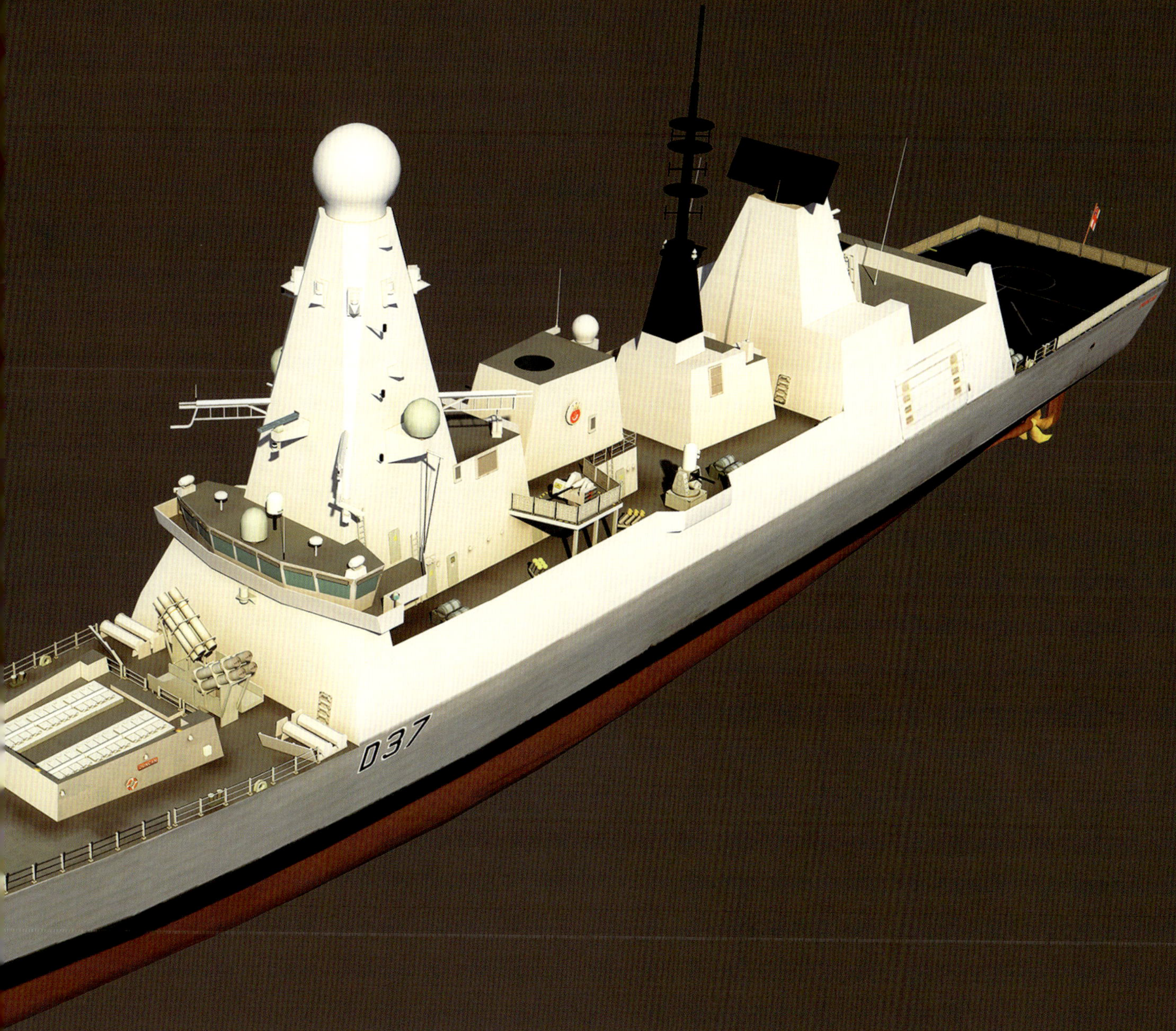
D37

司和 AMS 公司研制的数据传输系统（DTS）与舰上各系统连接。CMS 采用分布式架构，大约拥有 25 个多功能显控台，不仅速度比传统集中式系统快，而且部分系统失效后仍不会丧失所有功能。

该级舰的软硬件设备采用开放式架构，大量使用商用现货产品（COTS），不仅能降低成本，还能随着科技的进步随时进行更新与升级，与最先进科技水平同步。为了降低成本，CMS 的开发工作以皇家海军原有的 ADAWS 与 SSCS 系统为基础，并使用商业规范标准的微软 Windows 操作系统。

船电系统

45 型驱逐舰的通信、导航等电子系统如下：由 BAE 系统公司与法国泰利斯集团领导的团队研发的全综合式通信系统（FICS），Astrium（由泰利斯集团与 BAE 系统公司合资成立）研发的 SCOT-3 卫星通信系统、美国诺斯罗普·格鲁曼公司海事部门与洛克韦尔自动化公司研发的平台管理系统、阿莱尼亚·马可尼公司研发的海洋气象系统等装备。

美国雷神公司则为 45 型驱逐舰提供综合导航系统，整合了电子海图显示与信息系统（ECDIS）、惯性导航装置、GPS 以及舰上的导航雷达，能对舰船操舵、航行与运转实施自动化中央监控，并随时计算舰船位置、速率与运作机能提供给舰上其他相关系统，此外也提供精确导航、视觉或纯仪器导航、海上避碰、监视水面与近水面空中物体功能，而舰上的敌我识别系统亦由雷神公司提供。

D37

武器系统

45 型驱逐舰最重要的武器系统是主防空导弹系统（PAAMS），雷达是由 BAE 系统公司研发的“桑普森”（Sampson）多功能有源相控阵雷达，很多方面比肩甚至超越美国“宙斯盾”舰使用的 AN/SPY-1D 雷达。然而，“桑普森”雷达顶尖的性能背后却是令人咋舌的高昂造价，虽然 45 型防空驱逐舰的排水量比伯克级少 2000 吨，舰空导弹搭载量更只有后者的一半，但是总成本却比伯克级高出三至五成，“桑普森”雷达系统堪称主因之一。

除了“桑普森”雷达之外，45 型驱逐舰还装有一部 S-1850M 三坐标机械扫描对空搜索雷达作为辅助，负责远程对空搜索与对海搜索。

45 型驱逐舰在舰艏装有 6 座 8 单元“席尔瓦”A50 垂直发射系统，装填“紫菀”-15/30 舰空导弹，而英国皇家海军则将这套系统称为“海蝰蛇”（Sea Viper）。

舰炮方面，45 型驱逐舰装有一座 MK8 Mod1 型 114 毫米口径 55 倍径舰炮、两门 DS-30 型 30 毫米口径机炮（作为本级舰近距离防空、反水面自卫武器）。

在 2011 至 2015 年，英国皇家海军陆续为 45 型加装两座美制 MK15“密集阵”Block 1B 近程防御武器系统。

45 型的固定反潜武器原计划是 2 座双联装 Plessey STWS MK2 鱼雷发射管，用来发射“黄貂鱼”324 毫米反潜鱼雷。但实际上鱼雷发射管一直未装。

45 型的反舰武器是美制“鱼叉”反舰导弹，但除了六号舰“邓肯”号加装之外，其他 5 艘都未进行实际装备。

37

日本爱宕级驱逐舰

20 世纪 90 年代末，日本以邻国弹道导弹威胁为借口，在《新中期防卫力量整备计划》中正式批准再建造 2 艘新型“宙斯盾”驱逐舰，即爱宕级。两舰均由三菱重工长崎造船厂建造，每艘建造费用约 13 亿美元。两舰服役后，取代了 2 艘老旧的太刀风级驱逐舰。

爱宕级驱逐舰标准排水量 7700 吨，满载排水量 9950 吨，舰全长 165 米，舰宽 21 米，吃水 6.2 米，航速 30 节以上。

日本海上自卫队“爱宕”号驱逐舰。

作战系统功能结构

爱宕级驱逐舰在金刚级的基础上将舰体拉长 4 米，并增加了附有机库的艉楼结构，这使得爱宕级成为日本海上自卫队第一种具备完整直升机驻舰操作能力的“宙斯盾”驱逐舰。为了遵守日本的和平宪法，日本没有给爱宕级驱逐舰配备“战斧”巡航导弹。

爱宕级驱逐舰

是日本在金刚级驱逐舰的基础上开发的日本版阿利·伯克级驱逐舰 Flight ⅡA 构型，是日本海上自卫队隶下的重型防空导弹驱逐舰。

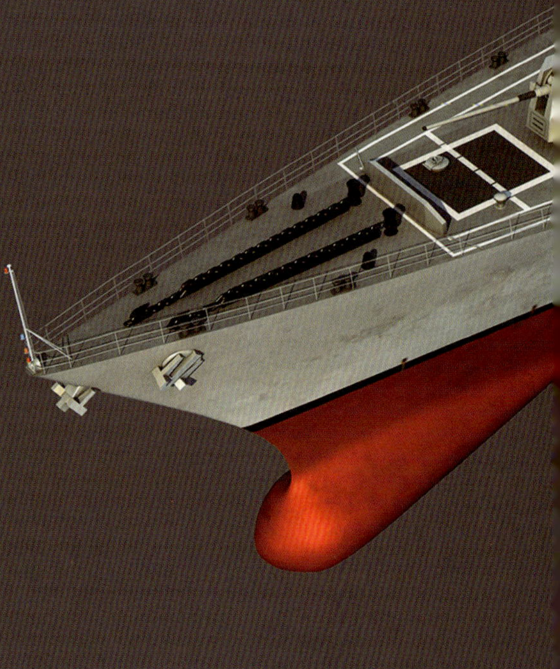

SH-60K 舰载直升机。

（ISAR）雷达，通过解析目标反射的雷达波多普勒偏移，可以识别目标的形状，并可得到类似照片质量的分辨率，对水面舰艇目标的搜索距离超过 250 千米。

SH-60K 还装备有声呐浮标投放器、磁异探测仪和前视红外装置等对潜探测设备，机载的战术情报显示装置、导弹报警装置、雷达干扰箔条和烟幕闪光弹发射装置也得到了升级，并增加了与海上幕僚监部系统对应的战术情报处理、显示功能以及和僚机进行战术情报交换的功能。

SH-60K 直升机加长了两翼武器挂架，可携带日本自研的 97 式反潜鱼雷。该鱼雷采用双航速模式（搜索阶段为低航速、攻击时为高航速）航行，配备有威力较大的成形装药弹头，不但可攻击高速、深潜目标，还增强了在浅水区对付潜艇的能力。SH-60K 执行反潜任务时，通常携带 2 枚反潜鱼雷。此外，SH-60K 还新增了激光制导的“海尔法”导弹（可挂 4 枚，射程 8 千米）和 7.62 毫米口径机枪，从而具备一定的反舰作战能力。此外，SH-60K 保留了 SH-60 直升机的反舰导弹中继制导功能。

爱宕级的改进型摩耶级驱逐舰

2015 年，日本政府又批准建造 2 艘改进型爱宕级，即摩耶级驱逐舰，每艘造价约 15.1 亿美元。首舰“摩耶”号于 2018 年 7 月 30 日下水，2020 年 3 月服役；二号舰“羽黑”号 2019 年 7 月 17 日下水，2021 年 3 月入役。摩耶级驱逐舰服役后取代了现役的旗风级驱逐舰。

摩耶级沿用了爱宕级的舰体，但比爱宕级的舰体长了 5 米，标准排水量 8200 吨，比爱宕级驱逐舰约多 500 吨，满载排水量超过 10000 吨，由此被日媒称之为日本海上自卫队“宙斯盾”舰队伍中的“第一艘万吨大舰”。

摩耶级的作战性能相较于爱宕级有进一步提升，搭载的是“宙斯盾”基线 9 型的日本版（J7）。与爱宕级搭载的“宙斯盾”基线 7.1 型相比，基线 9 型强化了数据处理计算机、加入了洛克希德·马丁公司 AN/SPY-1D 系列雷达支持的协同交战能力（CEC）系统、用于近距离海空搜索的 X 波段高精度雷达、整合了最

日本海上自卫队“摩耶”号驱逐舰。

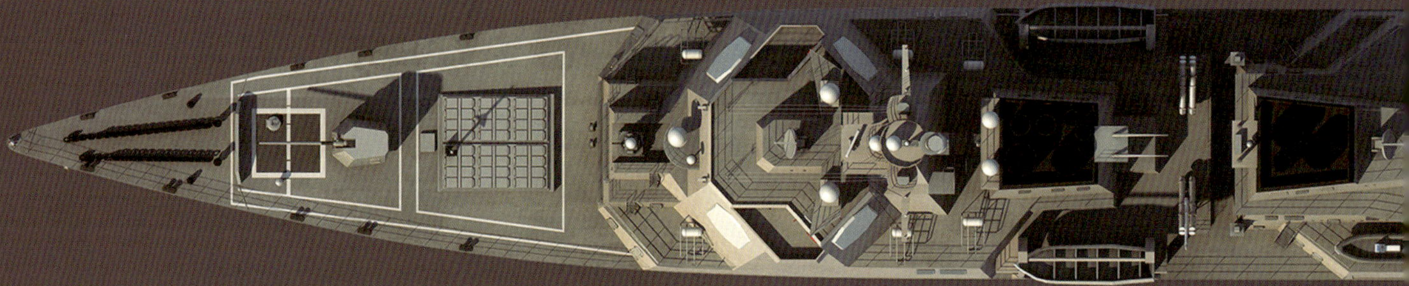

新的 MFTA，具备更优异的超视距防空能力和弹道导弹拦截能力。

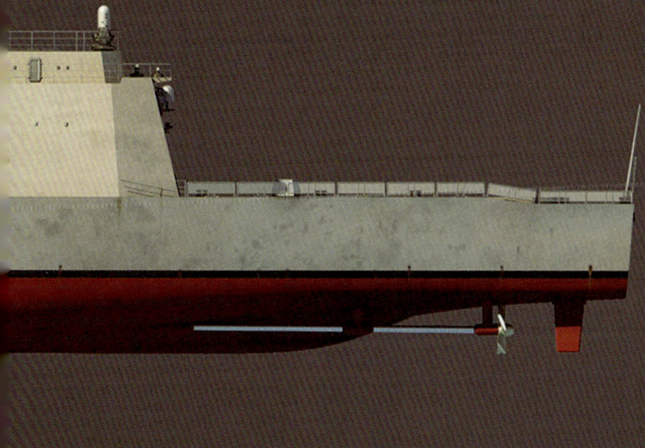

法意地平线级驱逐舰

该级舰最初称为“地平线”项目，是 21 世纪初英国、法国以及意大利联合设计制造的一种新型防空驱逐舰。在英国退出之后，法国和意大利继续执行该计划。该级舰计划建造 8 艘，目前已建成 4 艘，法国和意大利各有 2 艘。

地平线级驱逐舰装备的“主防空导弹系统”（PAAMS）包括 C 波段塞莱克斯“克洛诺斯”（Kronos）三坐标多功能有源相控阵、48 单元“席尔瓦”A50 垂直发射系统以及“紫菀”-15/30 舰空导弹（16 枚“紫菀”-15 导弹和 32 枚“紫菀”-30 导弹）。

在反舰方面，法国版选用 MM40“飞鱼”导弹，意大利版选用“奥托马特”MK3 导弹。其中，“飞鱼”

法国海军地平线级驱逐舰“福尔班”号。

地平线级驱逐舰

“Horizo”为下一代通用护卫舰计划名，这是由于法国海军内部并无“驱逐舰”（Destoryer）的舰艇分类，所有水面作战舰艇均称为“护卫舰”（Frégate），且意大利为第二次世界大战战败国，在海军建设上回避驱逐舰舰种分类，该级舰是法国与意大利联合研制的新一代中型防空舰艇。

意大利海军地平线级驱逐舰“卡欧·迪里奥”号。

导弹以涡轮喷气式发动机取代以往使用的固体火箭发动机，其射程大幅增至 180 千米以上，而且在重量上不增反减，由原先的 870 千克降至 780 千克，使得导弹的末段机动性能和突防能力大大增强。“飞鱼”反舰导弹使用的是“紫菀”舰空导弹的矢量推力系统，能在发射后立刻转向目标，这使“飞鱼”具备兼容于垂直发射系统的潜力。

在反潜方面，地平线级拥有 2 具单管 B-515 鱼雷发射管，能够发射 MU90 型 324 毫米反潜鱼雷。这种鱼雷的航速高达 50 节，攻击深度达到 900 米以上，有效射程为 11 千米。

在主炮方面，法国版装有 2 座奥托 76 毫米口径炮（射速 120 发 / 分，配备隐身炮塔），意大利版则装有 3 座奥托 76 毫米口径炮。

在舰载直升机方面，意大利版可载 1 架 NH-90 或 AW-101 直升机，而法国版搭载 1 架 NH-90 直升机。

D553
D553

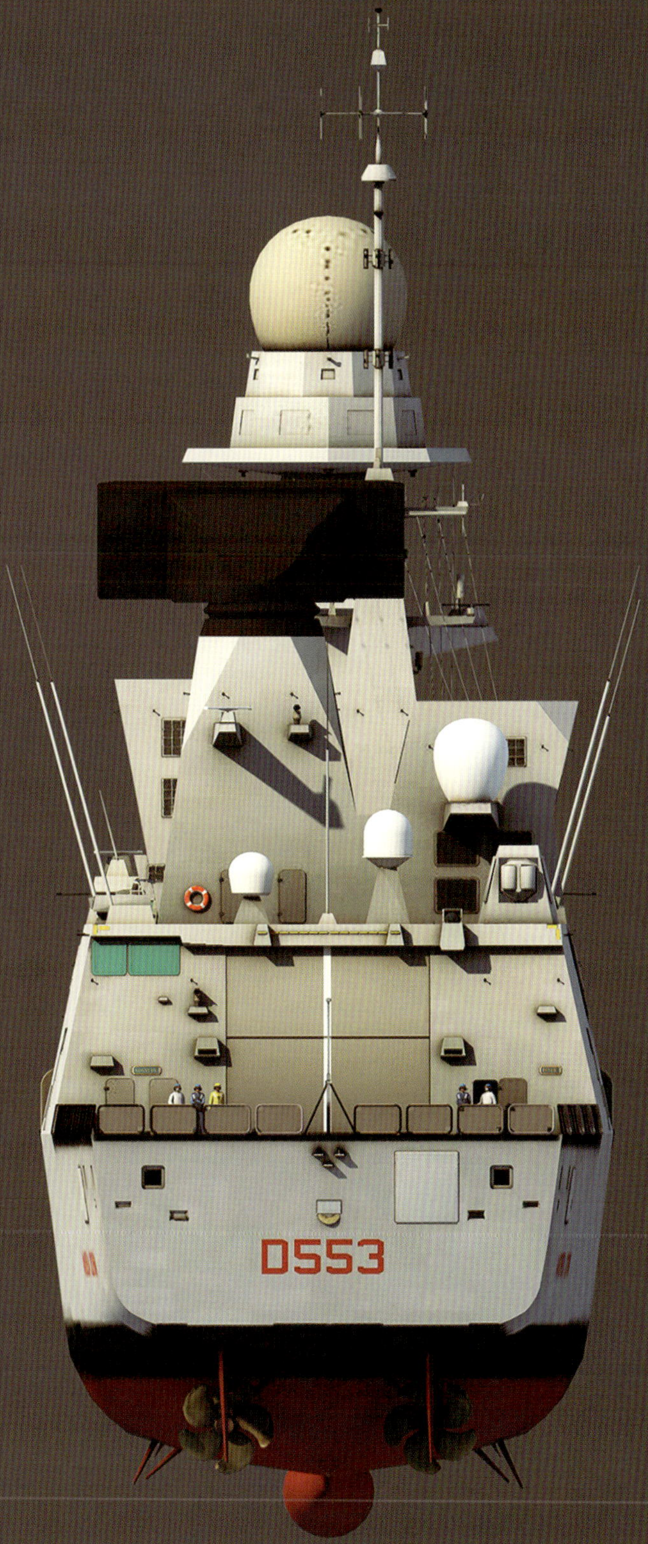
D553

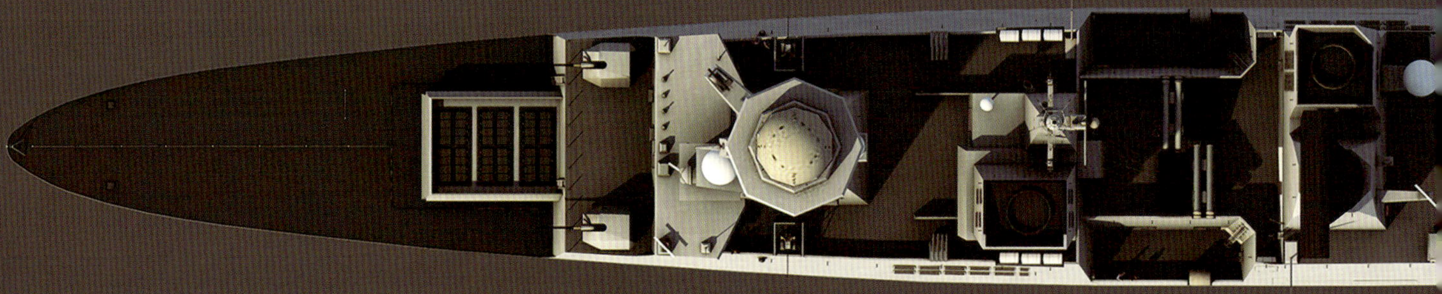

D553

地平线级驱逐舰控制中心。

韩国世宗大王级驱逐舰

该级舰是韩国在进入 21 世纪之后研发的“宙斯盾”舰，项目代号 KDX-Ⅲ，现役共 3 艘。

世宗大王级驱逐舰。

隐身性能

世宗大王级驱逐舰的设计比较注重隐身性能，舰体上层建筑采用流线型设计，总体上显得比较简洁。

水线以上舰体外飘，上层建筑为倒 V 字形向内倾斜，边角采用了圆弧过渡，避免舰体表面形成垂直面，降低雷达回波信号，从而达到隐身目的。而且该舰桅杆也采用轻便简洁、雷达反射面积小的棱柱型桅杆，全舰大量使用隐身涂料，进一步提高隐身能力。

除了满足雷达隐身的需要，世宗大王级在降低红外辐射和声信号等方面应该也做了不少努力，比如在烟囱排气口内安装空气冷却和海水降温装置、大量采用低噪声机械设备、使用减震浮筏技术等。

动力系统

动力系统方面，世宗大王级采用全燃联合（COGAG）动力，主机为 4 台 LM2500-30 燃气轮机，总功率 105000 轴马力，双轴双桨推进。

“宙斯盾”系统

世宗大王级驱逐舰装备的是“宙斯盾”系统基线 7.1 型，和日本爱宕级驱逐舰的“宙斯盾”版本相似，区别是具备控制韩国自研的“玄武”ⅢC 对陆攻击巡航导弹的能力。

武器系统

世宗大王级驱逐舰装备有80单元美制MK41垂直发射系统、48单元韩国自研的垂直发射系统（KVLS），总数高达128个发射单元。其中MK41用来发射“标准”-2 Block 3A舰空导弹，KLVS用来发射“玄武”ⅢC巡航导弹（32枚）和“红鲨”反潜导弹（16枚）。为了对付突破“标准”-2舰空导弹火力网的目标，世宗

世宗大王级驱逐舰

研制计划代号是“韩国驱逐舰实验计划”（Korean Destroyer Experimental，KDX）的最终阶段，目标是研发一种标准排水量七千吨、具备强大舰队区域防空能力的大型防空驱逐舰，首舰于 2008 年加入韩国海军开始服役。

991
991

세종대왕

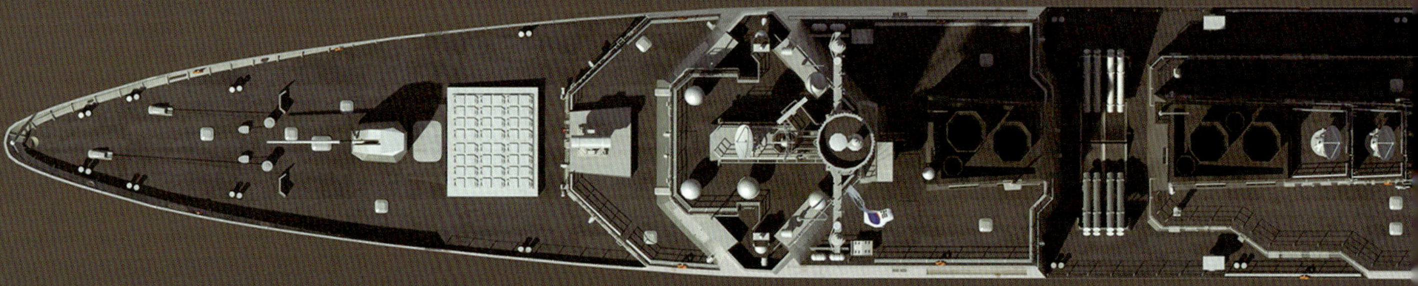

991

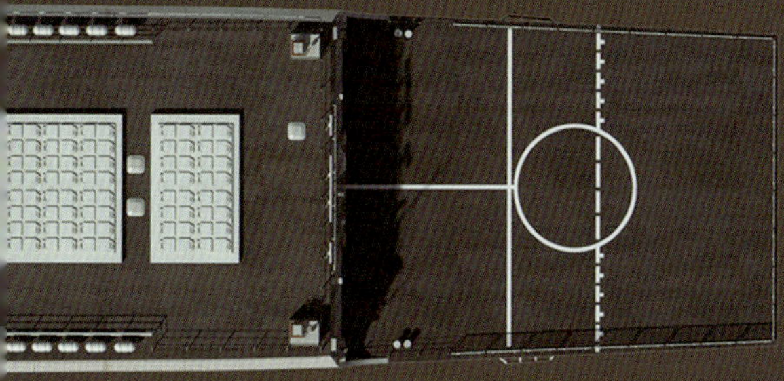

大王级还在舰桥前阶梯状平台上安装一座21联装“拉姆”近程舰空导弹发射装置，在直升机机库顶部安装一套荷兰“守门员”7管30毫米口径近防炮，构成了“世宗大王”号的内层反导火网。

世宗大王级的反舰火力也很猛，装有韩国自研的4座四联装 SSM-700K“海星”反舰导弹发射架。

世宗大王级的主炮是 1 座美制 MK45 Mod4 型 62 倍径 127 毫米口径舰炮。

世宗大王级装有 2 座三联装 MK32 Mod5 鱼雷发射管，用来发射韩国自研的“蓝鲨”轻型反潜鱼雷。

世宗大王级在舰艉设有双机库，可搭载 2 架“超山猫”舰载反潜直升机。

可以看出，世宗大王级并非完全照搬美国“宙斯盾”舰的武器系统，而是尽可能将自己研制的武器系统装上去，这与日本“宙斯盾”舰形成了鲜明对比。

印度加尔各答级驱逐舰

该级舰是印度国产驱逐舰建造计划 P15A 型的产物，共建造 3 艘。同印度许多国产装备一样，该级舰从设计建造到服役历程长达 20 年，这也导致了建造成本上涨了 225%，单舰造价超 6 亿美元。

技术特点

加尔各答级驱逐舰采用了隐身设计，舰体设计相较于德里级简练许多，舰上没有了德里级那样复杂的上层结构与各式电子装备天线，主桅杆与舰桥融合

加尔各答级驱逐舰。

在一起，后方分别是第一排烟道，横向补给桁、后桅杆、第二排烟道以及艉楼，第一排烟道两侧挂有两艘突击艇。

动力设计

加尔各答级驱逐舰动力设计沿用与德里级相同的柴燃交替（CODOG）形式，高速航行时用的主机为两台乌克兰提供的 M-36E 燃气轮机组；巡航时用的主机是 2 台罗尔斯 · 罗伊斯臬尔根公司提供的 KVM-18 柴油机。电力供应系统与什瓦里克级护卫舰相同，包括四个功率 1 兆瓦的丹麦瓦特西拉 WCM-1000/5 柴油发电机组，每个机组包含 1 台康明斯 KTA-50G3 柴油机和 1 台基尔洛斯卡尔交流发电机。

雷达系统

加尔各答级驱逐舰最重要的雷达系统就是主桅顶部的 EL/M-2248 MF-STAR 四面固态有源相控阵雷达，

加尔各答级驱逐舰

该级舰是印度海军隶下最新型防空导弹驱逐舰，是继印度德里级驱逐舰之后的印度国产驱逐舰建造计划 P15A 型的产物。计划建造 7 艘，其中 3 艘已服役，1 艘在首舰基础上进行适当改进，称之为计划 P15B 型，于 2015 年 4 月下水。

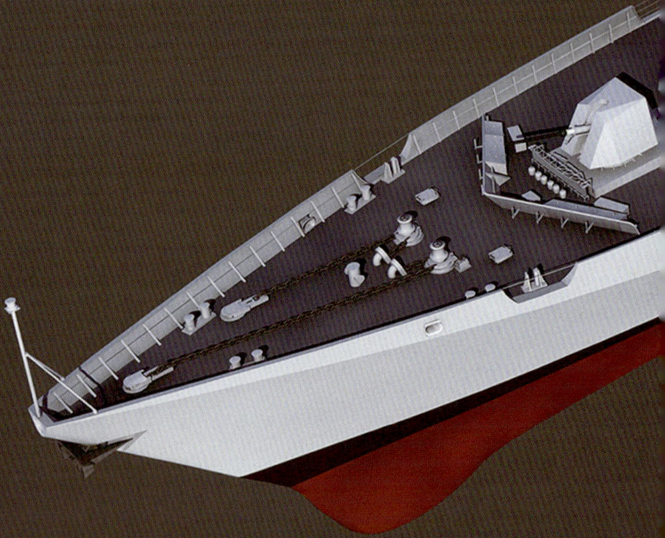

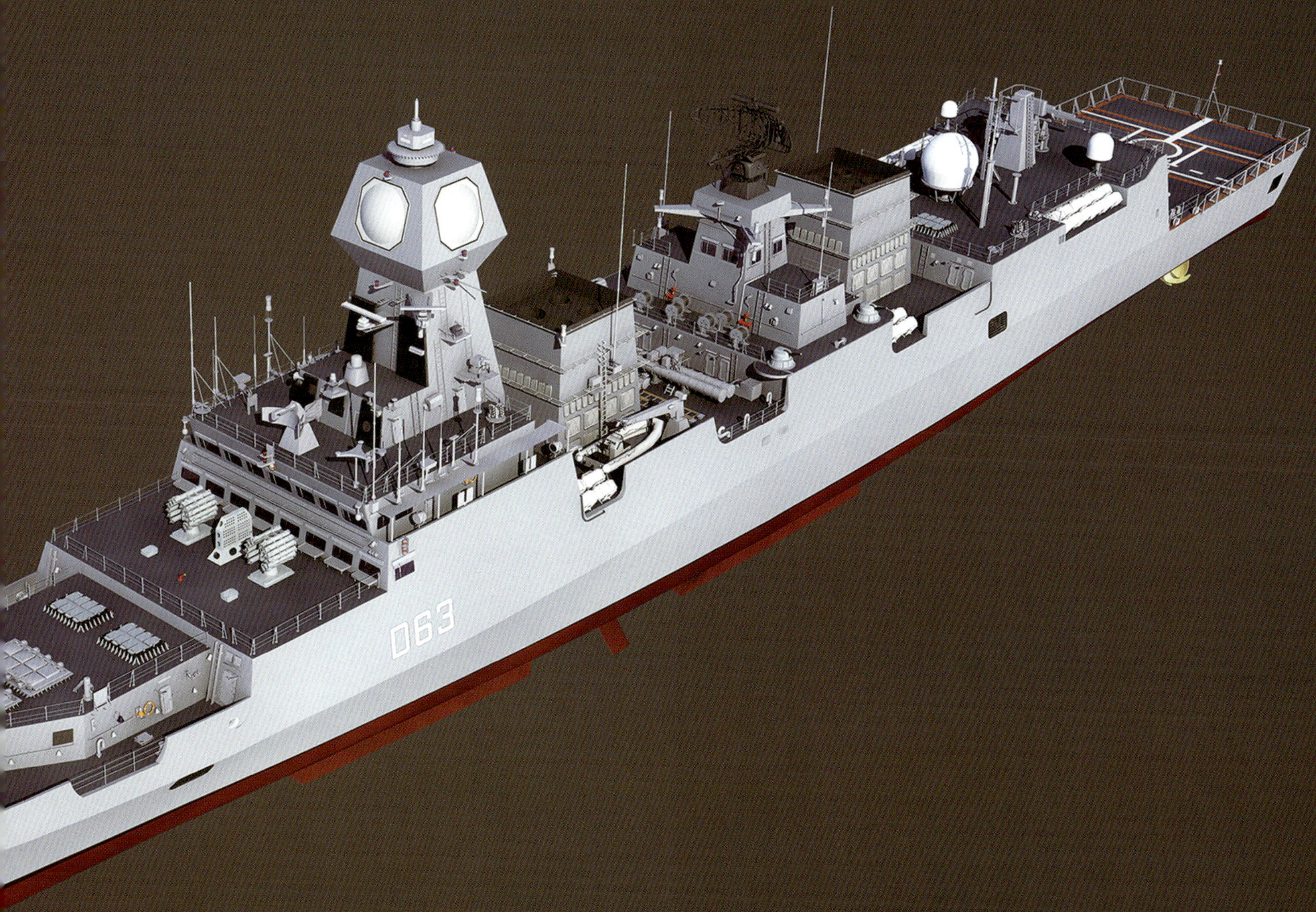
063

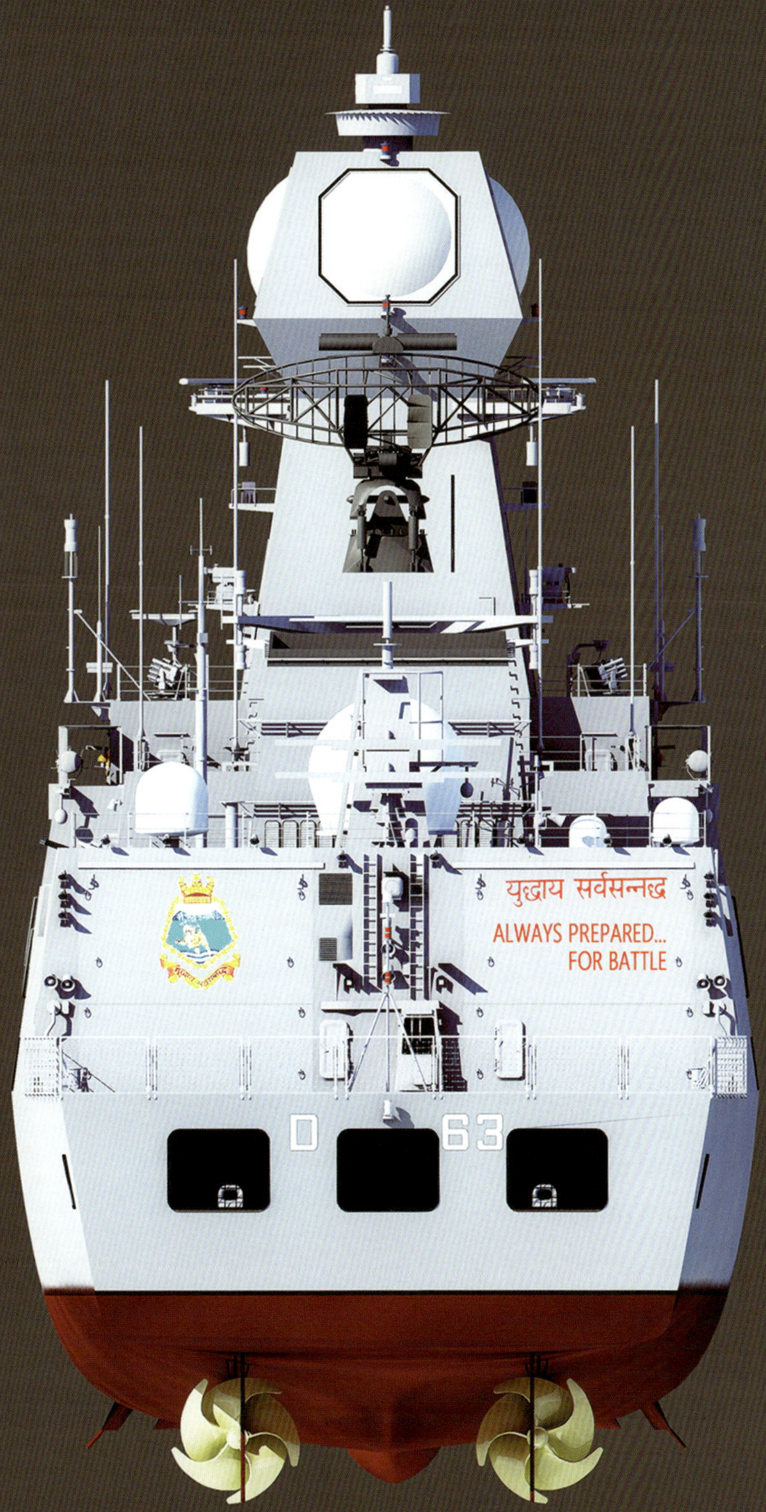
युद्धाय सर्वसन्नद्ध
ALWAYS PREPARED...
FOR BATTLE
D 63

D63

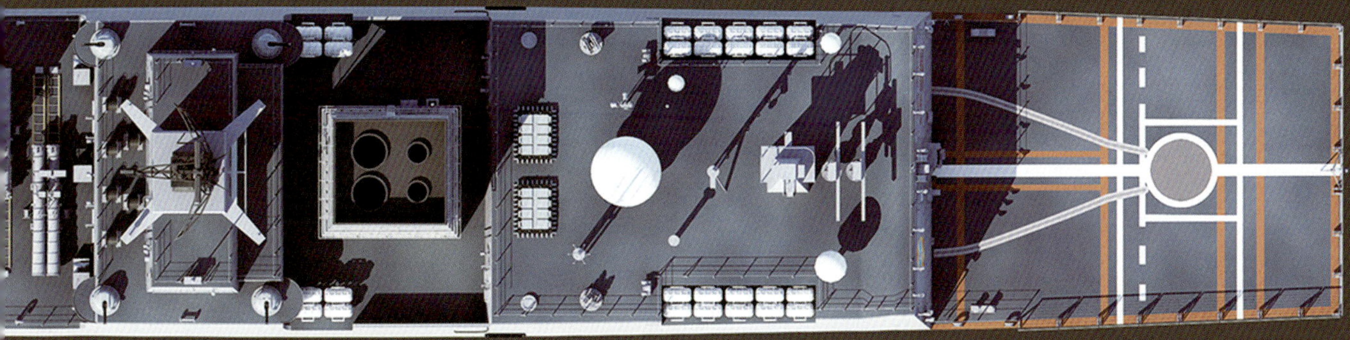

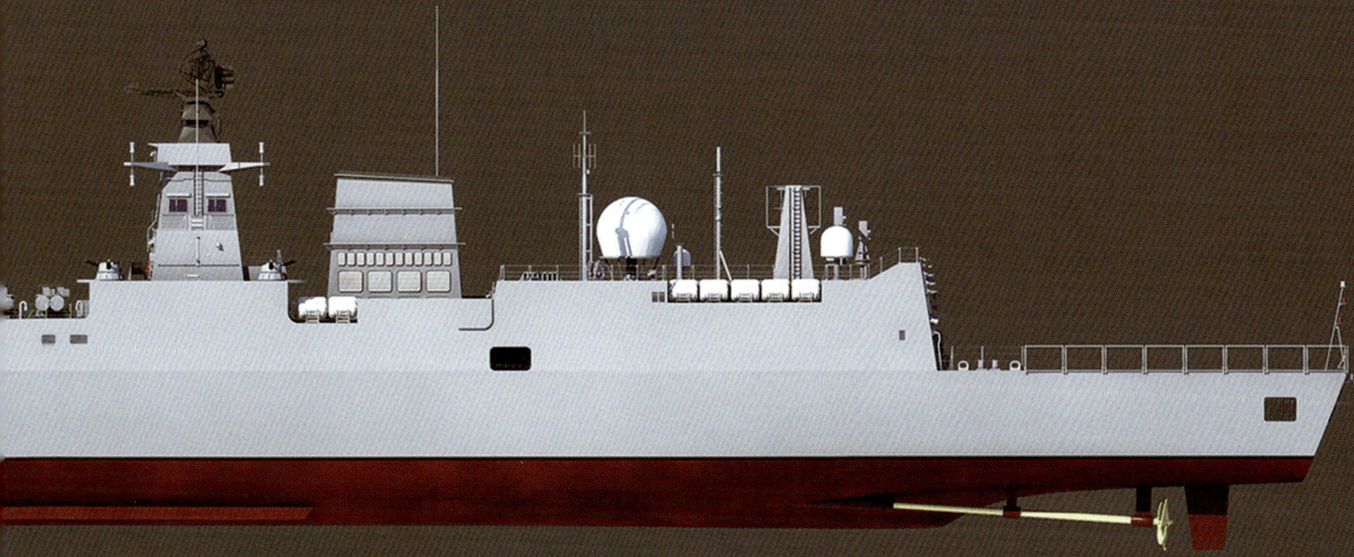

这是当今世界上最轻巧的舰载四面有源相控阵雷达，连同配套设备整个系统重量约 9 吨。该雷达由以色列飞机工业公司旗下埃尔塔系统公司研制，工作在 S 波段，集三坐标对空搜索、对海搜索、多目标跟踪、威胁警告、目标分类、武器火控等功能于一身。该雷达搜索如战斗机大小目标的最大距离为 250 千米，对掠海反舰导弹的发现距离在 25 千米左右。

后桅杆顶端是 RAWL02 MK3 远程搜索（对空警戒）雷达，用于主桅杆雷达的补充预警。该雷达由泰利斯荷兰公司研制，工作在 L 波段，最大搜索距离 300 千米，已获授权由印度巴拉特电子公司进行国产化。

加尔各答级采用以色列埃尔比特系统公司 72 管红外 / 金属箔条发射装置、以色列拉斐尔公司的 MBAT/RAN-1020 多波束干扰系统作为舰上电子对抗手段。该级舰的声呐包括印度巴拉特电子公司 HUMSA 主 / 被动舰壳声呐、Nagin 低频主 / 被动拖曳阵声呐。

武器系统

加尔各答级驱逐舰舰艏装有 1 座奥托 76 毫米口径舰炮，后面是两座 8 单元 UKSK 垂直发射系统，装填 16 枚印俄合作研发的 PJ-10“布拉莫斯”超声速反舰导弹。两座 12 管 RBU-6000 反潜火箭发射器安装在舰艏武器区最高处。四座 AK-630 六管 30 毫米口径机炮组成近防火力分布在后桅杆下方四周。

加尔各答级的防空系统是 4 座 8 单元“巴拉克”-8 舰空导弹垂直发射系统，其中 2 座位于 UKSK 垂直发射系统后方，另外两座位于第二排烟道后方的艉楼上。“巴拉克”-8 导弹长约为 4.5 米，弹体直径 22.5 厘米，发射重量约 275 千克，战斗部重量为 60 千克，使用主动雷达 + 红外成像制导，采用新的双推力固体火箭发动机，最大射程 70 千米，最大射高 16000 米，飞行速度 2 马赫。

加尔各答级装有 2 座双联装 PTA-533 鱼雷发射管，用来发射 533 毫米重型鱼雷，既可反舰，又能反潜。

第四章 CHAPTER 4

驱逐舰在现代海战中的常用战术

1892年，英国海军部决定建造专门对付法国和德国鱼雷快艇的战舰。不过，当时新型驱逐舰还没有正式定名，而是叫作“鱼雷艇驱逐舰”。英国海军要求，“鱼雷艇驱逐舰”同样具有高速，能够与鱼雷快艇进行决战，以保护己方大型水面战舰。不久，老牌的英国海军终于给这种新型战舰取名为驱逐舰。随着导弹武器的装备，驱逐舰攻击的威力增大，而且具有超视距攻击的能力，使海上战斗的突然性、速决性和破坏性空前提高。一方面，驱逐舰在攻击敌人的同时，也会遭到对方导弹的袭击，因此，在对抗飞航式导弹的海战中，驱逐舰能否将敌摧毁于发射导弹武器之前和有效地防御对方导弹的攻击，是决胜的关键；另一方面，由于现代武器系统战斗能力的发挥广泛地依赖于电子技术的应用，电子战已成为现代海战的重要组成部分。驱逐舰无论是实施进攻还是防御，敌对双方为保障可靠的观察探测、通畅的指挥通信和有效的武器制导，都将大量地使用各种电子设备进行电子对抗，使对方的雷达迷盲、通信中断、武器失控，同时保障己方的电子设备正常工作。因此，现代驱逐舰作战是在复杂电磁环境下进行的，电子对抗装备已发展成为一种有效的技术兵器（或称为“软杀伤武器”），它的使用效果直接影响着海上战斗的进程和结局。综上，驱逐舰作为一种武器平台和运载平台，在现代海战中的战术运用都是围绕着软硬武器的作战使用展开的。

作战行动中的单舰基本战术

驱逐舰对海攻击

驱逐舰对海攻击通常使用反舰导弹或舰炮对海上目标实施攻击，按照使用的武器可分导弹攻击和舰炮攻击。

（1）导弹攻击

在现代海战条件下，驱逐舰实施导弹攻击的成败，关键在攻击的隐蔽性，而攻击的隐蔽性在很大程度上取决于引导保障。可为驱逐舰导弹攻击担负引导保障的兵力主要有：岛岸观通站、侦察机、预警机、雷达哨舰、舰载直升机、无人机等。

驱逐舰实施导弹攻击的基本方法，按引导保障程度可分为全引导攻击、半引导攻击和自行搜索攻击；按攻击距离的远近可分为超视距攻击和视距内攻击。全引导攻击是指攻击舰艇在引导兵力的引导下，隐蔽接敌，占领预备齐射阵位，转入并稳定战斗航向。期间舰载雷达不开机，根据引导兵力提供的数据，在尽可能远的射程上隐蔽发射导弹，这种攻击方式称为全引导攻击。其特点是：攻击行动具有较好的隐蔽性，能够充分发挥导弹的射程优势，从而达成导弹的超视距攻击，即对舰载雷达视距外的目标实施导弹攻击；但组织、指挥和协同较为复杂，必须具备良好的引导保障条件和较高的训练水平。半引导攻击亦称校正目标攻击，是指攻击兵力在引导兵力的引导下隐蔽接敌，当接敌至舰载雷达能有效发现目标的距离时，舰载雷达开机，经短时间校正引导兵力提供的目标数据后，实施导弹攻击。这种攻击方式在于引导保障的准确性不能满足导弹超视距攻击的要求，必须使用舰载雷达校正目标数据后再发射导弹。其特点是：导弹射击的精度较高；减少了舰载雷达的开机时间，在一定程度上保持了攻击的隐蔽性；但攻击舰艇不能在完全隐蔽的情况下进行攻击，也不能充分发挥导弹的射程优势。自行搜索攻击是指在没有引导保障或引导保障中断时，由导弹攻击兵力的舰载雷达自行搜索目标所实施的导弹攻击。

（2）舰炮攻击

随着舰艇装备的发展，驱逐舰对海上舰船的舰炮攻击已降至次要地位。现代条件下，驱逐舰舰炮攻击的主要任务是：在其他兵力、兵器攻击之后，以舰炮攻击扩大战果；对无反舰导弹的中、小型驱逐舰或运输舰船和登陆舰船实施攻击；以舰炮火力压制敌人，保障其他兵力、兵器的突击等。

舰炮攻击样式分为单方向攻击和两个方向攻击：

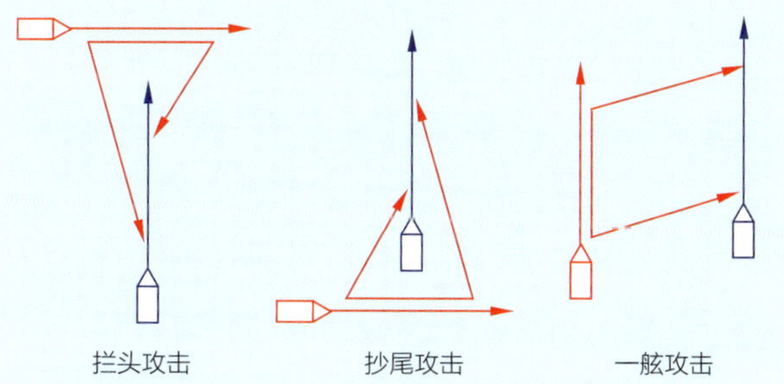

单方向攻击。

单方向攻击就是将攻击兵力配置在敌舰的一个方向上，当攻击兵力处于敌舰艏极限舷角时，敌舰艉炮无法射击，称为“拦头”攻击；当攻击兵力处于敌舰艉极限舷角时，敌舰艏炮无法射击，称为“抄尾”攻击；当攻击兵力处于敌舰极限舷角之外时，敌舰艏艉的主炮均能发扬火力，称为一舷攻击。

两个方向攻击就是将攻击兵力配置在敌舰的两个方向上。根据敌我态势的不同，两个方向的攻击又可分为一舷两个方向攻击、钳形攻击和两舷攻击三种：一舷两个方向攻击是指攻击兵力配置在敌舰一舷两个方向上，钳形攻击是将攻击兵力分别配置在敌舰的一舷和拦头（或抄尾）方向上；两舷攻击是将攻击兵力分别配置在敌舰两舷的侧后方向上。

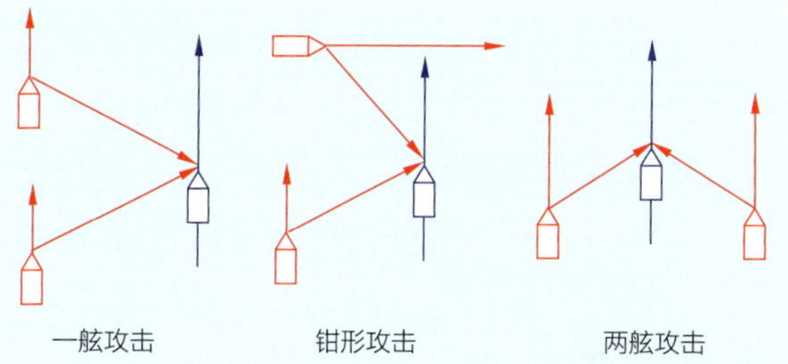

两个方向攻击。

两个方向攻击的特点是：可容纳较多的兵力，攻击力强；能分散敌之火力并限制敌舰机动；钳形攻击时可限制敌发扬火力并迫使敌舰转向；组织指挥和协同较为复杂。两个方向攻击通常在我攻击兵力较多，为歼灭敌舰时采用。

舰炮攻击时，根据攻击兵力编组、舰艇装备性能和攻击任务的不同，其火力运用方式可分为集火射击和分火射击两类。当编队集中火力对敌一艘舰船攻击时，称为集火射击。当编队同时对敌两艘或两艘以上舰船攻击时称为分火射击。

驱逐舰反潜

驱逐舰对潜艇的搜索和攻击，统称为驱逐舰的反潜行动。

（1）对潜搜索

对潜搜索，就是为了发现和查明一定海区范围内潜艇的情况而采取的侦察活动，它是驱逐舰攻击潜艇的先决条件。驱逐舰对潜搜索由驱逐舰舰壳声呐对潜搜索、驱逐舰拖曳线列阵声呐（简称“拖曳声呐”）对潜搜索、舰载直升机对潜搜索和舰机协同对潜搜索四部分内容构成。

驱逐舰使用拖曳声呐对潜搜索方式可分为两种：一种是“高速航行／低速搜索”，一种是匀速搜索。驱逐舰使用拖曳声呐对潜搜索时不宜进行随意机动，应以直航为主。对于拖曳声呐，其拖曳速度直接影响了声呐的有效作用距离。一般情况下，舰艇自身航速越快，辐射的噪声越大，声呐的有效作用距离就越小，因此对于拖曳声呐，要严格限制舰艇拖曳速度。

直升机对潜搜索，按照战术任务的不同，与驱逐舰对潜搜索类似，可以分为检查搜索、应召搜索和巡逻搜索，按照使用搜索装备的不同，可分为雷达搜索、吊放声呐搜索、声呐浮标搜索和磁探仪搜索。直升机装有雷达，可以发现处于水面状态的潜艇，也能发现潜艇露出水面的通气管、潜望镜和侦察天线。舰载直升机使用吊放声呐时，通常采用点水方式搜索潜艇。声呐浮标是现代反潜飞机普遍使用的一种探潜器材，它也是利用水声方法探测潜艇的，每个浮标都有换能器和无线电发射机，并自带电源，探测到目标后将目标位置要素以无线电波的形式发送给直升机。磁探仪是利用潜艇磁场引起地磁变化，进行对潜识别和定位的探测器材。它的突出优点是对潜艇有识别能力；隐蔽性好；定位精度高。但其作用距离近（潜艇磁场强度随距离的变化成立方关系衰减），尤其是对钛合金艇壳的现代潜艇，其作用距离更小，因此搜索效率较低。磁探仪通常与声呐浮标配合使用，完成搜索、识别和最终定位。

驱逐舰与反潜直升机可协同完成检查搜索、应召

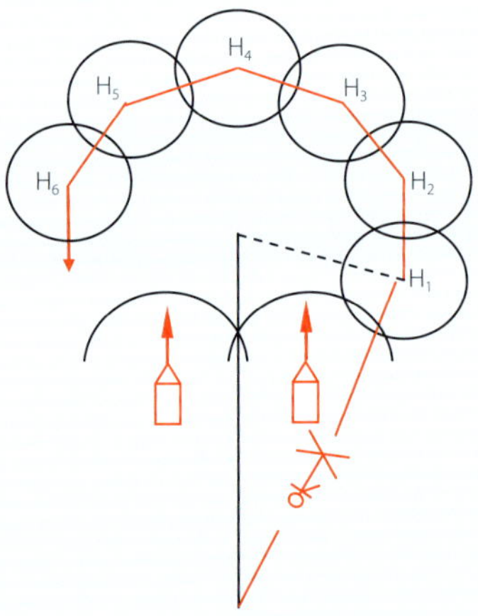

舰、机协同应召搜索。

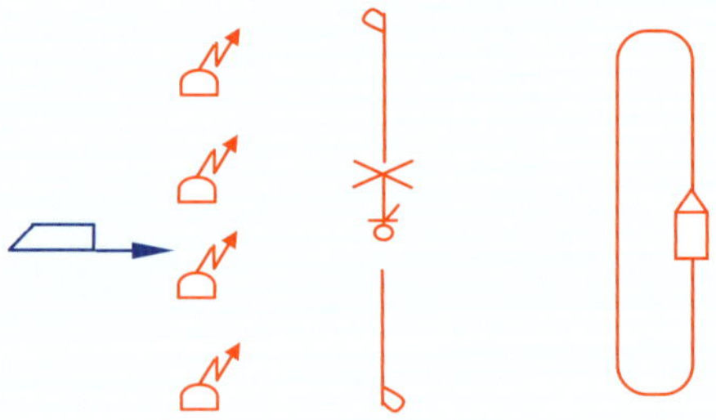

舰、机协同巡逻搜索。

搜索和巡逻搜索任务。

（2）对潜攻击

驱逐舰对潜攻击可使用火箭助飞鱼雷（反潜导弹）、自导鱼雷和深水炸弹（火箭式和投放式）等武器，还可以使用舰载直升机或与之协同对潜攻击。由于各种武器装备的特点和威力不同，在对潜攻击中的使用时机和方法也不同。因此驱逐舰在对潜攻击时，应根据客观实际情况选择武器和确定攻击方法。

反潜自导鱼雷是一种双平面声自导鱼雷，它可以在水平和垂直两个平面上自动搜索、跟踪和导向目标。与传统的深水炸弹反潜相比，其命中概率较高、威力较大，已成为驱逐舰反潜的主要武器。但在潜艇技术快速发展的今天，尤其是在对付水下航速高、下潜深度大、探测能力优于驱逐舰并具有较强反击能力的现代潜艇方面，还存在航程太短，航速不高，自导作用距离有限，自导易受干扰等问题。反潜自导鱼雷命中的条件是：发射出去的鱼雷能够发现目标，尔后能够追上并命中目标。

由于火箭助飞鱼雷（反潜导弹）的战斗部是自导鱼雷，自导鱼雷命中潜艇的条件同样适用于火箭助飞鱼雷。为了充分发挥火箭助飞鱼雷空中飞行段的优点，在实施对潜攻击时力求解算射击诸元简单、准确和迅速，以使鱼雷对目标有较高的发现和命中概率。火箭助飞鱼雷射击的基本样式有精确射击和概略射击两种。精确射击就是向目标的将来位置点射击；概略射击就是向目标现在位置射击，这对于速度较低、距离较近的潜艇，也可以取得较好的射击效果。

深水炸弹（以下简称深弹）是一种有几十年使用历史的反潜武器，虽然它的命中概率低，攻击距离近，但它使用方便，不受干扰，对恶劣环境适应性强，在浅水区和近距离对潜攻击中仍是较为有效的武器。单舰使用深弹对潜攻击时，根据使用深弹武器的不同，

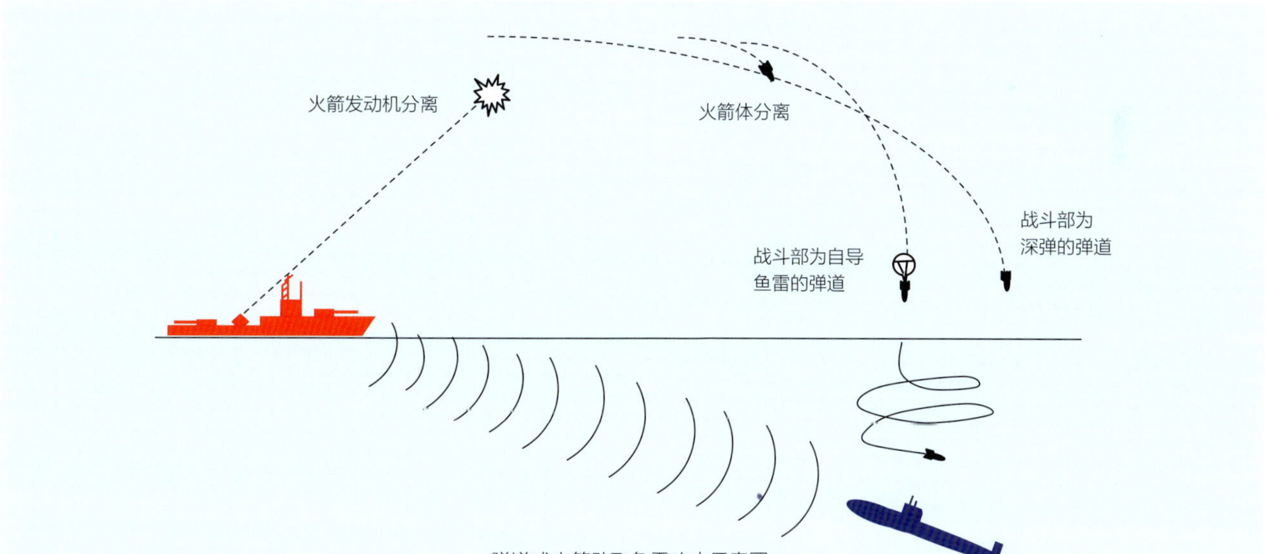

弹道式火箭助飞鱼雷攻击示意图。

可分为舰艏深弹攻击和舰艉深弹攻击。舰艏深弹攻击能在远距离上给敌以出其不意的打击，易取得战斗主动权，是对潜使用深弹攻击的主要手段。编队使用深弹攻击潜艇，是在编队统一指挥下，有组织地对潜艇实施攻击，它是驱逐舰使用深水炸弹歼灭敌潜艇的主要形式。

舰载直升机对潜攻击方式包括单机攻击和双机攻击。单机攻击时，当以主动方式获取目标信息时，其攻击行动不易达成攻击隐蔽突然的效果，并且攻击的效率不高。因为潜艇发现声呐的主动信号后，一般都采取水声对抗措施和进行规避机动。两架直升机的攻击效果较好，既可以主动方式，也可以被动方式使用吊放式声呐。

舰机协同对潜攻击分为驱逐舰引导反潜直升机对潜攻击和反潜直升机引导驱逐舰对潜攻击。当驱逐舰声呐工作条件良好，发现潜艇距离较远时，或潜艇在舰艇反潜武器射程以外时，或由其他兵力发现潜艇时，均可由驱逐舰引导反潜直升机对潜攻击。由于反潜直升机装载的反潜武器数量较少，因此当直升机攻击后潜艇尚未被消灭时，就需要召唤驱逐舰继续攻击；此外在舰机协同搜索中，当直升机先发现潜艇时，也需对驱逐舰进行引导。

驱逐舰对陆攻击

突击敌方陆上目标，摧毁或压制敌陆上军事设施和火力点，同样是驱逐舰的重要任务之一。特别是在登陆作战中，舰炮火力准备和火力支援是整个对陆火力突击的重要组成部分，是保障登陆兵顺利突击上陆的前提条件。

（1）攻击兵力部署

舰艇编队对陆攻击时，应根据任务、目标情况、

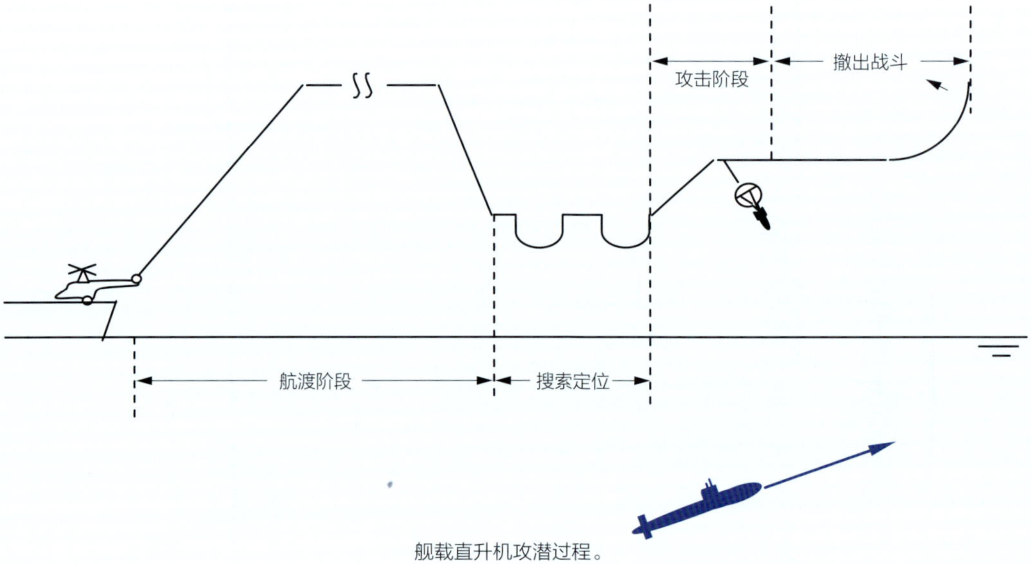

舰载直升机攻潜过程。

兵力的数量和对陆攻击武器装备情况，合理确定攻击群的兵力编组。编队攻击陆上目标时，攻击阵位由攻击距离、攻击方位和己舰舷角三个要素组成。编队指挥员应在综合分析情况的基础上，选择有利的攻击阵位，为顺利完成对陆攻击任务创造有利的条件。选择辅助瞄准点是解决对不可见（可观测）目标射击瞄准问题的一个常用方法。为了保证射击的准确性，通常应选择地理坐标位置准确、便于瞄准、不易摧毁并距目标较近的突出地物（标）为辅助瞄准点。观测所的任务是侦察测定目标、观测弹着点与攻击效果，以保障射击的准确性。观测所可由直升机、校射飞机担任，也可设置地面观测所。

（2）舰艇机动

根据舰艇机动状态的不同，编队对陆攻击可分为航行攻击、抛锚攻击和漂泊攻击。编队指挥员应根据对任务、敌情我情和海区地理、水文气象等条件的分析并结合各种机动方式的特点，正确选择舰艇的机动方式。

（3）舰炮火力运用

压制射击是驱逐舰兵力以舰炮火力杀伤敌有生力量，摧毁其武器装备，迫使其停止战斗行动而进行的射击。压制射击是驱逐舰经常遂行的对陆射击任务之一。压制射击的目标，通常是敌暴露的或简易掩体内的有生力量或火力点、野战炮兵连、高射炮兵连、连排防御支撑点等目标。其目的是部分地歼灭敌人、毁伤其战斗器材、迫使敌暂时停止射击、限制或中断其战斗活动，以便于己方兵力遂行战斗任务。压制射击对火力运用的要求是：以舰炮火力覆盖整个目标区，使各部分都能命中一定数量的炮弹；具有足够的火力密度；必要时保持一定的射击持续时间。

破坏射击是驱逐舰兵力以舰炮火力摧毁敌陆上防御工事、工程障碍和火力点等进行的射击。通常只在陆军炮兵、导弹部队或航空兵无法完成对上述目标进行攻击时，才使用舰炮对可见目标实施破坏射击。破坏射击必须有一定数量的弹丸直接命中目标。

阻拦射击是驱逐舰兵力以舰炮火力阻止、迟滞敌陆上兵力机动而进行的射击。通常以舰炮火力封锁敌人必须通过的一定地段，阻止其通过、迟滞其行动或迫使其改变企图。阻拦的地段通常选择在敌必须通过的狭窄通道，以提高阻拦效果。

固定阻击是指对敌必经的道路上预先选定的一道阻拦地段所实施的阻拦射击，固定阻拦射击通常用于阻拦行进中的步兵。活动阻拦射击是指对敌必经的道路上选定有间距的数道阻拦地段实施的射击，活动阻拦射击通常用于阻拦行进中的敌机械化部队。

驱逐舰防御

驱逐舰的防御是驱逐舰抗击敌方各种攻击的战斗行动，是驱逐舰战斗行动的重要组成部分。由于驱逐舰隐蔽性、机动性较差，尤其是在现代高技术武器装备飞速发展的背景下，以及在其所面临的海上复杂电磁环境下，驱逐舰在海上面临的威胁日益增大，防御的难度也空前提高。

（1）驱逐舰对空防御

对空防御是驱逐舰最重要的任务，尤其是在复杂电磁环境下，对反舰导弹的防御已成为驱逐舰对空防御的重中之重。目前，驱逐舰的对空防御主要围绕对飞机、对反舰导弹的防御行动展开的，其中，重点是对反舰导弹的防御。

根据现代海战的特点，驱逐舰对空防御行动主要包括四个方面，即信息获取、火力抗击、电子干扰、机动规避。及时获取来袭兵力、兵器的信息，是组织有效对空防御行动的根本保证。从高技术海上局部战争的特点来看，驱逐舰获取可能遭敌袭击的信息来自多个方面，一是依靠航天、航空侦测平台和海军其他兵力将获取的信息通过数据链的手段传送给驱逐舰，二是利用驱逐舰本身的各种探测手段获取信息。敌方信息的类型可以分为两大类，即携带导弹的平台和来袭的导弹。火力抗击是驱逐舰组织防御、挫败敌人袭击企图的主要手段。驱逐舰在组织火力抗击行动时，应树立合同作战、攻势作战的思想，充分准备、严密组织，确保驱逐舰防御行动的成功。舰艇编队的火力抗击区域通常可分为远程抗击区域、中程抗击区域和近程抗击区域。对空防御的电子干扰，同样包括针对来袭的武器平台干扰和针对来袭制导武器的干扰两个方面；干扰种类分为有源（主动）干扰和无源（被动）干扰两大类。对敌武器发射平台实施干扰主要是指对来袭兵力的舰载、机载雷达的干扰，通常以有源干扰为主，主要由舰载干扰设备和舰载干扰直升机（或遥控飞行器）实施干扰。对来袭反舰导弹的干扰，通常应以无源干扰为主，以有源干扰为辅或相配合，主要的干扰方式有冲淡干扰、转移干扰和质心干扰等。干扰设备为无源干扰弹、角反射器和尤伯透镜[㊀]（由直升机吊挂）等。对空防御的机动规避主要表现在对来袭导弹的规避和对近距离突然出现敌机的规避。

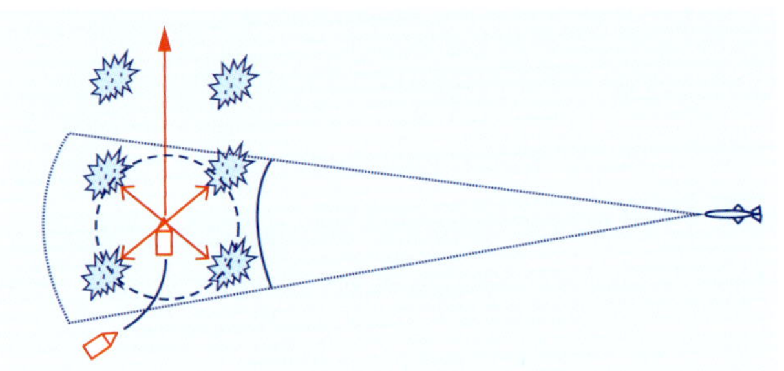
冲淡式干扰示意图。

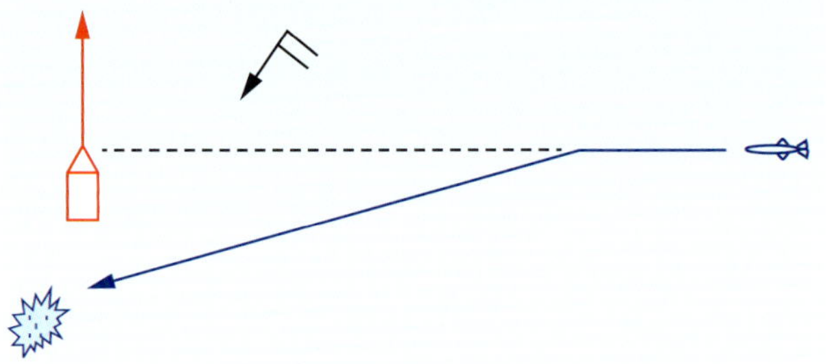
质心干扰示意图。

（2）驱逐舰对潜防御

及时、迅速地获得潜艇信息是组织对潜防御的前提。在海上遂行作战任务的舰艇编队可以从多种途径获取来袭潜艇或来袭鱼雷的信息，其中较为有效的是组织编队的对潜观察。编队的对潜观察是在编队对潜警戒配置的基础上，与担任反潜警戒任务的兵力共同承担。担负观察的兵力主要是反潜飞机和反潜舰艇。

远程反潜警戒的任务，是在编队的前方，或于敌潜艇可能来袭方向的较远距离上实施反潜搜索，及时发现和查明来袭敌潜艇，并阻止敌潜艇向编队接近和

㊀ 又叫龙勃透镜。——编者注

使用反舰导弹攻击。远程反潜警戒的兵力由舰艇编队携带的舰载反潜飞机担任，或与岸基反潜飞机和核动力反潜潜艇等支援兵力共同担任。

中程反潜攻击是指敌潜艇尚未使用鱼雷武器对驱逐舰进行攻击时驱逐舰所采取的主动攻击行动，其目的是阻止其进入鱼雷攻击阵位对驱逐舰实施鱼雷攻击，粉碎敌潜艇攻击的企图。中程防潜攻击的兵力、兵器，主要是编队搭载的反潜直升机、舰载火箭助飞鱼雷和飞航式火箭助飞鱼雷。

近程反潜攻击是指驱逐舰在敌潜艇鱼雷有效射程内发现潜艇或鱼雷时采取的防御行动，其目的是击毁鱼雷或破坏鱼雷的攻击。

在组织对潜防御时，合理配置防潜队形也是一种有效的防御手段。

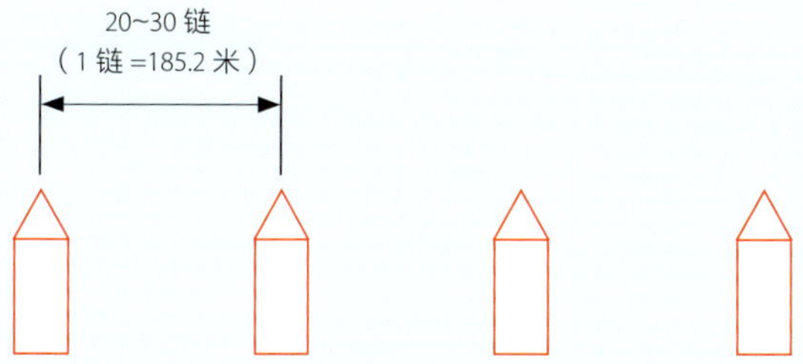

驱逐舰防潜队形。

在海上作战集群中的协同战术

驱逐舰在海上作战集群中包括自主作战和体系作战模式，自主作战以单舰或以驱逐舰为核心兵力，体系作战是在海上作战体系模式下单舰或编队遂行各种作战任务，具体如下：

（1）参与编队预警探测体系构建。在岸基（舰载）预警机／警戒机以及卫星等外部信息保障的条件下，以舰载雷达及舰载直升机、无人机等手段构成对空对海警戒探测体系；能够在本编队作战海域内及时发现敌战斗机、来袭反舰导弹和驱逐舰；在固定翼反潜巡逻机的支援下，以舰载声呐及反潜直升机等手段构成对潜警戒探测体系，在本编队作战海域及时发现敌潜艇。

（2）参与编队防空作战。在岸基航空兵提供空中掩护的情况下，舰载区域防空导弹要能够在一定范围内拦截来袭敌机和反舰导弹，为本编队提供较强的区域防空能力；舰载中、近程防空导弹武器能够拦截一定范围内的来袭反舰导弹，形成较强的编队近程对空防御能力。

（3）参与编队对海／陆作战。在海上编队的情报保障下，单独或协同岸基航空兵、潜艇兵力，在敌驱逐舰打击范围外实施超视距攻击，形成较强的中远程对海／陆打击能力。

（4）参与编队反潜作战。利用舰载水声探测设备、舰载反潜直升机和火箭助飞鱼雷等手段，对编队附近的敌潜艇实施搜索与攻击，阻止其使用线导鱼雷进行攻击，形成较强的编队区域对潜防御能力。

（5）参与编队信息对抗作战。在岸基航空兵提供空中支援的情况下，通过舰载无人机等手段，使编队具备一定的空中信息进攻能力；舰艇自身应具备较强的自卫电子对抗能力，具备在复杂电磁环境及对抗条件下的抗干扰能力。

（6）单舰遂行对空作战、对水下作战、对海／陆作战、综合作战、航行及非战争军事行动等任务。

舰艇（驱逐舰）编队对空防御作战

编队对空防御作战样式

驱逐舰对空防御作战是通过编队协同防空作战系统连接起来的，协同防空作战系统是指由分布在各种舰艇平台上的预警探测、指挥控制、火力打击（含电子战）等子系统经信息网络高度集成的，具备探测协同、指挥协同、打击协同能力的，能够与外界环境进行信息、物质和能量交换的复杂大系统。协同作战系统可以使多艘拥有协同作战能力的舰艇如同一个单独的分布式防空系统一样参战，能够跨越整个战区实时传送目标测量数据。舰艇编队的对空防御作战样式通常可分为远程对空防御、中程对空防御和近程对空防御。

（1）远程对空防御

远程对空防御是由舰艇编队（主要是航母编队）携带的舰载航空兵或海军其他兵力对敌来袭兵力实施的抗击。其任务是在预警飞机（或舰载预警直升机）的保障下，在来袭之敌使用武器之前将其击毁或迫使敌放弃攻击企图，这是最有效、最积极的防御手段。远程抗击区域距编队基本兵力的距离，主要取决于敌方武器的发射距离和己方海军兵力的作战半径。为保证己方兵力不被驱逐舰防空火力误伤，远程抗击区域应在编队中、远程火力的最大射程以外。

（2）中程对空防御

中程对空防御是指使用编队中、远程舰空导弹武器系统，对突破远程抗击区域的来袭兵力和兵器进行的抗击。中程抗击区域的范围，主要取决于驱逐舰中、远程抗击武器的射程，目前这一区域通常为15~100千米。

（3）近程对空防御

近程对空防御是指使用编队中的近程武器系统（近程舰空导弹和中、小口径舰炮等）对已突防的来袭兵器实施的末端抗击。目前，近程抗击区域的范围一般是指15千米以内的整个区域。由于近程抗击区域的纵深小，对来袭目标抗击的时间较短，而且又是编队防御的最后一道防线，特别是当众多目标密集来袭时，有可能使得编队近程防御武器抗击能力达到饱和而造成编队受损，因此要求编队的近程防御武器系统必须具有反应快、精度高、发射量大等性能，要能抵挡猛烈而密集的来袭目标群。

编队对空防御战术运用

美国海军的CEC（Cooperative Engagement Capability）系统是目前世界上达到一定实用程度的、最为成熟的网络化防空导弹系统。CEC系统条件下的舰艇编队防空作战概念如右图所示。在强大通信系统的支持下，CEC系统可将来自相关传感器的跟踪数据进行融合，并建立一个单一的、共用的“空中防御态势图”，并将其分发到其他所有参与平台上。从而可对目标进行早期的预警探测，并可对空中目标进行更连续、更精确的跟踪。特别是在沿海区域或对低空目标，这些情况下本地雷达发现目标的能力往往受限较多，不能达到很好的探测效果。

舰艇编队对空防御战术运用主要体现在两个方面:一是一体化作战能力，通过对区域内各种作战单元的整合，形成一定规模的防空单元体系，充分发挥系统作战潜能，形成整体对抗优势。二是应对变化的灵活适应能力，称之为灵活作战能力，在对抗过程中面临

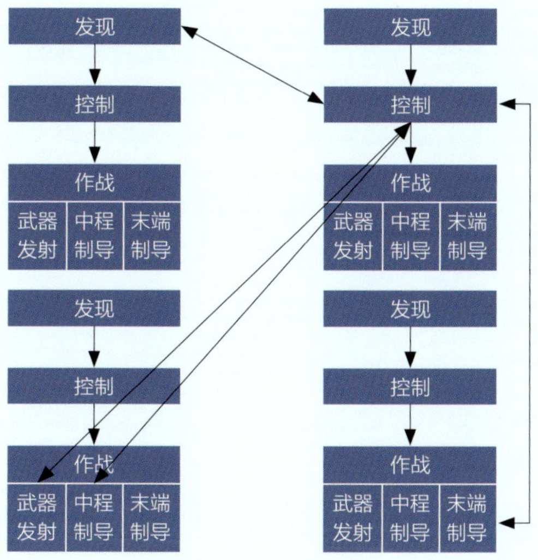

CEC 系统条件下舰艇编队防空作战概念图。

各种变化能够维持系统的整体对抗优势。

（1）捕获提示

舰艇编队中的雷达之间进行捕获提示，可以使系统内没有发现目标的雷达能够更迅速地探测到目标，缩短对目标搜索的时间。捕获提示包含目标的信息，如位置估计、航迹数据等。下图是捕获提示的示意图，远程作战单元的雷达首先发现目标，然后将目标指示

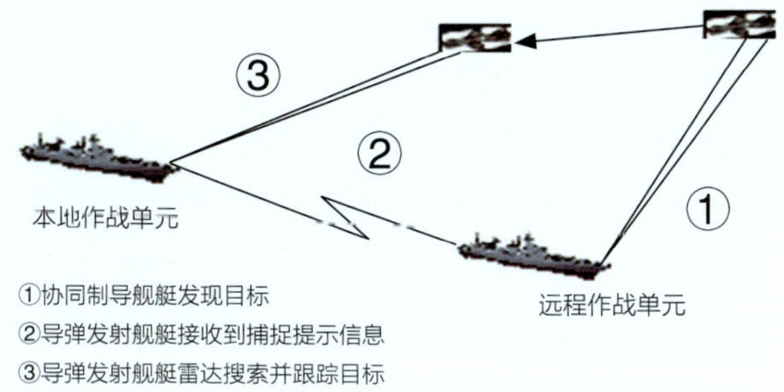

捕获提示示意图。

信息发送给本地作战单元，本地作战单元控制其所配置的雷达搜索目标并进行跟踪。

（2）超视距攻击

在需要远程作战单元对目标进行拦截，但本地作战单元依靠舰载雷达未获取目标的航迹数据，无法依靠本地数据进行发射装订，这时可利用系统中其他雷达提供的数据进行发射装订，称这种能力为超视距攻击。超视距攻击能力是基于对远程制导信息的利用，下图为超视距攻击示意图。

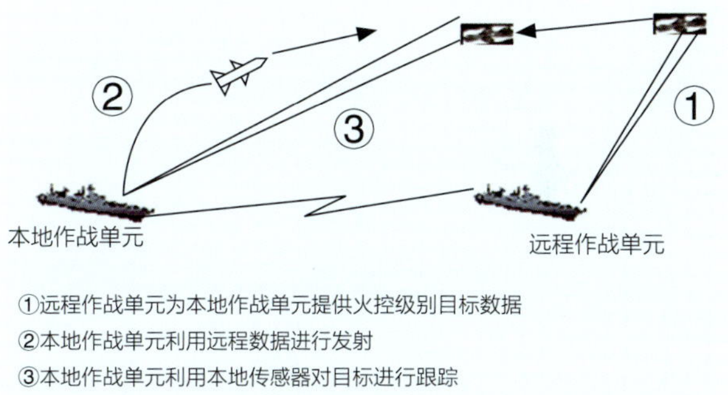

超视距攻击示意图。

（3）接力制导

为了充分发挥中远程舰空导弹的射程优势，导弹不在制导雷达的作用范围时，应考虑采用接力制导的方式向导弹发送制导指令。所谓接力制导，是指导弹发射至命中目标这段时间内，制导指令通过不同的制导站接力发送给导弹，使导弹能够在飞行过程中，通过不断修正飞行弹道，达到击毁目标的目的。由于多舰协同拦截过程中，战场信息每艘舰艇是共享的，每一艘舰都知道其他舰艇的位置及制导能力，制导的交接过程可以按照预先装订的交接策略进行。如下图所示。

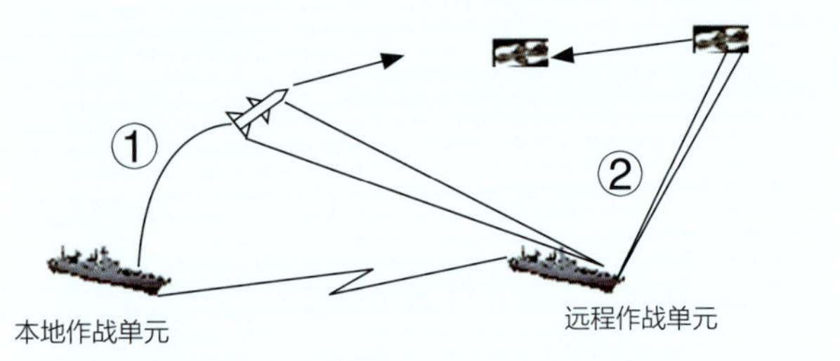

①本地作战单元发射舰空导弹，超出传感器范围时将制导权交给远程作战单元
②远程作战单元跟踪目标，并对舰空导弹进行制导

接力制导示意图。

（4）协同交战

远程作战单元可以控制本地作战单元进行作战，实现火控层次上的协同交战。如下图所示，远程作战单元做出发射决策指令，本地单元发射拦截弹，远程作战单元为本地单元提供发射装订数据，拦截弹的制导由远程作战单元来完成。

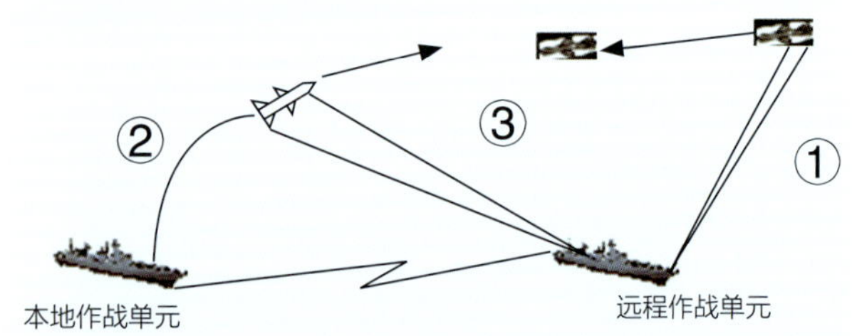

①远程作战单元发出决策指令，本地作战单元发射舰空导弹
②本地作战单元利用远程数据进行发射
③远程作战单元对舰空导弹进行制导控制

协同交战示意图。

舰艇编队反潜作战

驱逐舰是最早用于反潜的兵力。早在第一次世界大战初期，英国海军就用驱逐舰对德国海军潜艇的基地实施封锁以及在己方交通线附近实施反潜巡逻。后来发现，用这种方法并不能有效地减少德国潜艇对己方运输舰船的攻击，又改用了伴随护航反潜方法，即把驱逐舰配置在运输船的周围，当发现欲攻击运输船的敌潜艇时，驱逐舰前去驱逐和攻击。

当时驱逐舰的反潜能力比较弱，舰艇上虽有搜索潜艇的被动声呐，但听测距离只有 5 链左右，而且战争初期连深水炸弹也没有，发现敌潜艇在水面状态时，就用舰炮或鱼雷攻击，发现敌潜艇在潜望镜状态或开始下潜时，就冲撞过去，如德国的 U-29 号潜艇就是被英国战舰“无畏”号撞沉的。到了 1916 年，才出现了专门用于攻击水下潜艇的深水炸弹。尽管如此，驱逐舰的伴随护航反潜使得被敌潜艇击沉的运输船数量大为减少。据美国海军分析中心研究报告提供的数字，在第一次世界大战中，各国共击沉潜艇 178 艘，其中，被驱逐舰击沉的占 45%，被水雷击沉的占 30%，被潜艇用鱼雷击沉的占 10%，被其他兵力、兵器击沉的占 15%。显然，驱逐舰是反潜的主力。

被动声呐只能探测潜艇的方位，而不能确定潜艇的位置。为此英国海军开始对主动声呐进行研究，并于第一次世界大战末期，研制成功了主动声呐——“阿斯迪克”。战后，各国开始陆续在驱逐舰上装备这种装置。到第二次世界大战爆发时，英国已有 200 多艘舰艇有这种声呐。在第二次世界大战期间，各国又先后在驱逐舰上装备了雷达、新型深水炸弹及其投放装置。在第二次世界大战中，驱逐舰共击沉潜艇 401 艘，占潜艇损失总数的 36%。

第二次世界大战后，反潜驱逐舰的反潜能力迅速提高。在武器方面，有最大射程近 6000 米的 12 管火箭式深水炸弹，也有航程达 10~20 千米甚至更远的高速、大深度声自导鱼雷，还有速度快、航程远的反潜导弹；在搜索潜艇器材方面，除有高性能的舰壳中 / 低频主、被动声呐外，还有变深声呐、主、被动拖曳线列阵声呐和对海搜索雷达等；在协同反潜方面，吨位在护卫舰以上的舰只普遍装备了反潜直升机；在动力方面，普遍由过去的蒸汽轮机改为燃气轮机，美国和苏联还建造了数艘核动力巡洋舰；在防御潜艇攻击方面，驱逐舰普遍装备了拖曳式鱼雷诱饵及抗击潜射飞航导弹攻击的各种远、中、近程防空武器。

编队反潜作战样式

研究驱逐舰对水下作战样式，应在编队作战背景下进行分析。海上编队对水下作战应建立远、中、近、三层反潜区域，实施远区、中区、近区对潜作战和末端反潜作战，基本态势如下图所示。

（1）远区对潜作战

远区对潜作战区域，其反潜兵力一般配置在距核心兵力较远的距离上，如美军航母编队中通常将远程

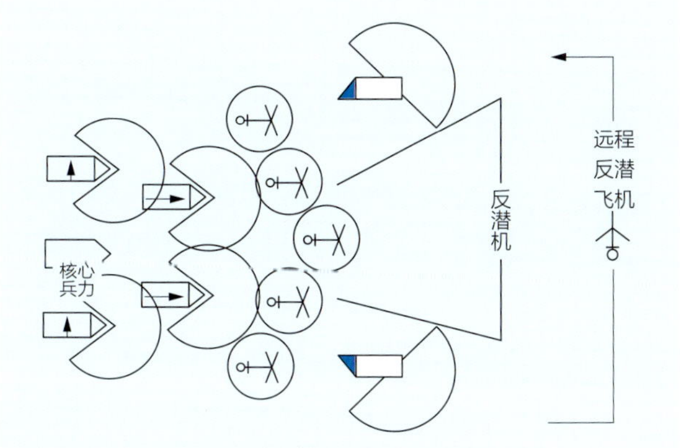

编队作战背景下反潜样式示意图。

反潜兵力配置在距航空母舰 100~150 千米的距离上，目的是消灭或阻止占领潜射反舰导弹发射阵位的敌潜艇。

目前，这一区域一般在编队的探测和攻击范围之外，在此区域中，编队反潜主要兵力是核潜艇、反潜机及其他支援飞机等。

（2）中区对潜作战

中区对潜作战区域，反潜兵力主要构成中程反潜警戒幕，其目的是消灭已突破编队远层反潜区域，准备占领艇载远程反舰鱼雷和中近程反舰导弹射击阵位的敌潜艇。

在此层反潜区域，编队主要反潜兵力是编队内航母反潜直升机、护航舰艇反潜直升机和反潜舰艇搜索群。及时阻止和消灭企图突破中层反潜区向编队近层反潜区域进发的敌潜艇。

（3）近区对潜作战

近区对潜作战区域，反潜兵力主要构成严密的环形反潜警戒幕，其目的是探测发现已突破中层反潜区域的敌潜艇。

在此层区域中，编队反潜主要兵力是护航驱逐舰及其舰载反潜直升机，一般以环形配置在核心兵力的周围，形成严密的对空、对潜警戒。编队近层反潜能力根据警戒驱护舰及其舰载直升机对潜探测和攻击能力而定，编队护航驱逐舰的舰壳声呐和拖曳线列阵声呐的有效探测距离分别可达 15 千米和 50~65 千米，因此，可形成对潜防御区域纵深远端可达航空母舰周围约 50~100 千米的距离。由于潜艇在此区域内发射反舰导弹易暴露其位置，因此敌潜艇最有可能采用鱼

雷对舰艇进行攻击。编队各舰艇一旦发现潜艇和鱼雷报警，应随时做好抗击来袭鱼雷的准备。

（4）末端反潜作战

驱逐舰在反潜体系防御过程中，自身也会受到威胁，末端对水下防御作战行动由本舰利用水声对抗器材和悬浮式反鱼雷火箭深弹对鱼雷进行软、硬抗击和机动规避。

同反潜潜艇和反潜航空兵一样，从搜索的目的和掌握的潜艇信息区分，搜索方式有：检查性 、巡逻性和应召性搜索。

搜索的主要目的是发现敌潜艇。实际搜索中，多种因素会影响到搜索效果，比如：水文条件、反潜人员训练水平、搜索方法等。因此，要采取多种方法提高搜索效果，当前各国海军采取的主要措施包括：

①采用不规则曲折机动；

②舰艇不同步的机动；

③声呐的主动与被动工作方式交替使用；

④侧翼舰艇声呐定时关机；

⑤改变舰艇搜索队形和要素；

⑥制造假情报；

⑦灵活行动；

⑧根据以往搜索行动的经验和侦察材料，对情况进行预测。

检查性搜索是机动反潜的主要方法。相比较而言，其特点是：搜索时间不定，往往根据需要实施；搜索海域不确定性较大；经常在不掌握敌潜艇位置和运动要素的情况下实施，有时自丢失接触（其他兵力或兵器，或编队本身）至编队开始（或重新）搜索时间超过一定时间时实施，也可在应召搜索一段时间未发现目标后实施，这几种情况都对应目标可能位置区较大且目标位置服从均匀分布条件。

编队反潜战术运用

检查性搜索

搜索方法与使用的主要搜索器材有关。

- **仅装备舰壳式声呐系统的驱逐舰搜索和跟踪敌潜艇方法**

（1）搜索方法

仅装备舰壳式声呐系统的驱逐舰以编队（称为搜索－突击群）实施反潜作战，编队通常由 3~4 艘驱逐舰、护卫舰和 2 架以上舰载直升机组成。搜索－突击群的主要队形是单横队或方位队（梯队）。根据北大西洋公约国家海军战斗训练看，编队组成密集搜索队形时，舰舰之间的距离为 1.5~2 倍声呐听测潜艇距离。舰载直升机可能与舰艇编队组成搜索队形，也可能在指定的区域独立搜索。

虽舰壳式声呐系统可以以被动式方式探潜，但由于舰艇自噪声大、被动听测距离近和由此导致的自身位置暴露的缺点，通常以主动方式探潜。

搜索方法包括：编队单段曲折搜索、由内向外平行搜索、由外向内平行搜索和分区搜索。

编队单段搜索用于搜索区较长时。如组成相邻舰之间的距离小于两倍声呐探潜距离的密集队形，编队搜索宽度能够遮拦搜索区宽度时，即可直向，也可曲折搜索。直向搜索的优点是快，能够在短时间将搜索区检查一遍。其缺点是便于敌潜艇判断和预测态势，进而利于其防御或进攻，甚至利于其先进攻后防御。由于敌潜艇发现舰艇编队的距离是后者发现其的数倍，因此，防止和排除敌潜艇准确、快速判断和预测态势是非常重要的。当然，这要求计划和组织要精心，各舰艇训练水平要高。

如编队搜索宽度小于搜索区宽度，组成疏开队形，进行曲折搜索。虽然相邻舰之间的距离大于两倍声呐探潜距离，但由于曲折机动，增大了敌潜艇判断和预测态势的难度，也就增大了其攻击和防御的难度。如潜艇准备突破舰艇编队的搜索幕，即从某两舰之间通过，必须相应于编队的搜索航线进行突破行动，实际上很难利用两舰之间的声呐探测盲区。

在搜索区宽度和长度均远大于编队搜索宽度时，编队采用由内向外平行搜索，或由外向内平行搜索，或分区搜索。选择由内向外平行搜索，或由外向内平行搜索尤其在自丢失接触（其他兵力或兵器，或编队

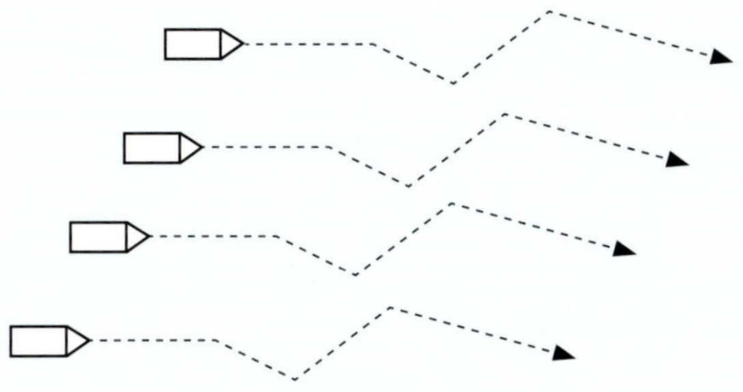

编队单段曲折搜索。

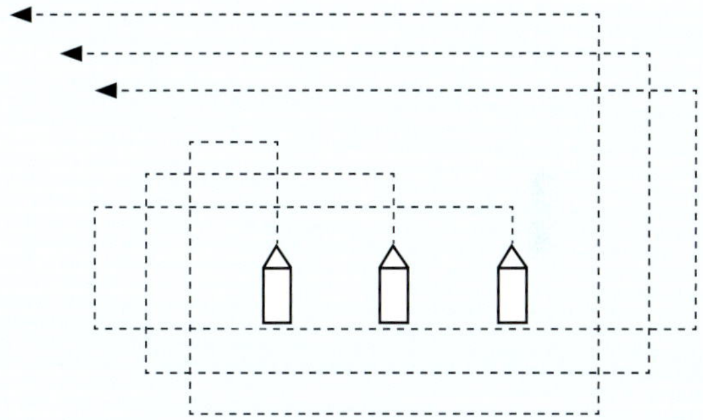

编队由内向外平行搜索。

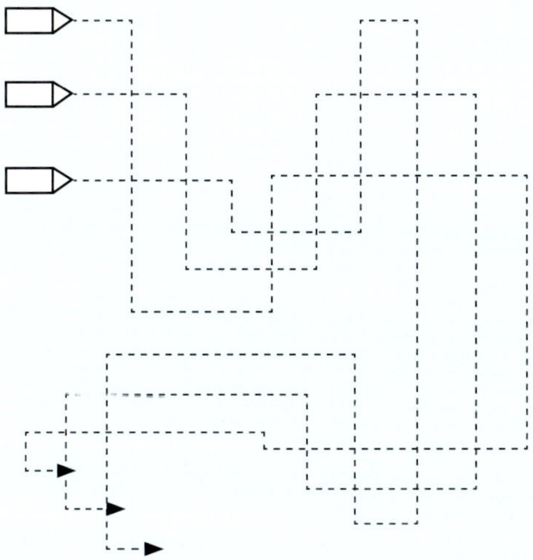

编队由外向内平行搜索。

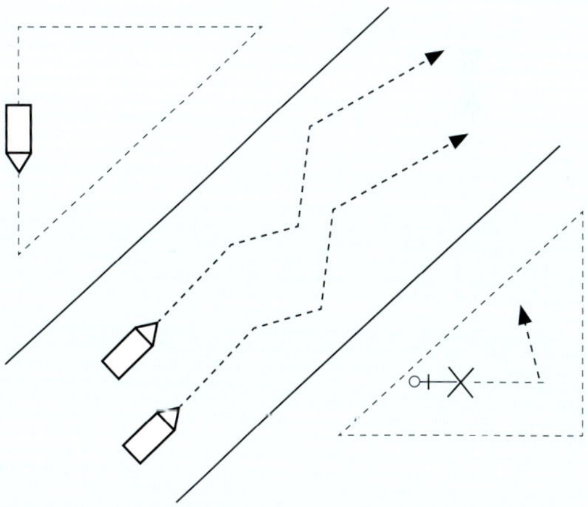

编队分区搜索。

本身）至编队开始（或重新）搜索时间超过一定时间或在应召搜索一段时间仍未发现目标时。通常情况下，当自丢失与敌潜艇接触至开始或重新搜索时间段，或应召搜索较短时间仍未发现目标时，经常运用由内向外平行搜索方法，否则要经常运用由外向内平行搜索方法。编队分区搜索适合于多种情况，如要求在较短时间检查指定海区，且该海区面积大；又如组成编队的驱逐舰搜潜能力相差较大等。

无论何种情况，主要根据搜索效率和同样时间发现敌潜艇的概率选取搜索方法，同时还要考虑跟踪潜艇、攻潜能力、防潜能力和训练水平等。

（2）跟踪方法

发现可疑目标，在保持接触的同时识别目标。如判定目标为敌潜艇时，开始跟踪敌潜艇，通常由两艘舰艇或一艘舰艇和一架直升机实施跟踪，他们连续向准备攻击的舰艇和直升机提供目标指示信息。

● 装备拖曳式线列阵声呐系统的驱逐舰搜索和跟踪敌潜艇方法

（1）搜索方法

装备拖曳式线列阵声呐系统的驱逐舰既可独立，也可与装备舰壳式声呐的驱逐舰组成搜索－突击群实施检查性搜索。在后一种情况，装备拖曳式线列阵声呐系统的驱逐舰也是在指定的搜索区内的某海域独立搜索。美国等海军的拖曳式线列阵声呐以被动方式探潜，探潜距离远大于舰壳式声呐，但载舰搜索航速低于装备舰壳式声呐的舰艇。如与其他舰艇组成密集或疏开队形搜潜，航行所产生的噪声影响线列阵声呐听测，影响舰壳式声呐舰艇搜索效率，从而降低了编队搜索效率。

单艘舰艇在指定海域实施检查性搜索时，基本方法如下图所示。

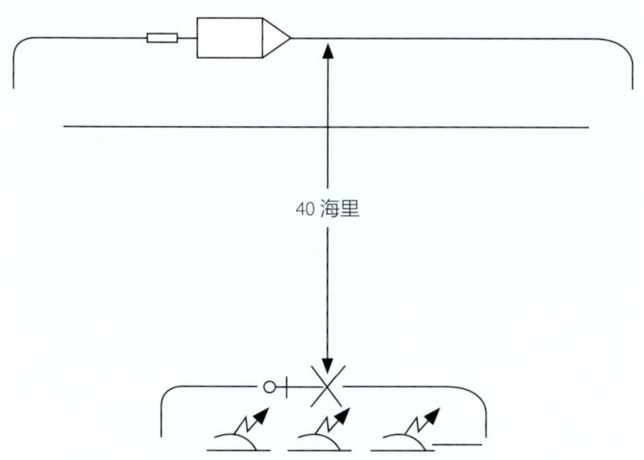

单艘装备拖曳式线列阵声呐的舰艇和舰载直升机搜索、跟踪目标。

每艘舰艇沿某航线往返搜索，搜索中，定期或随机改变航向，分航向与主航向的夹角为 10° ~30° 。

如听测到可疑声信号，为了验证是否与敌潜艇建立了接触，和为了搜索声影区、海底适宜潜艇隐蔽的海域、深度陡变的海域等，可使用舰载直升机。直升机视情况使用无线电声呐浮标“日捷贝尔”或“吉发尔”系统。

两艘舰艇在指定海域实施检查性搜索时，基本方法如下图所示。

（2）跟踪方法

从航速方面看，要有效跟踪敌潜艇，驱逐舰的航速应是敌潜艇的 1.2~1.5 倍。使用拖曳式声呐时，驱逐舰仅能跟踪以 12.5 节左右速度航行的潜艇。但敌潜艇航速增加，必使其辐射噪声强度增大，在一定范围内，

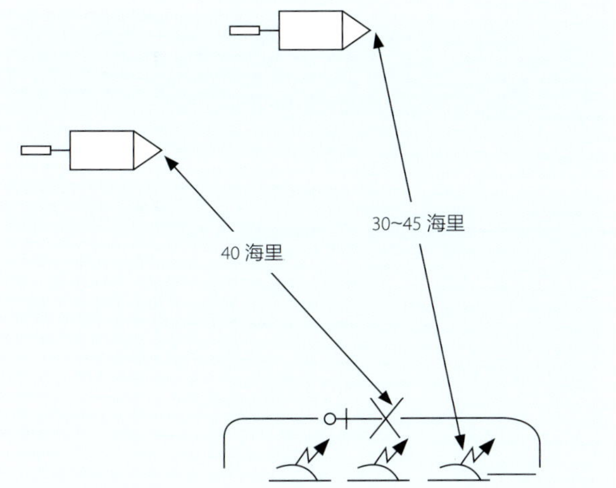

两艘装备拖曳式线列阵声呐的舰艇和舰载直升机搜索、跟踪目标。

使线列阵声呐听测距离相应增大。良好水文条件下，如与敌潜艇保持接触的概率为 0.5~0.7，跟踪距离相应为 32~40 海里。在线列阵声呐跟踪距离边缘或之外，舰载反潜直升机实施跟踪，载舰利用线列阵声呐为直升机提供目标指示。

巡逻性搜索

巡逻性搜索——在指定巡逻线进行的搜索行动，以阻止敌潜艇通过某海域。巡逻线通常与猜测的敌潜艇运动方向垂直，以使封锁宽度最大。

- **搜索方法**

只装备舰壳式声呐的舰艇和既装备舰壳式声呐又装备拖曳式线列阵声呐的舰艇均可进行巡逻性反潜，显然，后者建立的封锁区纵深和宽度均是前者的数倍。巡逻性搜索的方法包括：往返直线巡逻、环绕巡逻、交叉巡逻。

敌潜艇声呐发现反潜驱逐舰的距离远于舰壳式声呐，因此，有时间在舰壳式声呐探潜范围查明巡逻线长度，掌握驱逐舰搜索要素，选择利于突破的时机和态势，提高成功隐蔽突破的概率。因此，只装备舰壳式声呐的舰艇应随机转向。另外，该方法建立的封锁区纵深小，这也使得潜艇隐蔽突破的可能性较高。多艘舰艇可组成方位队往返直线巡逻，以增大纵深。

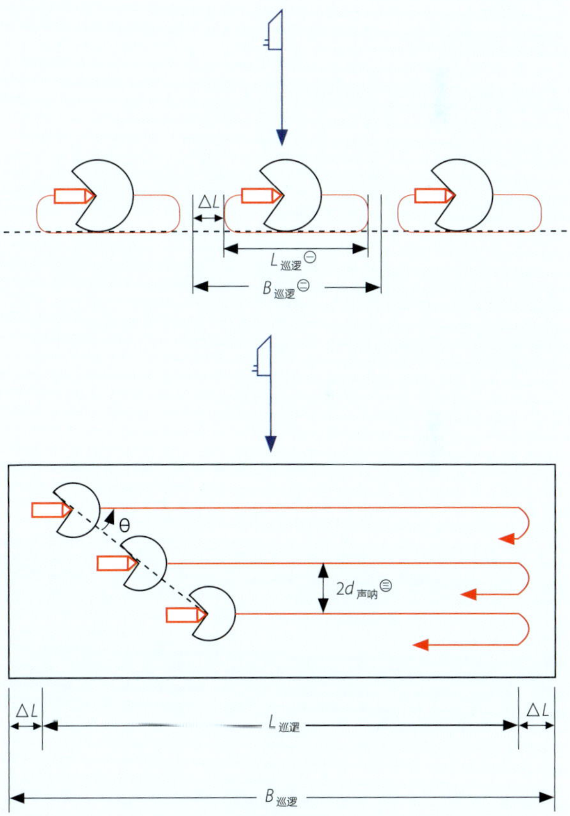

往返直线巡逻。

㊀ L 表示舰艇在搜索面积里面最大的搜索长度。
㊁ B 是设定的搜索面积的宽度，B-L 就是舰艇声呐的作用距离。
㊂ 2d 声呐指声呐探测范围的直径。 ——编者注

敌潜艇低速航行时，其被动声呐听测驱逐舰航行噪声的距离与后者拖曳式线列阵声呐听测其距离相当。因此，敌潜艇突破装备拖曳式线列阵声呐舰艇封锁区的基本方法将是：在不利水声传播的水层低速航行，同时做好强行突破的准备，一旦意识到被发现，将首先使用武器。鉴于此，反潜驱逐舰应合理选择拖曳式线列阵声呐深度，如巡逻海区有跃变层，声呐应变换深度，以搜索跃变层上、下空间，同时，适时派出反潜直升机。

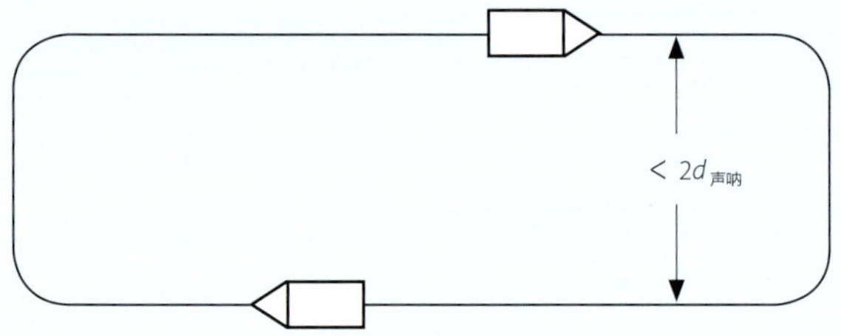

环绕巡逻。

环绕巡逻，一艘或数艘反潜驱逐舰沿近似矩形的巡逻线搜索，两长边之间的距离小于 $2d_{声呐}$。由于拖曳式线列阵声呐探潜距离远，通常仅装备舰壳式声呐的舰艇使用该方法。环绕巡逻建立的封锁区纵深较大。同样为了降低敌潜艇成功突破的概率，舰艇应随机转向。当然，两艘以上舰艇环绕巡逻时，随机转向的难度大，组织和实施困难。

交叉巡逻，单艘舰艇沿交叉航向搜索，需封锁较宽海域时，多艘舰艇组成舰艇幕搜索。这种方法只有当舰艇的速度超过潜艇速度时采用，它比往返直线巡逻更为有效。

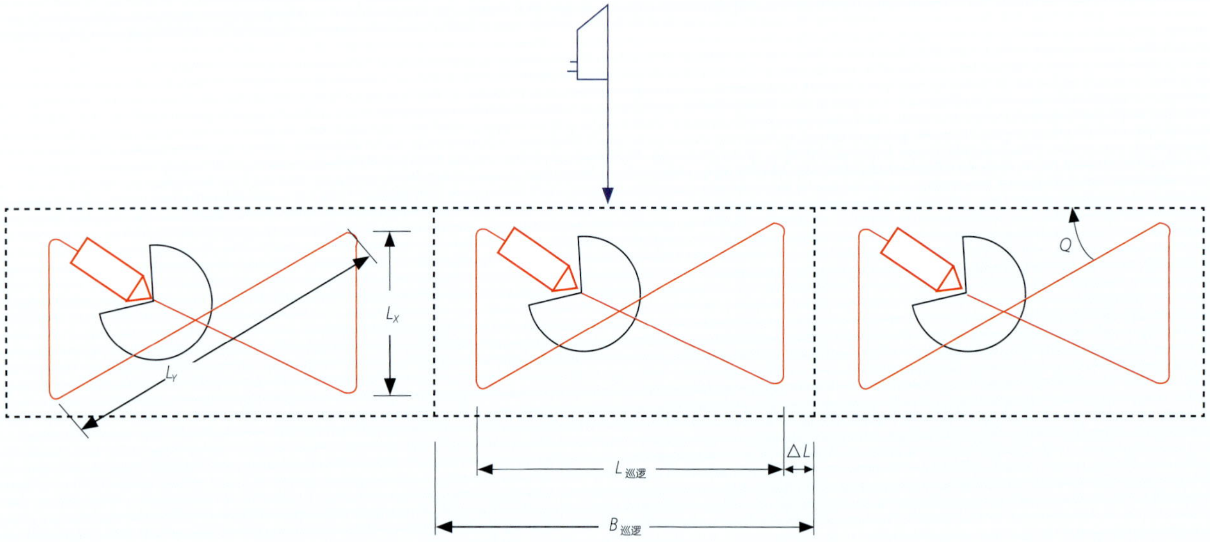

交叉（“8”字形）巡逻。

应召搜索

根据反潜网络的指示或引导（目标指示），或根据反潜网络外兵力、兵器的引导（目标指示），驱逐舰搜索－突击群驶至他们发现敌潜艇或可能存在敌潜艇的区域所实施的搜索，称为应召搜索。

应召搜索的主要特点是：随着搜索时间的推移，敌潜艇可能存在的位置区不断扩大，且与时间的平方成正比。当延误时间与搜索时间之和超过一定值仍未发现目标时，改为检查性搜索。时间限定值与敌潜艇动力类型、应召搜索兵力的搜索能力有关。如同样延误时间情况下，一艘装备拖曳式线列阵声呐舰艇的应召搜索时间限定值要长于一艘、甚至两艘仅装备舰壳式声呐的舰艇；又如同样条件下，应召搜索常规动力潜艇的时间限定值长于应召搜索核动力潜艇。

由于驱逐舰航速低，而影响应召发现敌潜艇概率的关键因素是延误时间。因此，仅当驱逐舰活动于或驻泊于敌潜艇附近时，反潜指挥控制子网络，或探潜子网络才通过通信子网络召唤他们，反潜网络外兵力、兵器也才能引导他们。被召唤或引导的反潜舰艇编队可以是正在进行巡逻性或检查性搜索的兵力，也可以是位于港口内担负值班任务的舰艇。

● 搜索方法

当前，国际通用的应召搜索的基本方法是：扩展方形搜索、平行搜索、全向对数螺旋搜索、反方向平行和扇面对数螺旋搜索。具体方法的选取取决于敌潜艇可能航线范围、延误时间、敌潜艇可能航速、驱逐舰数量和探潜距离等。

通常情况下，扩展方形搜索适合于装备拖曳式线列阵声呐的驱逐舰，而后续方法适合于仅装备舰壳式声呐的驱逐舰。当来袭潜艇航向在 360° 范围都可能时，运用前三种搜索方法；否则运用后两种方法，或综合运用，其中，如果编队开始搜索时的搜索宽度接近敌潜艇航线扇面宽度，运用反向平行搜索，否则，运用扇面对数螺旋搜索。

如下图，驱逐舰首先搜索其他兵力或兵器丢失与敌潜艇（或可能是敌潜艇）接触时的位置，如果未听测到可疑声信号，向外扩大搜索。如果听测到可疑信号，转入跟踪和识别，并适时派出舰载反潜直升机。

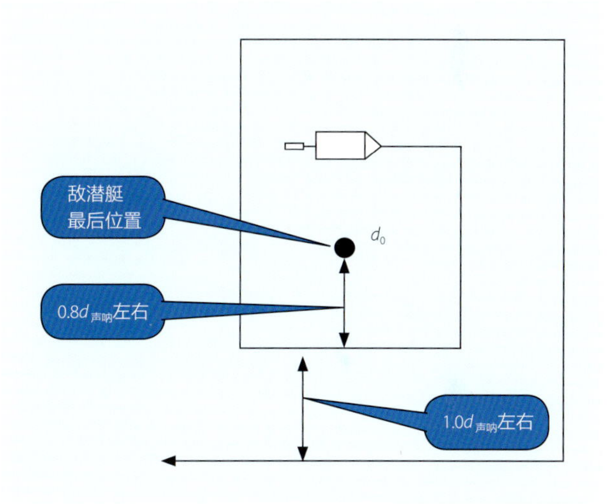

平行搜索。一个或两个舰艇搜索－突击群组成横队，平行航向通过接触丢失点 d_0，对发现潜艇海域进行搜索。

舰艇搜索－突击群收到有关潜艇最后位置的数据后，组成搜索队形，全速到达搜索开始线。搜索开始线垂直于被发现潜艇的可能航向，依据搜索－突击群抵达该线时，敌潜艇也抵达该线确定。由此，其距发现点（d_0）的距离（R_0）由下式计算：

$$R_0 = V_{舰艇} \times t_{延误} + \Delta$$

式中：△——确定潜艇位置的可能误差；

$t_{延误}$——从 d_0 点丢失接触到舰艇搜索－突击群开始搜索直至恢复接触时的时间。

$$t_{延误} = t_{下令} + t_{准备} + t_{队形} + t_{开始}$$

$t_{下令}$——接受情报、定下决心和向舰艇搜索－突击群指挥员传达指示的时间；

$t_{准备}$——舰艇在驻泊点（k_0）出航的准备时间；

$t_{队形}$——舰艇从驻泊点出航、向就位点（k_1）航渡和组成搜索队形的时间；

$t_{开始}$——舰艇由就位点 k_1 到搜索开始线的航渡时间。

全向对数螺旋线搜索。如下图，一个或两个驱逐舰搜索－突击群高速驶向开始搜索点，距该点 $d_{声呐}$时，开始减速。抵达开始搜索点后，以搜索航速并依次转向由里向外搜索， 通常，由两艘仅装备舰壳式声呐的舰艇组成一个搜索－突击群。搜索航向和航程是如此确定的：以第一搜索－突击群为例。群 1 抵达 a 点时，如果敌潜艇以航向 1、先前测得的或估计的敌潜艇平均航速航行，则其也抵达 a 点；群 1 抵达 b 点时，如果敌潜艇以航向 2、先前测得的或估计的敌潜艇平均航速航行，则其也抵达 b 点；群 1 抵达 c 点时，如果敌潜艇以航向 3、先前测得的或估计的敌潜艇平均航速航行，则其也抵达 c 点；群 1 抵达 d 点时，如果敌潜艇以航向 4、先前测得的或估计的敌潜艇平均航速航行，则其也抵达 d 点；群 1 抵达 e 点时，如果敌潜艇以航向 5、先前测得的或估计的敌潜艇平均航速航

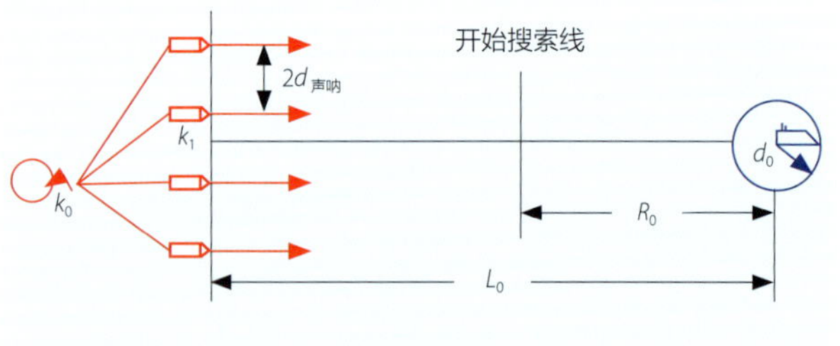

平行搜索。

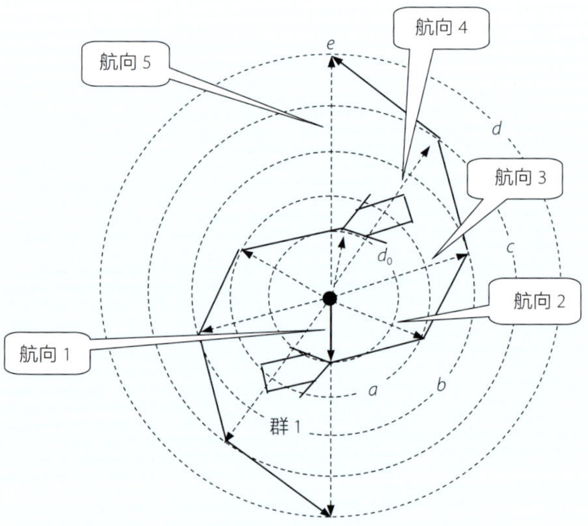

全向对数螺旋线搜索。

如果沿失去接触点的航向完成应召搜索后，未发现敌潜艇，尔后的搜索则按全向对数螺旋线进行，以便能发现可能向任何方向机动的潜艇。当延误时间太长（通常当 $t_{延误}$> 2.5 小时），最初的搜索也是全向对数螺旋。

行，则其也抵达 e 点，依次类推。由于连接 a、b、c、d、e 等各点所形成的曲线近似对数螺旋线，所以称为对数螺旋线搜索。

当已知敌潜艇航向范围，或根据军事地理、自然条件判断出敌潜艇航向范围，且范围小于 180° 时，如延误时间短，通常运用反方向平行搜索，否则运用扇面螺旋搜索方法。

反方向平行搜索。见下图，驱逐舰搜索 - 突击群高速驶向开始搜索线，距该线 $d_{声呐}$时，开始减速。抵达开始搜索点后，以搜索航速沿与敌潜艇基本航向相反航向搜索。开始搜索线确定方法与平行应召搜索相同。

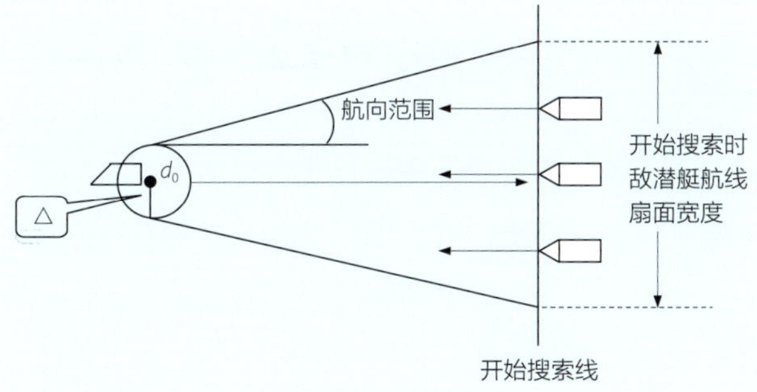

反方向平行搜索。

扇面螺旋搜索方法。 搜索航向和航程的确定方法基本同全向对数螺旋搜索。但搜索 - 突击群由 a 点向 f 点搜索过程中，认为敌潜艇以最大可能航速航行；而由 g 点向 k 点搜索过程中，认为敌潜艇以最小可能航速航行（如右图）。

无论采用何种搜索方法，搜索中，一旦发现可疑回声或噪声，立即转入跟踪和识别行动。

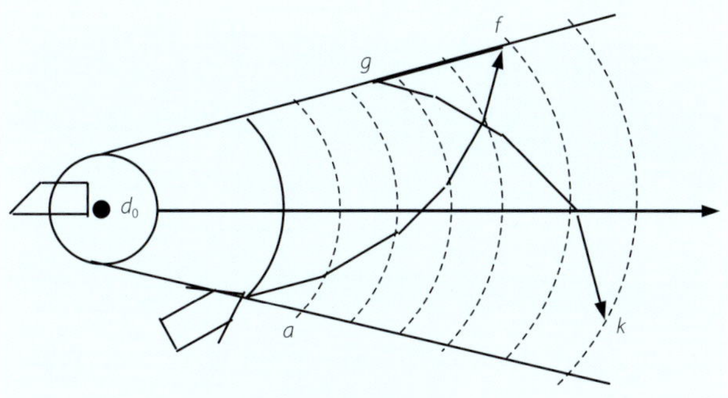

扇面螺旋搜索方法。

驱逐舰编队对海作战

对敌海上舰船攻击是指驱逐舰使用反舰导弹或舰炮对敌水面舰船实施的攻击行动，目的是毁伤敌舰船，夺取和控制制海权。随着导弹武器性能的不断提高和在驱逐舰上的普遍装备，各种射程的反舰导弹已经成为现代驱逐舰主要的对舰攻击武器。与此同时，舰炮武器的性能也在不断提高，并且具有导弹武器无法替代的优势，例如，多用途性、快速性、简便性等。所以，舰炮武器仍然是现代驱逐舰不可缺少的武器。

编队对海作战样式

（1）编队对海导弹攻击

舰艇（驱逐舰）编队按照执行任务情况，通常将编队兵力编成为突击群、侦察群、佯动群、电子干扰群、掩护群、救援群以及预备队等战术群。在执行过程中，指挥员应根据编队兵力编成与任务等具体情况进行编群，通常是其中的几个或全部。当然，编队中同一性质的战术群可以有多个，如有 3 个突击群、2 个侦察群等。通常在指挥决策上要求搜索兵力应在最短时间内、在编队导弹最大射程之外可靠发现目标，同时还应具备对编队攻击兵力实施可靠引导的能力。若担负搜索任务的舰艇同时还担负对海导弹攻击任务，则搜索兵力的行动还应有利于多方向导弹攻击态势的尽快达成。

根据作战任务要求、舰艇编队的兵力编成、攻击目标及其编队情况、作战海区的地理条件、攻击隐蔽性以及敌我态势等因素，编队导弹攻击样式可分为多方向攻击和单方向攻击。随着舰艇装载导弹数量的增加，即使仅由2艘舰艇组成的小编队，理论上也可以采用多方向攻击样式。当编队内可担负导弹攻击的舰艇数量达到3艘以上（含3艘），特别是达到4艘以上时，除非作战海区的地理条件、敌我态势等情况不允许，否则均应采用多方向攻击。

（2）协同作战对海攻击

未来海战中，单艘驱逐舰很少独自进行作战，而是多艘舰艇组成一定规模的编队（如驱护舰艇编队、航母编队等）进行作战。大型舰艇编队通常具备 1000 千米以上的防空探测能力，飞航导弹武器系统须具备目标指示满足其长时间机动的位置变化；具备多信息融合的多导弹协同攻击能力，满足舰载突防。因此，信息化协同远程精确打击是飞航导弹对海攻击的必然趋势。信息化体系构建主要研究适合多导弹协同作战样式下的目标侦察、目标指示以及在线任务更改等指挥控制一体的信息传递体系，实现未来空 / 天平台与多导弹的战术协同。

编队对海作战战术运用

兵力编群

组织导弹攻击时，参战兵力应根据作战任务合理编群。兵力编群的基本要求是：各兵力群应当具有一定的战术突击威力和防御能力，有利于攻击行动的隐蔽，有利于指挥、协同和机动，同一群内各舰艇对海导弹武器性能力求一致。通常情况下，导弹艇攻击群由同型号 2~4 艘艇组成；导弹驱逐舰攻击群的数量一般为 2 艘以上且战术、技术性能一致。

齐射队形

齐射队形是水面舰艇编队（攻击群）齐射导弹时的队形。确定齐射队形的基本要求是：便于指挥和机动；便于准确和可靠发射导弹；保证舰艇安全。

一般情况而言，发射架朝向舰艏方向的（发射方向），编队通常要组成横队或方位队；发射架朝向正横方向的，编队通常要组成单纵队或方位队（看齐角≤ 30°）；具有垂直发射能力的舰艇编队，对于编队队形没有特殊要求，但要考虑到编队发射导弹的射向不要威胁到编队中其他舰艇的安全。为确保发射导弹时相邻舰艇的安全，在确保目标处于攻击群中所有舰艇射界以内的情况下，攻击时应使目标方位与队列线之间保持在一定的夹角范围内；为了编队能可靠实施导弹攻击，不能将目标置于可发射扇面角的边缘，一般应留有一定的余地。

当受敌反舰导弹威胁较大时，舰艇间的间隔距离可以适当疏开，以减小由于队形密集而被敌较早发现的可能。疏开后的距离应能保证舰艇使用干扰云幕来防御敌反舰导弹时，不致危及其他舰艇的安全，并便于舰艇的机动。这个距离对于驱逐舰、较大的护卫舰一般不小于 20 链，对护卫舰、导弹护卫艇、导弹艇一般不小于 15 链。

攻击样式

攻击样式是攻击兵力在配置上对敌形成的一种攻击态势。它是根据任务要求、参战兵力数量、目标性质、引导保障条件和作战海区自然条件以及最初兵力部署情况等因素确定。导弹攻击样式一般分为单方向攻击和多方向攻击。

（1）单方向攻击

单方向攻击是指参加攻击的兵力都集中在目标的同一方向上，同时或分波对敌实施导弹齐射。

单方向同时攻击时，攻击舰艇编为一个攻击群，在目标的某一方向上同时齐射导弹。

单方向分波攻击时，攻击舰艇编为数个攻击群，在目标的同一方向上，以一定的间隔时间分波齐射导弹。若前后波攻击同一目标时，其间隔时间应能保障后波判明前波的攻击效果后发射；当前波攻击敌警戒舰，后波攻击敌被警戒舰时，则齐射间隔时间应保障前后波导弹不致重复捕捉同一个目标。

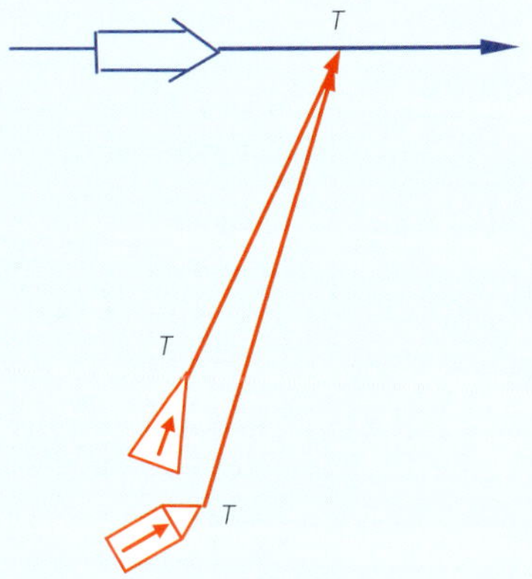

单方向同时攻击。

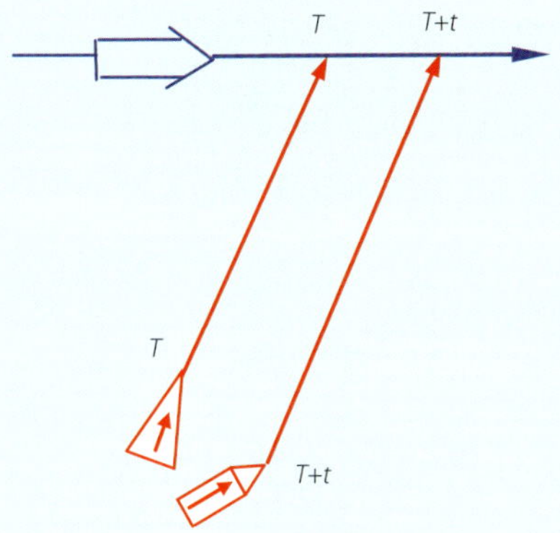

单方向分波攻击。

单方向攻击的特点是：

◎攻击兵力不需进行战术展开，发起攻击迅速，易于取得攻击的突然性，也便于组织指挥；

◎当需要突破警戒时，所需克服敌警戒舰的数量较少；

◎不利于限敌机动，不利于分散敌抗击、干扰和降低其干扰效果；

◎一次齐射导弹的数量不能太多。

单方向攻击的使用时机是：

◎攻击兵力较少，或攻击兵力虽多，但当时敌方态势、海区条件等限制不利于多方向攻击时；

◎敌防御和机动能力较弱时；

◎突然发现敌人，来不及展开成多方向时；

◎合同攻击中根据协同兵力的要求，只能从一个方向攻击时等。

（2）多方向攻击

多方向攻击是指参加攻击的兵力从敌舰的两个或两个以上的方向同时对敌实施导弹齐射。它可分为一舷多方向攻击和两舷多方向攻击。多方向攻击时，要求各个方向上齐射的导弹基本上同时飞临目标。

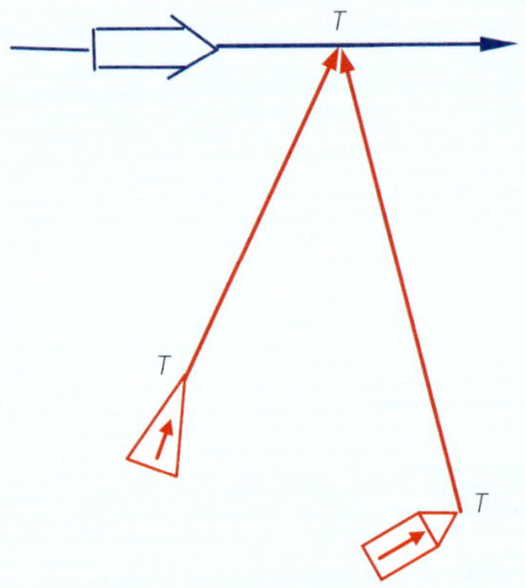

一舷多方向攻击。

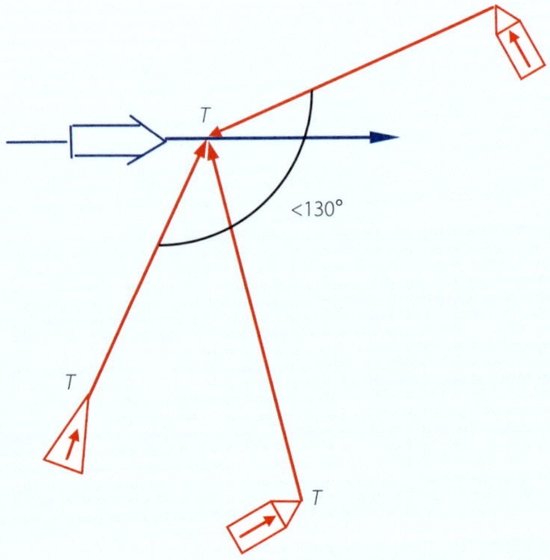

两舷多方向攻击。

组织多方向攻击时应注意，相邻两个攻击方向之间的夹角要符合反舰导弹的性能要求和战术要求。任意两个攻击方向之间的夹角一般应小于130°，保障攻击兵力之间充分避开导弹的射击禁区，避免舰艇相互误伤；当攻击兵力集中展开时，为减少展开的时间和便于组织指挥、协同齐射，兵力展开后的攻击方向不应超过三个。

多方向攻击的特点：

◎可同时齐射的导弹数量较多；

◎不同方向发射的导弹同时飞临目标，能有效地分散敌人的抗击和干扰，利于提高我导弹的突防能力；

◎组织指挥较复杂，协同齐射难度较大；

◎攻击兵力集中展开时，展开时间较长，易失去攻击的隐蔽性。

多方向攻击的使用时机：

◎敌防御能力较强，为分散敌抗击和干扰时；

◎引导保障条件较好，攻击兵力可隐蔽展开时；

◎攻击兵力较多，不宜从一个方向攻击时；

◎敌我初始态势或海区自然条件有利于多方向攻击时等。

在平时战备期间的主要职能

战备，是武装力量为及时应对可能发生的战争或突发事件而在平时进行准备和戒备的活动。广义上的战备，包括武器装备准备、战备物资准备、组织准备和精神准备，即军事、经济、政治、科技、思想、教育等方面的准备。狭义上的战备是指直接为进行作战而进行的准备，亦称作战准备。驱逐舰在平时战备期间的主要职能是根据海军作战指挥体制按照威胁情况而采取的准备活动，通常纳入到水面舰艇编队（航母编队）总体战备统筹中进行。

战备等级

根据威胁等级的变化进行的战备等级转换。一般来说可以分为三到四个战备等级。以国际上通行的四级战备制度为例，其各级战备情况如下：

一级战备

一级战备部署要求舰上所有的武器系统、传感器、损管和机电控制站全面运行。机电系统按照最佳机动性和最强生命力进行设置。所有战位人员必须达到全员，舰艇保持最强作战能力。

这是最高级别的战备。当正在遭到攻击或攻击迫在眉睫时，启动一级战备状态。此时全舰必须达到以下标准：

①本舰所有的进攻与防御功能全部启动；

②所有设备和系统开机，人员全部到位，以最高效能运行；

③设备维护、后勤维持等方面的工作最小化，让人员和资源都有限保证作战岗位，除了必需的一些值守和紧急修理，所有人员进入战斗状态。

在一级戒备状态下，海上补给作业也要停止，一些行政和法律强制措施也要暂停。考虑到人员和设备的承受力，一级戒备状态不能持续超过 24 小时。

二级战备

二级战备又被称为“改进的战斗状态”，是一级战备的一种演变，以应对一些特殊的可能的威胁情况，比如海湾战争中美军航母编队基本夺取了制空权和制海权，大部分时间没有太大的海空威胁。根据编队指挥官或航母舰长的判断，采取一级戒备中的部分措施，以应对特定威胁，其余部分则降低戒备级别正常运作。其具体标准是：

①有针对性地运用部分进攻和防御功能，来应对某个特定的即将来临的有限威胁；

②保持所需的系统和设备处于持续运行状态，并保持对应人员持续在岗；

③其他与威胁相关的指挥控制功能，即使不需要，也要保持运作，以备随时的戒备状态升级；

④如果物资短缺严重，可以进行部分海上补给作业，也可以开展一些比较急迫的维护保养作业。

三级战备

三级战备需要持续很长一段时间，其值更要求有足够的人员去操作一定数量的武器系统。三级战斗准备部署必须确保舰艇在转一级战斗准备部署时能够组织或应付一次突袭。四级战斗准备中不使用武器的相关要求同样适用于三级战斗准备部署。

三级战斗准备部署情况下的实际更勤会根据舰上作战系统结构的不同而有所改变。对于具体类型舰艇的特殊更勤以及其职责会体现在舰艇作战文件和作战系统条令中。

三级战备是舰艇编队海外部署期间最常见的状态，用于威胁不确定的、持续的战时或前沿部署状态。这种情况下，各系统的在岗人员数量只要足以应对可能的威胁就行，主要包括：

①各系统保持的操作人员和设备运行状态能够满足当前所规定的交战规则要求；

②可以进行所有的航行中的维护保养、后勤和行政工作。

四级战备

四级战备状态下由一批经过资格认证的舰员值更，负责舰艇的安全和高效运转，允许指派最精简的人员负责该项更勤。对于四级战斗准备部署的要求有：

①武器电源未打开；

②主机按照指令准备转速；

③在白天时可改变舰上物资战备状态以便获取；

④提供全方位的对海瞭望，当舰载机行动时设置对空瞭望哨；

⑤战斗信息中心高效运转，覆盖整个线路的外部和内部通信都能有效使用；

⑥按照飞行计划表做好舰载机起飞条件准备。

具体舰艇种类的更勤以及他们的职责设置都在舰艇操作文件和作战系统条令中。

战备任务

驱逐舰战备工作是为完成作战任务，以及完成反恐怖、维护社会稳定、抢险救灾、维护国家主权与海洋权益等任务而进行的准备和戒备活动。

组织跟踪监视

组织跟踪监视，是指组织海军兵力对外国（地区）舰机进行监控的活动。组织跟踪监视目的是为了维护领海主权和海洋权益、显示存在，及时准确掌握和正确处置当面情况。

跟踪监视的任务和要求，是组织实施跟踪监视时首先需要了解和把握的问题。任务是跟踪监视的目的，要求是围绕完成任务需要注意的事项。因此，把对外军舰机跟踪监视作为彰显海军维权意志、积极显示军事存在的一项重要工作常抓不懈，对不断彰显海军维护海洋权益的坚强意志具有重要意义。通常，跟踪监视主要有以下任务和要求：跟踪监视活动是维护本国领土完整、领海主权和海洋权益，积极主动配合政治、外交斗争的非战争军事行动。通常，跟踪监视主要有搜索、查证目标属性和活动企图。监控外军舰机活动，以及协助国家海上执法力量实施维权执法等任务。

（1）搜索、查证目标属性和活动企图

在当面海（空）区有目标活动时，应当采取搜索、查证目标属性和活动企图。根据需要，应当查明跟踪监视目标的国籍、类型、数量、位置、航向、航速、活动性质及企图等情况，以及对目标实施综合侦察。

（2）监控外军舰机活动

当在当面海（空）区连续移动的外军舰机活动时，应当及时组织舰机对其进行连续监视。对外军舰船进

行跟踪监视时，必须及时取证，详细记录其国籍、类型、数量、名称、舷号以及时间、方位、距离、地点、航向、航速、进出点、转向点，拖放物体的性质、形状、收放时间等情况，连续详细标绘活动经过图，并拍照、录像，搜集现场物证。舰船对外军舰船进行查证和监视时，不得采取拦截、检查、追捕和攻击等行动，实施干扰和驱离行动时，与外军舰船保持一定距离，通常最近距离不得小于 0.5 海里。根据上级指示，对实施侦察、测量作业的外军特种船（飞机）进行警告、干扰、驱离。当外军舰船对监控舰船采取冲撞等危及安全的行动时，我应机动规避，并向其提出警告。如其对我进行攻击，应坚决自卫还击。

（3）协助国家海上执法力量实施维权执法

海军与地方执法部门、海上任务兵力与地方执法船只建立协同关系，及时互通海上态势和各自兵力活动情况，确保跟踪监视行动准确高效。军地联合行动时，地方海上执法力量接受海军指挥。

组织侦察

侦察是指军队为获取敌情、地情和其他有关情报而进行的活动。侦察是知敌的基本手段，是军队克敌制胜的重要保障。组织侦察活动是为了掌握当面海空情况，保障部队日常战备活动顺利进行，严防敌人突然袭击而组织的一项经常性的战备勤务，是海军各层级组织实施日常战备勤务活动中一项十分重要的内容。

侦察的任务和要求，是组织实施侦察时首先需要了解和把握的问题。任务是侦察的目的，要求是围绕完成任务需要注意的事项。组织实施侦察的目的，是平时积累各种资料，主要是获取可能作战对象的海军情况以及海区、地理、水文、气象等战役战术情报资料。比如，对方的兵力分布、活动规律、电子装备的特性、有关海区的水文气象资料等。组织实施侦察的主要任务有：一是发现和查明可能的作战对象情况；二是查明作战海区的自然条件；三是查明海区电磁环境情况等任务。

（1）发现和查明可能的作战对象情况

在侦察行动中，查明可能的作战对象（目标）的具体情况。主要包括：可能的作战对象海上兵力编成、队形、航向、航速、行动企图、装备等情况，以及可能的作战对象海军基地和临时停泊点（集结海区）的位置、设施、容量、设防及兵力驻屯情况。可能的作战对象海上交通线的分布、运输能力及舰船活动规律等。

（2）查明可能的作战海区的自然条件

在侦察行动中，查明可能的作战海区的自然条件情况，主要包括：查明可能的作战海（地）域地理、水文气象、兵力配置和各种设施情况。查明与海上行动有关的自然条件，是直接影响我与可能的作战对象双方作战行动的客观基础，对于保障指挥员趋利避害，实施恰到好处的指挥，确保可能参战兵力的行动自由和正确使用各种武器极其重要。

（3）查明海区电磁环境情况

在侦察行动中，查明海区电磁环境情况，主要包括：搜集和查明敌观通导航设备及电子对抗兵力的情况，如装备的战术技术性能、位置部署、使用特点等。

对敌电子设备实施侦察，是夺取现代海战中制电磁权的前提，是遂行电子战的重要保障，是远海侦察的重要功能。

组织海上巡逻警戒

海上巡逻警戒是为发现和迟滞敌人来自海上方向的袭击，阻止敌人侦察和骚扰，处置海上异常情况，维护国家领海主权和海洋权益，保障被警戒区域安全而组织的海上巡查戒备活动。海上巡逻警戒任务通常由水面舰艇和航空兵担负，必要时也可以组织地方海上力量协助。组织海上巡逻警戒是海军各层级战备勤务活动中的一项重要工作。

巡逻警戒的任务、种类、方式方法和要求，是组织巡逻警戒时首先需要了解和明确的问题。任务是巡逻警戒的目的，选择巡逻警戒的种类、方式方法是巡逻警戒的基础，巡逻警戒的要求是围绕完成巡逻警戒任务需要注意的事项。

巡逻警戒的任务: 一是及时发现和查明来自空中、水面和水下的可疑目标，迅速报告其活动情况；二是监视敌人行动、阻滞或歼灭来袭之敌，掩护后续兵力展开；三是保障我海上船只安全作业；四是打击敌小股武装袭扰和派遣特务的活动；五是维护本国海洋权益；六是把好海空防线。

远海护航

远海护航是指为保卫国家发展利益和海上重要交通线安全，组织海军兵力在远海特定海域或航线，对航经船舶进行的护送或掩护活动。远海护航是国家利益在海上方向拓展后，依据海军实际情况进行的一项非常有实际意义的日常战备活动实践。远海护航行动是在平时组织舰艇兵力赴相关海域和海峡通道，防范、慑止和打击恐怖袭击、海盗抢劫等各类非传统安全威胁，保护航经船舶和人员安全的行动。

远海护航的任务：一是护送船舶安全通过威胁海域；二是慑阻海盗、海上恐怖分子袭扰；三是击退袭扰船舶的海盗、海上恐怖分子；四是营救被海盗、海上恐怖分子劫持的船舶和人员；五是执行上级赋予的其他任务。

抢险救灾

抢险救灾，是指在发生重大灾情险情时，组织海军兵力协助地方进行救援救护的军事活动。军队是抢险救灾的突击力量，执行国家赋予的抢险救灾任务是军队的重要使命。海军各级应当按照相关规定，做好本级参加抢险救灾的组织、指挥、协调、保障等工作。抢险救灾的任务、样式和要求，是组织抢险救灾时首先需要了解和明确的问题。任务是抢险救灾的目的，明确抢险救灾的样式是抢险救灾的基础，抢险救灾的要求是围绕完成抢险救灾任务需要注意的事项。

抢险救灾的任务：一是解救、转移或者疏散受困人员；二是保护重要目标安全；三是抢救、运送重要物资；四是参加道路（桥梁、隧道）抢修、海上搜救、核生化救援、疫情控制、医疗救护等专业抢险；五是排除或者控制其他危重险情、灾情；六是根据上级指示，配合地方政府进行灾后重建，协助维护灾区社会稳定。

撤离海外人员

撤离海外人员是指当其他国家（地区）发生重大灾难或者严重暴乱、武装冲突等事件时，为保护我驻外机构工作人员、企业员工以及留学生、侨民的生命财产安全，组织海军兵力前出至事发国（地区）附近海域实施的营救和撤离行动。撤离海外人员的任务和要求，是组织实施撤离海外人员时首先需要了解和把握的问题。任务是撤离海外人员的目的，要求是围绕完成任务需要注意的事项。通常，撤离海外人员主要有以下任务和要求。

撤离海外人员的任务：一是组织舰（艇）船运送撤离人员至指定安全海（地）域；二是组织靠泊码头、滩头转运点的安全警戒；三是为撤离海外人员的船舶实施警戒护航；四是为海外撤离人员提供医疗救护；五是根据上级命令，协助其他国家人员撤离；六是执行上级赋予的其他任务。

组织指挥处置突发事件行动

处置突发事件行动，是部队单独或者参与对突然发生、造成或者可能造成严重社会危害的各类事件进行应急处置的军事行动，主要包括：处置海（空）防突发事件行动，抢险救灾行动，海上反恐怖行动，处置核、化学事故行动，处置武器装备重大事故行动等。海军司令部工作条例已把组织指挥处置突发事件行动作为新的使命任务予以明确规范。

海军是军队的一支海上武装力量，除履行战争状态下保卫领海主权和海防安全，捍卫海洋权益和人民群众的利益等使命任务外，还要担负在非战争状态下组织指挥处置各种突发事件行动。海军舰艇部队应积极研究和探索组织指挥处置突发事件行动的特点、规律，从思想上和军事工作上做好处置突发事件行动的准备，强化使命意识，提高处置突发事件行动的组织指挥能力，一旦发生紧急情况，能根据上级和首长的命令、指示以及有关法律法规，快速、灵活、正确地进行处置。

在平时掌握情况的基础上，根据受领的任务和上级的指示，利用一切手段，迅速了解掌握有关突发事件的主要情况，并在对各种形式突发事件产生的社会背景、新特点及其发展动向充分认识的基础上，针对海（空）防事件，恐怖事件和骚（动）乱事件，灾害（险情）和核事故等实际情况，进行分析判断，得出正确结论，提出处置建议，主要内容包括：发生突发事件的性质，处置行动的目的和任务，使用的兵力和行动方法，指挥、协同和各种保障的组织等，并果断采取处置行动。不同类型突发事件需掌握情况的重点有所区别。

（1）海（空）防事件情况

主要了解掌握事件发生的原因、海区（区域）、规模；肇事方的企图、兵力、活动方式、使用的武器；可能涉及海区的社会动态和周边敌对势力的活动，遂行任务区域的自然环境、水文气象和交通条件；事件可能的发展变化等。

（2）恐怖行动和骚（动）乱情况

对于恐怖行动，主要了解掌握恐怖事件发生的原因、区域和动态，恐怖活动的企图和政治背景；恐怖分子的数量、构成、核心人物情况；使用的武器、恐怖手段，攻击或者控制的目标以及造成的危害；当地民族成分、宗教信仰、风俗习惯，国家有关部门和地方政府已采取的措施和效果；遂行任务区域的自然环境条件、水文气象和社会动态，可供部队利用的资源；恐怖事件可能的发展变化等情况。

对于骚（动）乱情况，主要了解掌握骚（动）乱发生的原因、区域和规模，骚（动）乱的企图和政治背景；骚（动）乱人员的数量，组织机构，骨干分子情况，拥有的武器和器械，活动方式，冲击或控制的目标以及造成的危害；群众对骚（动）乱和对部队防骚（动）乱行动的态度；地方政府已经采取的措施和效果；遂行任务区域的自然环境和交通条件，可供部队利用的资源；骚（动）乱事件可能的发展变化等。

（3）灾害（险情）情况

主要了解掌握可能发生灾情、险情、疫情、重大事故的发生区域、性质和程度，人民生命财产损失情况，国家有关部门与地方政府的抢险救灾措施及对本部队的要求；必要时，会同国家有关部门和地方政府对可能发生重大灾害（险情、疫情、重大事故）的区域进行勘察，查明有关情况。

（4）核事故情况

主要了解掌握发生核事故的区域、辐射后果、发展趋势、对工作人员、作战平台、公众和环境的影响，已采取的救援行动和辐射防护措施等情况。

第五章 CHAPTER 5

驱逐舰的作战与应用案例剖析

历史经典战例回顾

第一次世界大战中的驱逐舰战例

1914 年 8 月 28 日爆发的赫尔戈兰湾海战是第一次世界大战期间的第一场海战，也是英德海军之间的首次大规模海战，同时也是有驱逐舰参加的首次海战。双方投入的驱逐舰总数达 56 艘，其中英国皇家海军 38 艘、德国海军 18 艘。两相比较，英国皇家海军的驱逐舰群在这场海战中灵活机动，依靠数量多的优势，取得了击沉德国海军“V-187”号驱逐舰，重创“V-1”号驱逐舰、“T-33“号鱼雷艇和“D-8”号扫雷艇，与己方轻巡洋舰一起击沉德军“美因茨”号轻巡洋舰的重大战果。

赫尔戈兰湾海战是由英国人发起的，1914 年 8 月 28 日拂晓，作为诱饵的英军“E-6”号、“E-7”号和“E-8”号潜艇到达预定位置，也就是赫尔戈兰岛以西 30 海里处。当地时间早 6 点，德国海军第一雷击大队的驱逐舰“G-194”号在赫尔戈兰岛西北方巡逻时，舰上的瞭望哨透过浓雾发现在其右舷 50 米左右之处有潜望镜，而这个潜望镜转瞬即逝。“G-194”号舰长布斯少校下令对潜艇实施撞击。不过在撞上之前，这艘潜艇已紧急下潜而去。

这一天对于“G-194”号驱逐舰来说是倒霉的一天，该舰不停地与英舰相逢。6 点 53 分，“G-194”号航行到赫尔戈兰岛西北的 21 海里处时，与英军哈威奇舰队所辖的第三驱逐舰队 4 艘驱逐舰遭遇。随后，英军 4 艘驱逐舰开始向“G-194”号进行炮击，寡不敌众的“G-194”号则拼命逃跑。听到炮声的德军“G-196”号、“V-187”号驱逐舰很快赶过来，与“G-194”号汇合，并向英舰反击。

由于海上雾气很大，蒂里特准将率领的英军哈威奇舰队主力被迫放弃向西扫荡的原定计划，转而向东搜寻德军舰艇，正好与接到发现潜艇、出击搜寻命令

德国“V-187”号驱逐舰，在赫尔戈兰湾海战中被英军驱逐舰击沉。

英国皇家海军“月桂”号驱逐舰。

的德军第五雷击大队照面。于是，蒂里特在“林仙”号轻巡洋舰上迅速下令麾下所有 32 艘驱逐舰、“无恐”号侦察巡洋舰全力攻击。

德军寡不敌众，没多久就出现了损失。先是“V-1”号驱逐舰被英军驱逐舰的 2 发 4 英寸（101.6 毫米）炮弹击中，锅炉舱、轮机以及舵机都受损。所幸的是浓雾严重影响了英军驱逐舰的射击精度，才使得奄奄一息的“V-1”号驱逐舰逃了一条命。接着，蒂里特舰队又跑到了德军第五雷击大队的前面，与担任内线巡逻的德军第三扫雷分队接触。在 1000 码（1 码 =0.914 米）距离上，英军“林仙”号轻巡洋舰和驱逐舰群对德军“D-8”号、“S-73”号、“T-34”号、“T-33”号和“T-37”号扫雷艇猛烈射击。在近 1 个小时的交战中，英舰炮火将德军“D-8”号和“T-33”号扫雷艇重创。

8 点 12 分，蒂里特舰队开始从东向西返航，意外地撞上了原计划打击的德军第一雷击大队。其中大队指挥舰“V-187”号正好与英军第一驱逐舰队第 5 分队的 4 艘驱逐舰照面，而英军的“诺丁汉”号和“洛斯托夫特”号轻巡洋舰也从北向南压了过来。面对左右夹击，德军“V-187”号驱逐舰左转舵进行高速逃跑，然而脱离英军第一驱逐舰队第 5 分队的炮火范围，却又撞上了英军第一驱逐舰队第 3 分队 4 艘驱逐舰。不仅如此，英军第一驱逐舰队第 5 分队的 4 艘舰艇也掉头赶过来，8 艘驱逐舰对“V-187”号形成了合围。英军驱逐舰群的密集炮火很快就把“V-187”号打得伤痕累累，知道逃脱无望且已身负重伤的莱希勒舰长只好下令自沉。

11 点 30 分，英军第一驱逐舰队第 2、3、5 分队在浓雾中发现了赶到战场的德军轻巡洋舰“美因茨”号，于是 11 艘英军驱逐舰对“美因茨”号进行了连续的鱼雷攻击，但无一命中。11 点 45 分，“美因茨”号发现英军古迪纳夫准将率领的第一轻巡洋舰分舰队 4 艘轻巡洋舰向其左舷前方逼近。舰长帕舍知道自己不是对手，于是赶紧撤退，却又撞入了蒂里特舰队的舰群之中。

蒂里特舰队的第三驱逐舰队第 1、2 分队转向西北，

表现德军“V-187”号驱逐舰沉没的艺术画。

正在沉没的德国海军“美因茨”号轻巡洋舰。

第 3、4 分队转向西南，从两面包抄“美因茨”号。交战 20 多分钟后，英军“利底亚德”号驱逐舰发射的 1 条鱼雷击中“美因茨”号左舷中部。剧烈的爆炸导致舰桥大部分设备损坏，连接中央控制室和鱼雷室的通信线路也相继中断。紧接着，英军驱逐舰的炮火猛烈射向这艘苟延残喘的军舰。战至 12 点 25 分，“美因茨”号主机逐渐停转，舰内应急电路完全熄灭，舰体左倾，行将沉没。于是，英军停止射击，开始让驱逐舰“勒车犬”号放下小艇救援“美因茨”号的德军水兵。至下午 1 点 8 分，“勒车犬”号驱逐舰一共接纳了 220 名德军战俘。

其中有个小插曲，就是当时在“美因茨”号上的德国海军大臣阿尔弗雷德·提尔皮茨海军元帅之子伍尔夫·提尔皮茨上尉坚决不接受英军救援，而是决心在千疮百孔的舰桥上与舰共存亡。但是到下午 1 点 10 分，“美因茨”号完全没入水中时，留在舰上的伍尔夫·提尔皮茨和另一名德国海军上尉却奇迹般地浮出水面，被英军“利物浦”号轻巡洋舰成功救起。

二战中的驱逐舰战例

美日在太平洋战争中进行的圣乔治角海战是二战期间一场极为经典的驱逐舰对海作战的战例，美国海军第 23 驱逐舰中队指挥官阿利·伯克上校在这场海战中一战成名，获得了“31 节伯克”的美誉。

1943 年 11 月，伯克率领的第 23 驱逐舰中队 5 艘弗莱彻级驱逐舰（包括第 45 分队的“查尔斯·奥斯本”号、“戴森”号、“克拉克斯顿”号，第 46 驱逐舰分队的“康弗斯”号和“斯彭斯”号，旗舰为“查尔斯·奥斯本”号）正在库拉湾的哈斯海峡加油，他们接到命令，要高速航行去拦击一支载有日军撤离人员的护航运输队。“查尔斯·奥斯本”号确定了和第 45 支队内的另外 3 艘僚舰会合的约定时间。这时在小威廉·弗雷德里克·哈尔西上将的指挥室里，作战参谋计算出要以 31 节的平均速度航行才能在指定的时间内到达目的地，于是哈尔西又给伯克下了第二道命令：“伯克，你必须以 31 节航行，越过布克岛至拉包尔之间的日军撤退航线，到达布克岛以西 30 海里处，在那里如果未发现敌人，等到 25 日的凌晨 3 点可南下加油；如果遇到敌人，你完全知道应该怎么办。”

伯克的旗舰“查尔斯·奥斯本”号驱逐舰。

接下来就在圣乔治角发生了一场美日驱逐舰之间的激烈海战。1943 年 11 月 25 日凌晨 1 点 41 分，伯克舰队的“戴森”号驱逐舰上的雷达成功捕捉到香川清登海军大佐率领的日本海军“大波”号和“卷波”号驱逐舰，航向东北，距离 22000 码。1 点 45 分，伯克率 5 艘驱逐舰调整航向朝日本海军驱逐舰逼近。1 点 55 分，双方相距 5500 码，美军与日军驱逐舰左舷舰艏呈 50° 倾角。伯克认为漆黑的夜晚是个“理想的鱼雷攻击机会”，于是美军第 45 驱逐舰分队的 3 艘驱逐舰开始向日军驱逐舰进行第一次鱼雷齐射，共发射了 15 条 MK15 鱼雷，呈扇面扑向日军 2 艘驱逐舰。紧跟着，伯克率美军驱逐舰调整航向，转向正南，将舰艉对准日方，缩小日军反击时的受弹面积。3 分钟后，3 条鱼雷相继命中“大波”号，这艘日军驱逐舰被迅速击沉，包括护航队队长香川清登海军大佐、“大波”号舰长吉川洁海军中佐在内的 230 名日军官兵无一生还，另有 1 条鱼雷命中“卷波”号，使这艘日军驱逐舰瘫在了海面上。

在第 45 驱逐舰分队完成第一波鱼雷攻击后，舰载雷达又捕捉到了山代胜守海军大佐率领的日本海军运输队，距离 13000 码，方向东偏东北。于是伯克立即命令第 45 驱逐舰分队转向北边实施追击，同时命令伯纳德 · 奥斯汀海军上校率第 46 驱逐舰分队击沉“卷波”号。

在伯克率第 45 驱逐舰分队拼命调整航向，竭尽所能追赶日本海军运输队时，美海军第 46 驱逐舰分队的 2 艘驱逐舰向“卷波”号发射了鱼雷，不久后观测到两次鱼雷爆炸。2 点 28 分，美军 2 艘驱逐舰用舰炮猛烈轰击“卷波”号。2 点 54 分，全舰已经是大火熊熊的“卷波”号又发生了弹药库殉爆，旋即翻沉入海，全舰最终仅 28 人生还。

表现美日驱逐舰在圣乔治角激战的艺术画。

山代胜守的运输队共有 3 艘驱逐舰，“天雾”号驱逐舰为前导，“夕雾”号和“卯月”号驱逐舰紧随其后。伯克率领第 45 驱逐舰分队为了追上日军运输队，将航速提高到了 33 节。2 点 12 分，伯克海军上校命令第 45 驱逐舰分队向右急转 45° ，航向东北偏东，60 秒后他再次命令分队折回至原航道航行。他声称这是一种战术策略，那个时刻他油然而生一丝预感，需要在此段航程上做一次机动规避。事实证明伯克的预感十分准确，日军“夕雾”号驱逐舰发射了 3 条 93 式 610 毫米“长矛”鱼雷，随后被“查尔斯 · 奥斯本”号驱逐舰高速航行所产生的尾流所引爆。爆炸声特别巨大，军舰随之伴随着强烈的震动，伯克忍不住好奇心，前去察看了下舰艏，确认该舰是否有被鱼雷所毁坏。

2 点 22 分，美军第 45 驱逐舰分队的 3 艘驱逐舰开始调整舰身，以便让全部舰炮同时进行舷侧射击。2 点 25 分，山代胜守的 3 艘驱逐舰开始分别从三个不同方向进行转向撤离。“天雾”号驱逐舰航向西北，“夕雾”号驱逐舰航向正北，“卯月”号驱逐舰航向西北偏西。伯克选择了和自己的驱逐舰分队航向一致的“夕雾”号驱逐舰作为狩猎目标，一路尾追不放，并且连连发起炮击。

在美海军驱逐舰的持续炮火猛攻下，“夕雾”号的航速不断下降，2点56分，双方相距已在8800码以内。3点05分，美军驱逐舰发射的一发炮弹击中了“夕

日本海军“夕雾”号驱逐舰。

雾”号的机械舱并发生了爆炸。“夕雾”号驱逐舰随即向左发生倾斜，并孤注一掷将舰上剩余的93式鱼雷全部打出去，舰炮也发了疯一样向美舰射击。然而“夕雾”号所做的一切都是徒劳，在美军3艘驱逐舰密集炮火和不断发射的鱼雷打击之下很快失去战斗力，最终于3点28分在圣乔治角以东60英里（1英里≈1.61千米）处海域沉没。日本海军“伊-177“号潜艇在这片海域救出“夕雾”号上的278名官兵以及布卡岛日军基地的撤离人员。

圣乔治角海战，伯克率领的第 23 驱逐舰中队击沉了 3 艘日军驱逐舰，所有 5 艘驱逐舰无任何损伤，人员无一伤亡。后来，圣乔治角海战被很多海军专家称为最完美的海战，而伯克也因这次海战被授予美国海军十字勋章。从此，“31 节伯克”的美名在美国国内广为传诵。

这场海战，很大程度上得益于伯克高超的指挥艺术，尤其是他能预判躲避日军驱逐舰可能发起鱼雷攻击简直是不可思议的事情。此外，美军驱逐舰在信息方面的优势也是取胜的重要因素。雷达的装备，从根本上扭转了美国海军之前夜战能力差的缺陷。日军虽然苦练夜战能力，在太平洋战争初期拥有很大优势，屡屡依靠夜战能力取胜，但是在具有划时代意义的雷达技术面前，传统的夜战技能一下子就落伍了，因为人眼在夜间的观瞄距离根本无法和雷达相比，而且人眼在恶劣气象条件下也难以发现目标。但是雷达不仅不受气象条件限制，探测距离远，还具有快速测距、测量方位等功能，与指挥仪配合，能够大大提高舰载武器的反应速度和命中率。面对美军全新的雷达技术装备，日军传统的夜战优势瞬间消失，只剩下被动挨打，日本海军在圣乔治角海战之后再未能重新夺回夜战优势。

二战期间，反潜成为驱逐舰的重要任务。尤其是在大西洋上，反潜成为英国皇家海军的主要作战样式。据统计，英国皇家海军在二战时使用深水炸弹进行了 5174 次对潜攻击，击沉德军潜艇 85 艘；使用“刺猬弹”（多联装的火箭式深弹）进行对潜攻击 268 次，击沉德军潜艇 47 艘。而这些深弹和“刺猬弹”的对潜攻击，大部分是由英军的驱逐舰实施的。

在英军驱逐舰击沉的德军潜艇中，有不少都是王牌潜艇，其中“U-100”号就是很有代表性的一艘。“U-100”号属于德国 VIIB 型潜艇，艇全长 66.5 米，水面排水量 753 吨，水下排水量 857 吨，水面最大航速 17.9 节，水下最大航速 8 节，10 节航速下水面续航力 8700 海里，17 节航速下水面续航力 3850 海里，4 节航速下水下续航力 90 海里，最大下潜深度 220 米，装有 5 具 533 毫米鱼雷发射管（艇艏 4 具、艇艉 1 具），鱼雷携带量为 14 条，甲板上有 1 门 88 毫米口径舰炮。

德军“U-100”号潜艇。

英军“范诺克”号驱逐舰。

英军“漫步者”号驱逐舰。

“U-100”号在二战中共出击 6 次，击沉盟军商船 25 艘，总吨位 135614 吨；重创盟军商船 4 艘，总吨位 17229 吨。1941 年 3 月 9 日，“U-100”号第六次，也是最后一次出击。3 月 17 日深夜，“U-100”号在爱尔兰东南的北大西洋从后方悄悄接近盟军 HX-112 护航运输队，但是在距离 1000 米时被英国皇家海军“范诺克”号驱逐舰上的 286M 型对海雷达探测到，这也是二战中英国皇家海军首次使用雷达发现潜艇。于是，“范诺克”号快速向“U-100”号驶来，舰长詹姆斯 · 德尼斯少校向附近的“漫步者”号驱逐舰通报了情况，两舰立即向潜艇出现的方位加速航行，准备协同攻击。

“U-100”号的艇长约阿希姆 · 舍普克上尉感受到了危险，命令紧急下潜。但是 2 艘英军驱逐舰有声呐引导，投掷的深弹不停地在“U-100”号附近爆炸，导致“U-100”号的艇壳在剧烈的爆炸冲击下严重破损，大量进水。经过一个多小时的挣扎后，舍普克意识到这样下去必然沉没，于是冒险上浮，寻机逃脱。此时，英军的“漫步者”号驱逐舰已掉头救援遇险商船，只有“范诺克”号在继续监视。大约在 3 月 18 日凌晨 3 点，“U-100”号刚刚浮出水面就被仍在原地守候的“范诺克”号驱逐舰发现。由于双方距离太近，以至于“范诺克”号驱逐舰的主炮俯角不足，难以击中低矮的“U-100”号，于是德尼斯舰长果断下令“范诺克”号开足马力，撞击“U-100”号。此时的“U-100”号已经伤势严重，根本没有余力进行规避。结果“范诺克”号锋利的舰艏直接切进了“U-100”号的艇身，撞击了指挥塔，舍普克的身体被夹在变形的舰桥侧壁和潜望镜之间，动弹不得。“范诺克”号驱逐舰见“U-100”号并未沉没，于是倒车后退，接着又对准潜艇指挥塔进行了第二次撞击，将舍普克撞死在指挥塔上。同时“U-100”号的艇身在猛烈的撞击下开裂进水，迅速沉没。“U-100”号的43名艇员仅有6人被英舰救起成为战俘，包括舍普克在内的其余37名艇员随同“U-100”号葬身海底。

中东战争中的驱逐舰战例

在中东地区爆发的战争主要以陆战和空战为主，海战很少，尤其是驱逐舰参加的海战更少，最具代表性的战例就是1967年以色列海军的“埃拉特”号驱逐舰进行的海战。

“埃拉特”号原为英国在二战期间建造的Z级驱逐舰“热忱”号。1955年，以色列从英国购买了“热忱”号驱逐舰，改名为“埃拉特”号，并进行了一些改装。

1967年10月21日，“埃拉特”号驱逐舰出现在塞得港附近海域炫耀武力。埃及海军未派舰艇出击，而是让一艘停泊在塞得港内的埃及海军183R型（北约称蚊子级）导弹艇向“埃拉特”号发射了2枚P-15反舰导弹（北约称SS-N-2“冥河”）。“埃拉特”号的雷达未能及时探测到这2枚反舰导弹。当雷达探测到有空中目标飞来时，“冥河”导弹已经距离很近了。“埃拉特”号的舰长埃特沙科·苏萨急忙下令采取规避行动，但来不及了。17点32分，第一枚“冥河”导弹命中“埃拉特”吃水线上方的舰体。2分钟后，第二枚“冥河”

“埃拉特”号驱逐舰。

导弹再次命中“埃拉特”号。这两枚导弹将“埃拉特”号的主机舱和锅炉舱全部炸毁，使“埃拉特”号失去了行动能力，只能待在海面上等待以色列海军其他舰艇前来救援。

大约一小时后，又有1艘埃及海军的183R型导弹艇从塞得港内向“埃拉特”号发射了2枚“冥河”导弹，其中1枚击中了“埃拉特”号的舰体中部，引起弹药库殉爆，舰体几乎被炸成两截。仅仅两分钟后，“埃拉特”号就在海面上消失了。该舰199名人员中有47

183R 型导弹艇发射“冥河”反舰导弹。

人阵亡、91 人受伤，可谓损失惨重。

这场海战，埃及海军 2 艘满载排水量仅 66.5 吨的导弹艇就击沉了满载排水量 2530 吨的驱逐舰，举世震惊，欧洲媒体更是将这场海战比喻为“蚊子吃掉了大象！”

“埃拉特”号的沉没，是以色列海军对反舰导弹这种新式反舰武器轻视所致。由于对反舰导弹的作战使用特点、威力等一无所知，所以“埃拉特”号面对反舰导弹无任何对抗能力。实际上，不仅是当时的以色列海军没有意识到反舰导弹的作用，整个西方海军都没有意识到。因此，“埃拉特”号的沉没对世界海军的影响非常巨大，可以说是颠覆性的。首先，“埃拉特”号驱逐舰是反舰导弹问世之后所取得的第一个战果，完全颠覆了数百年来全世界海军所建立起来的火炮是水面舰艇主要攻击武器的传统思维，全世界的海军都开始重新评价反舰导弹的作用。曾经质疑反舰导弹的西方海军纷纷加快或者开始立项研制反舰导弹，数年后推出了多款先进的反舰导弹，其中法国的“飞鱼”和美国的“鱼叉”成了最有名的代表。其次，全世界的海军都开始重视水面舰艇对反舰导弹的防御，相继研制了先进的舰载电子战系统、近防武器系统，近程防空导弹也转而以拦截反舰导弹为主。可以说，1967 年 10 月 21 日这场小小的海战引起了全世界海军的革命，意义之大、影响之深远无论怎么评价都不为过。

马岛海战中的驱逐舰战例

在 1982 年的马岛海战中，英国皇家海军派出了 5 艘 42 型驱逐舰参战，分别是第一批舰“谢菲尔德”号（D80）、“格拉斯哥”号（D88）、“考文垂”号（D118）、“卡迪夫”号（D108）和第二批舰“埃克塞特”号（D89）。但是，这 5 艘新锐的 42 型驱逐舰却在马岛海战中表现不佳，并且损失惨重。“谢菲尔德”号在 1982 年 5 月 4 日被阿根廷海军“超军旗”攻击机发射的“飞鱼”反舰导弹击沉；“格拉斯哥”号在 5 月 12 日被阿根廷空军 A-4B“天鹰”攻击机投掷的 1 枚 1000 磅炸弹击中，炸弹穿透舰体，但未爆炸，此后该舰撤离战场；“考文垂”号在 5 月 25 日被阿根廷空军 A-4B“天鹰”攻击机投掷的 3 枚 1000 磅炸弹击中沉没。而在 42 型驱逐舰的惨重损失中，又以“谢菲尔德”号的沉没最有名。

英军当时参战的“无敌”号和“竞技神”号轻型航母都没有舰载预警机，整个特混舰队都缺乏早期预警能力。不得已之下，英军只能冒险让装有 965R 远程对空雷达的 42 型驱逐舰前出，充当雷达哨舰的角色。而“谢菲尔德”号上的 SCOT-1C 卫星通信系统与舰载雷达之间的电磁兼容问题一直未得到解决，两者不能同时工作。当阿根廷空军“超军旗”攻击机发射的“飞鱼”导弹向“谢菲尔德”号飞去的时候，该舰正在进行卫

“谢菲尔德”号驱逐舰被“飞鱼”反舰导弹命中之后冒起滚滚浓烟。

火势熄灭之后的“谢菲尔德”号驱逐舰。

星通信，为防止干扰，干脆关闭了舰上的全部雷达和传感器，结果导致“谢菲尔德”号丧失了早期发现“飞鱼”导弹的可能性。最终还是舰员目视发现了逼近的“飞鱼”导弹，但这时留给“谢菲尔德”号的反应时间只剩下6秒，施放干扰弹已来不及，只能眼睁睁地看着“飞鱼”导弹命中本舰。

“谢菲尔德”号的沉没并非广泛传言的因为铝制结构件在高温下损坏而导致的。42型驱逐舰的主舰体与上层建筑均采用钢质结构，并未采用铝合金，重要部位还选用的是A级高强度钢，屈服点为313.6兆帕，其他部位选用B级钢，其屈服点为251兆帕。英国人就算再为了省钱，也还没到舍不得用钢来造驱逐舰的地步。而42型驱逐舰的舰体总纵强度设计弯矩选取是这样考虑的：42型驱逐舰在北大西洋25年的寿命服役期中，只有1%的概率会超过此设计弯矩。

根据英国国防部2006年和2017年公开的“谢菲尔德”号调查委员会的官方调查报告，现在可以明确，导致该舰最终沉没的真正原因是无法控制的进水。因为该舰在遭“飞鱼”导弹攻击后，前后主机舱和燃机通风系统全部损失，全舰迅速丧失动力、电力；舰内大量未作防火处理的内装和前辅机舱、主燃料舱的燃料在着火后散发的有毒烟雾导致主轮机室、主通信室、舰桥、作战控制室等部门迅速失效，全舰丧失统一指挥；主消防抽水系统破裂，4座消防水泵仅有1座勉强运行了4小时后失效，其余时间全靠舰上损管消防人员用移动水泵进行灭火。结果就是完全无法有效灭火，在燃烧了33小时后火势自行熄灭，但该舰也已成为一座燃尽的空壳，无法进行有效操纵。

在“谢菲尔德”号被拖带到南乔治亚岛泊地修补的途中，“飞鱼”导弹所造成的破口（仅在水线上1.8米）在恶劣海况下（4级海况，浪高超过2米）不停进水，而损管人员只能靠应急排水泵抽水，排水明显赶不上进水。在经过27小时的努力后，舰体倾斜超过15°且无法控制，只能弃舰。在英国的官方报告中，专门提到了 42 型驱逐舰的钢制结构件并未像马岛战争期间中弹的 21 型护卫舰“羚羊”号、“热心”号的铝合金结构件那样，在高温下丧失性能，导致结构垮塌，而从公开的“谢菲尔德”号过火后和拖带中的照片也可以明确看出舰体结构基本是完整的。

“雅茅斯”号护卫舰试图拖带受损的“谢菲尔德”号驱逐舰到南乔治亚修理，但在途中“谢菲尔德”号破洞不断进水，最终沉没。

海湾战争、科索沃战争和伊拉克战争中的驱逐舰战例

美国海军在 20 世纪 80 年代给部分水面舰艇加装了“战斧”巡航导弹，用于远程对陆攻击。在 1991 年海湾战争中，美国海军有 11 艘改装的斯普鲁恩斯级驱逐舰参战，其中“法伊夫”号（DD-991）是向伊拉克发射“战斧”巡航导弹最多的美军水面舰艇，共发射了 60 枚，在美军 288 枚发射总量中占比达 20.83%。

在 1999 年的科索沃战争中，北约在亚得里亚海集结了近 30 艘舰艇，其中美国海军准备了 300 枚“战斧”Block 3 型导弹。南斯拉夫当地时间 3 月 24 日晚 8 点，“企业”号航母编队的“菲律宾海”号巡洋舰（CG-58）上火光一闪，一枚“战斧”导弹从这里射出，直奔南斯拉夫境内的预定目标。接着，美国海军的伯克级驱逐舰“冈萨雷斯”号（DDG-66）、斯普鲁恩斯级驱逐舰“索恩”号（DD-988）和“尼科尔森”号（DD-982）、

“法伊夫”号驱逐舰是海湾战争时期发射“战斧”巡航导弹最多的美军水面舰艇。

科索沃战争期间，美军伯克级驱逐舰“冈萨雷斯”号在夜间发射“战斧”巡航导弹。

洛杉矶级攻击核潜艇“诺福克”号（SSN-714）和“迈阿密”号（SSN-755）、英国皇家海军快速级攻击核潜艇“辉煌”号（S-106）上的“战斧”导弹齐发。导弹飞行大约1个小时后突袭了南斯拉夫的机场、防空阵地和指挥通信中心。科索沃战争以“战斧”导弹的攻击拉开了序幕。整个科索沃战争中，美英共发射了218枚“战斧”导弹。

2003年巴格达时间3月20日凌晨4点25分（北京时间上午9点25分），美海军位于波斯湾海域的提康德罗加级巡洋舰“邦克山”号（CG-52）率先向伊拉克发射了第一枚“战斧”导弹，标志着美国对巴格达的空袭开始。随后在波斯湾的同级舰“考彭斯”号（CG-63）、伯克级驱逐舰“米利厄斯”号（DDG-69）、洛杉矶级攻击核潜艇“夏延”号（SSN-773），在红海的伯克级驱逐舰“唐纳德·库克”号（DDG-75）、洛杉矶级攻击核潜艇“蒙比利埃”号（SSN-765）一共向

“米利厄斯”号驱逐舰发射“战斧”巡航导弹。

伊拉克发射了45枚“战斧”导弹。

自3月21日起，美英联军发射“战斧”导弹的数量明显增多。当晚就有30艘联军舰艇发射了75枚“战斧”导弹。3月22日晚，位于波斯湾和红海海面的美英舰艇总共发射了320枚“战斧”导弹，对伊境内的高价值目标进行集中摧毁，其强度是“战斧”导弹参战到目前最大的。

美国海军“奥班农”号驱逐舰。

驱逐舰的轶事点评

美国“奥班农”号驱逐舰的意外战果

1943年4月5日，美国海军弗莱彻级驱逐舰“奥班农”号（DD-450）在所罗门群岛新乔治亚海域执行完战斗巡逻任务返航途中，正巧碰上日本布雷潜艇“吕-34”号在自己身边上浮出水，准备充电。这实在太突然了，双方都有些目瞪口呆。由于双方靠得太近，为避免相撞，“奥班农”号驱逐舰的水手紧急转舵，使驱逐舰与“吕-34”号潜艇并向而行。“吕-34”号潜艇则害怕“奥班农”号拉开距离后用舰炮攻击自己，于是全速靠向“奥班农”号驱逐舰，进入后者的射击死角。毫无疑问，“吕-34”号潜艇的应对是正确的。“奥班农”号驱逐舰上的5座MK12型127毫米口径单管舰炮虽然能对海和对空射击，但在距离敌舰太近时，舰炮就由于俯角的限制，无法对敌舰艇进行射击。在那一刻，美日双方官兵都瞪着对方，不知道如何是好。

僵持了一会儿后，日本水兵醒悟过来，自己艇上有76毫米口径甲板炮。美军驱逐舰的主炮打不着“吕-34”号，但是“吕-34”号个头矮，即使距离近也能抬高仰角对美舰射击。于是，日本水兵纷纷向甲板炮奔去。情况一下子变得不妙起来，“奥班农”号驱逐舰看起来要吃亏了。就在这时，“奥班农”号驱逐舰上的一名美国水兵情急智生，冲进甲板附近的储藏室，从里面搬出准备做菜吃的土豆，二话不说就朝着“吕-34”号潜艇扔过去。其他美军水兵见状，也纷纷抓起土豆扔向“吕-34”号潜艇。

日本水兵看到美军水兵扔过来的土豆，还以为这是美军发明的新式武器，忙着将这些土豆踢到海里，

“吕-34”号属于吕-33型潜艇的第二艘艇，由三菱重工神户船厂建造，1937年5月31日建成服役，水面标准排水量700吨，水下排水量1200吨，水面航速18.9节，水下航速8.2节，12节航速下水面续航力8000海里，3.5节航速下水下续航力90海里。艇艏有4具533毫米鱼雷发射管，备有10条鱼雷；甲板上有1门八八式80毫米口径40倍径甲板炮和1挺13毫米口径机枪。图为“吕-34”号的姊妹艇“吕-33”号。

有几个日本水兵甚至捡起土豆投回“奥班农”号驱逐舰，这样也就没有时间去操作甲板炮了。而“奥班农”号驱逐舰则趁着扔土豆赢得的宝贵时间果断调整方向，拉开了与“吕-34”号潜艇的距离，然后迅速调炮射击。由于距离近，“奥班农”号驱逐舰的主炮很轻松地就击中了“吕-34”号潜艇的指挥塔。见势不妙，“吕-34”号潜艇迅速下潜，但在慌乱中没有控制好下潜速度，导致潜艇下潜过猛而撞到了水底的礁石上，失去了机动能力。“奥班农”号驱逐舰抓住战机，迅速驶到“吕-34”号潜艇下潜的地方，投下数枚深水炸弹。

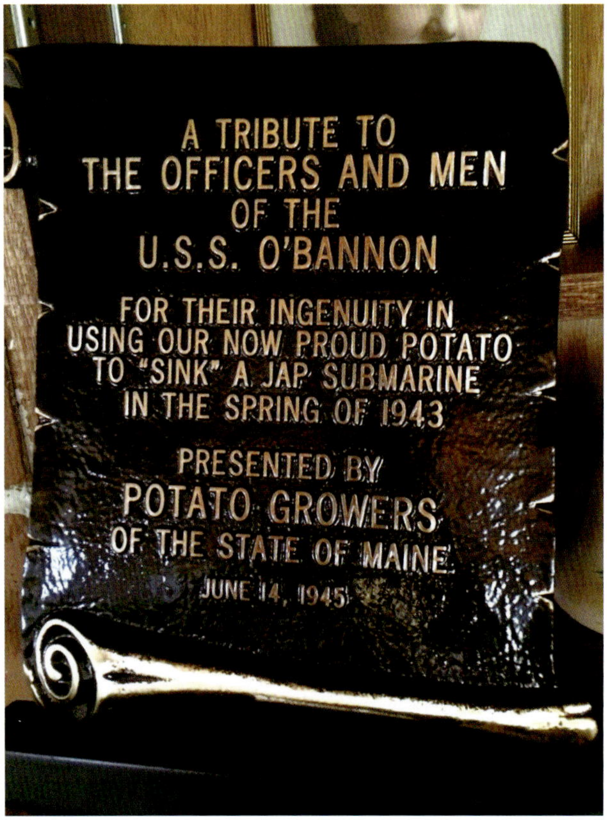

缅因州土豆种植协会赠送给“奥班农”号驱逐舰的金属牌。

很快，深水炸弹就在“吕-34”号潜艇周围爆炸，将这艘日本“海狼”炸毁了，艇长富田理吉大尉以下66人全部阵亡。

当美国缅因州的土豆种植协会得知此事后，给“奥班农”号驱逐舰送来了一块金属牌子，上面刻着：“对‘奥班农’号全体军官和水兵，在1943年春创造性地使用我们引以为自豪的土豆，击沉了一艘日本潜艇的光辉事迹致以深深的敬意。缅因州土豆种植协会赠，1945年6月14日。”

土豆打潜艇，看着离奇，却隐含着战争的一条重要制胜诀窍，就是战时的随机应变是很重要的。谁能根据战场的实际情况进行灵活应变，谁就能掌握战场主动权。

美国“科尔”号驱逐舰亚丁湾遭恐怖袭击事件

2000年10月9日，美国海军伯克级驱逐舰“科尔”号（DDG-67）奉命穿过苏伊士海峡，进入红海，任务是部署到波斯湾，以协助执行联合国对伊拉克的制裁。10月12日上午，“科尔”号驱逐舰到达也门亚丁港停靠，进行例行加油。

上午9点30分，“科尔”号在亚丁港完成系泊，10点30分开始加油。当地时间11点18分左右，一艘载有C4炸药的玻璃钢小船在2名袭击者的操纵下快速接近“科尔”号左舷，然后炸药引爆，在“科尔”号左舷炸出了一个长12米、宽4米的大洞，海水迅速涌入，导致舰体发生倾斜。前美国中央情报局官员罗伯特·芬克说，自杀艇大约使用了400~700磅（180~320

“科尔”号驱逐舰舰体水线处被炸开一个大洞。

千克）C4 炸药。大部分爆炸能量进入了舰上厨房下面的一个舱里，导致正在排队吃午饭的许多舰员死亡。据统计，这次爆炸造成舰上 17 名水兵死亡、39 名水兵受伤。自杀艇上的 2 名袭击者也当场毙命。“科尔”号上的官兵费了很大劲控制住了进水，防止了该舰翻沉。3 天后，美军派出潜水员下水检查了舰体，确定龙骨没有受损。

2000 年 10 月 30 日和 31 日，也门警方分别在也门东部哈德拉毛省、北部拉赫季省和亚丁地区逮捕了 5 名嫌疑犯。2001 年 6 月，科威特一家报纸在获得“基地”组织招募新兵的一段视频后，发表文章指出，“基地”组织一手策划并实施了对“科尔”号的自杀式攻击，主谋是曾参加过阿富汗战争的贾迈勒 · 巴达维。2019 年 1 月 1 日，巴达维在也门被美军炸死。

“蓝色马林鱼”号半潜船运送“科尔”号驱逐舰返回美国修理。

2000 年 12 月 3 日，美国海军租用挪威的半潜船“蓝色马林鱼”号将“科尔”号运回美国修理。2002 年 4 月 19 日，“科尔”号完成修复，重返美国海军。

对于“科尔”号遇袭事件，美军事后展开了详细的司法调查。最后的结论是，“科尔”号导弹驱逐舰抵达亚丁港加油时，舰长利波尔德中校对周围环境的评估、调整兵力做好防护准备等方面基本尽职。但报告同时指出，如果利波尔德能考虑亚丁湾的现实情况，完全依照 12 项安全程序中的每一项规定严格行事的话，恐怖袭击还是有可能被阻止或损失有可能被减轻。但是这些话说起来容易，做起来就难了。

“科尔”号驱逐舰上的“宙斯盾”系统虽然可以同时发现、识别、跟踪和处置 370 千米以内的数百批飞机、导弹和舰船目标，但是这种为应对大规模传统海战准备的现代化舰载作战系统对于反恐战争中突发的不明海情却明显不适应，最大的问题在于反恐战争中的对手并不像军队那样易于识别。恐怖分子为了达到隐匿效果，无论是自身还是袭击用的自杀艇，都无明显识别标志，往往是平民和民船打扮，这就使得先进的舰载传感器即便发现，也难以准确判断他们有没有敌意。尤其是在港口这种船只和人员都很密集的地方，判别难度就更大。

“科尔”号的海军士官约翰·沃莎克（John Washak）后来回忆说：“我们被告知的交战规则是除非有人向我们开枪，否则不准开枪。”“在军队里，我们被训练得很犹豫。如果有人发觉什么不对劲而开枪，他很可能会被送上军事法庭。”另一位“科尔”号上的海军士官詹妮弗·库德里克说：“如果舰上的哨兵向自杀式小船开火，射杀 2 名外国人会比失去 17 名美国水兵更让我们陷入麻烦。”

实际上，美国海军到现在也没有很好解决这个问题。技术虽然能发现海上或空中目标，但是还远远无法达到判别人心的程度。

美国“菲茨杰拉德”号、“麦凯恩”号驱逐舰与商船相撞事件

2017 年，美国海军在西太平洋发生了四次撞船事件，其中 2 次是提康德罗加级巡洋舰（“张伯伦湖”号和“安提坦”号）、2 次是伯克级驱逐舰（“菲茨杰拉德”号和“麦凯恩”号）。

撞船的“菲茨杰拉德”号驱逐舰（DDG-62）是美国海军伯克级驱逐舰第 12 艘，以越战时阵亡的美国海军上尉威廉·查尔斯·菲茨杰拉德命名。

2017 年 6 月 17 日凌晨 1 点 30 分，“菲茨杰拉德”号在日本静冈县南伊豆町外海与日本邮轮公司租用的菲律宾籍集装箱船“ACX 水晶”号相撞，造成“菲茨杰拉德”号右舷上层建筑大面积损毁，并且“ACX 水晶”号集装箱船的球鼻艏切入“菲茨杰拉德”号吃水线以下的舰体，导致海水涌入，淹没了一个机械舱、无线电室和两个舰员住舱。此外，这次碰撞还摧毁了舰长舱。“菲茨杰拉德”号的舰员进行了数小时的损管，才使该舰没有沉没。这次相撞事故导致 7 名舰员死亡，舰长和 2 名水手受伤。

“菲茨杰拉德”号驱逐舰被撞的上层建筑。

“ACX 水晶”号集装箱船在撞击后损伤不大，只是“皮外伤”。

8 月 17 日，美国海军以舰上人员有重大过失为由，解除舰长、副舰长、特级军士长与多名尉官的职务，另对 9 名水兵与值班人员施以行政处分。

受损的“菲茨杰拉德”号先是紧急进入日本横须贺海军基地的船坞修理破损的舰体，然后美国海军又在 2017 年 12 月 9 日租用半潜船将“菲茨杰拉德”号从横须贺运回美国密西西比州帕斯卡古拉市的英格尔斯造船厂进行大修。右舷失踪的 AN/SLQ-32(V)2 电子战系统、严重扭曲的 AN/SPY-1D 雷达阵面和在一号辅机舱中泡水的阿里逊 501-K-34 一号燃气涡轮发电机（GTG-1）、一号配电盘、一号空调机和一号海水冷却抽水机都要进行更换。维修共耗时 2 年多，花费高达 5.23 亿美元。2020 年 2 月 3 日，“菲茨杰拉德”号完成维修并展开海试，2020 年 6 月 13 日重返美国海军服役。

麦凯恩”号驱逐舰（DDG-56）是美国海军伯克级驱逐舰的第 5 艘，以美国海军上将老约翰 · S · 麦凯恩、其子海军上将小约翰 · 席德尼 · 麦凯恩及其孙约翰 · 席德尼 · 麦凯恩三世命名。

2017 年 8 月 21 日早上 5 点 24 分，“麦凯恩”号驱逐舰在前往新加坡进行例行性访问途中，于马六甲海峡东侧与利比里亚籍货轮“阿尔尼克”号相撞，舰体后部左舷吃水线处被货轮的球鼻艏撞开一个大洞，导致海水涌入，淹没了附近的舰员住舱、机械舱和无线电室。撞船事故导致“麦凯恩”号驱逐舰至少 5 人受伤、10 人失踪。8 月 28 日，美国海军宣布，美国海军和海军陆战队的潜水员在“麦凯恩”号驱逐舰的舱内发现了失踪的 10 名美军水兵遗体。

“麦凯恩”号在新加坡樟宜海军基地进行简单的维修之后，于 11 月 28 日由“财富”号半潜船装运，

“麦凯恩”号驱逐舰舰体被撞开的大洞。

“财富”号半潜船装运“麦凯恩”号驱逐舰到日本横须贺基地进行维修。

送到日本横须贺基地进行深度维修。2019 年 10 月“麦凯恩”号完成修复，2020 年 6 月重返美国海军服役。

对于这两起严重的撞船事故，美国海军事后进行了详细调查，并且做出了报告。“菲茨杰拉德”号驱逐舰的撞船原因主要是“舰桥小组”（在舰桥上进行安全监视的人员）犯了“严重错误”，导致他们失去了“态势感知能力”，因此即使在看到“ACX 水晶”

号集装箱船之后也无法避免碰撞。

调查还发现，在碰撞发生前不久，“ACX 水晶”号集装箱船一直在使用自动驾驶仪，发现“菲茨杰拉德”号与其不断接近时也没有试图与“菲茨杰拉德”号进行无线电通信。“ACX 水晶”号集装箱船上的值班人员没有采取足够的措施来避免碰撞。因此，“ACX 水晶”号集装箱船的所有者同意向美国政府支付近 2700 万美元的赔偿金。

2019 年 8 月，负责监督美国海军舰艇设计的海军上将比尔 · 盖里尼斯（Bill Galinis）表示，“菲茨杰拉德”号上基于触摸屏的节流阀控制系统“过于复杂”，因为造船商对该系统如何工作缺乏指导，所以“菲茨杰拉德”号上的水手们不确定触摸屏上的关键指标在哪里，这种混乱造成了碰撞。

“麦凯恩”号的撞船事故原因主要是基于触摸屏的节流阀控制系统“过于复杂”，再加上舰员培训不足，导致在紧急时刻难以采取有效的措施避免碰撞。

经过这两起撞船事件，美国海军发现技术的先进不一定是好事情，因此从 2020 年中期开始，将所有现役水面舰艇上的触摸屏换成机械式节流阀控制装置。

日本“雾岛”号驱逐舰桅杆折断事件

“雾岛”号是日本海上自卫队金刚级驱逐舰的二号舰，1992 年 4 月 7 日在三菱重工长崎造船厂开工，1993 年 8 月 19 日下水，1995 年 3 月 16 日建成服役，现隶属日本海上自卫队护卫舰队第 4 护卫队群第 8 护卫队。第 4 护卫队群的司令部设在吴港，但第 8 护卫队长期驻泊在横须贺。

2018 年 2 月，“雾岛”号驱逐舰被拍到主桅杆装有 AN/UPX-29 敌我识别系统（IFF）以上的桅顶天线部分折断，包括 ORN-6”塔康“天线（TACAN）、NOLQ-2 电子战系统的电子截收天线、AN/URC-107(V)

“雾岛”号驱逐舰桅杆折断。

“雾岛”号更换折断的桅杆。

联合战术信息分配系统的 AS-4127A 舰上天线模块的频率选择表面天线罩和 AS-1735/SRC 全方位 UHF 收发天线都被迫进行了更换。

对于桅杆折断的原因，日本海上自卫队一直未对外公布。一般来说，桅杆发生断裂的原因可能包括焊接质量不合格，长期受到海上高盐分水汽的侵蚀，受力部位金属过度疲劳等。特别是日常如果麻痹大意，疏于检修，那么发生桅杆断裂的概率是比较大的。

实际上，“雾岛”号桅杆断裂并不是个案。在 2005 年，日本海上自卫队的村雨级驱逐舰“雾雨”号也曾发生过类似事故。同样，日本海上自卫队也没有公布“雾雨”号桅杆断裂的原因。

而在 2011 年 2 月 13 日，美国海军的伯克级导弹驱逐舰第 57 号舰“格拉维利”号（DDG-107）在佛罗里达州南部海域进行例行训练时，桅杆顶部装有 AN/URN-32 TACAN 的部位意外断裂。令美国海军尴尬的是，“格拉维利”号桅杆断裂的一幕正好被探索频道（Discovery Channel）的摄制团队捕捉到了。后来经过美国海军海洋系统司令部调查，确认是英格尔斯船厂的焊接质量不合格导致桅杆顶部断裂。由此推测，不排除日本“雾雨”号、“雾岛”号驱逐舰的桅杆断裂也可能是焊接质量方面的问题。

意大利“卡约·杜伊利奥”号驱逐舰直升机降落事故

2019 年的当地时间 11 月 6 日晚 18 点，意大利海军的 1 架编号 2-08 的 SH-101A（意大利海军对 AW101 直升机海上巡逻版的分类型号）中型舰载直升机在准备降落于地平线级驱逐舰“卡约·杜伊利奥”号时，突然发生侧翻并坠毁在“卡约·杜伊利奥”号的飞行甲板上。好在机身尤其是座舱部分比较完整，6 名机组人员幸存。

由于意大利未公布“卡约·杜伊利奥”号驱逐舰

美国海军“格拉维利”号驱逐舰折断的桅杆部位。

意大利海军 1 架 SH-101A 舰载直升机在地平线级驱逐舰“卡约·杜伊利奥”号的飞行甲板上发生侧翻。

的直升机着舰事故的具体原因，因此外界只能推测。可能性比较大的原因是“卡约·杜伊利奥”号驱逐舰的飞行甲板对于SH-101A直升机来说还是有些小，“鱼叉”着舰系统设置在飞行甲板上的格栅稍微靠后。而SH-101A全长19.53米，旋翼直径达18.59米，在着舰时旋翼前半部分在飞行甲板上空，后半部分在水面上空，高度差异产生不同地效效应影响，产生俯仰力矩，影响直升机姿态稳定。再加上训练时间是在晚间，能见度很低，“卡约·杜伊利奥”号在海浪中摇摆升沉不定，给直升机的起降带来了巨大困难。最终的结果就是SH-101A直升机在着舰时突然失控，然后发生侧翻。

“卡约·杜伊利奥”号驱逐舰的损管人员处置及时，才没有酿成更大的悲剧。

事故发生后，“卡约·杜伊利奥”号的损管人员起到了至关重要的作用，避免了更大损失。SH-101A直升机侧翻时，损管人员躲过桨叶损毁后飞散的碎片，迅速进行了有效的泡沫覆盖，阻止了机上燃油发生爆炸。

下一代驱逐舰发展方向展望

大型化

驱逐舰的大型化是其任务多样化、面临的威胁复杂化的必然结果。既然驱逐舰要执行多样化任务，那么武器系统的种类也必然越来越多。现代驱逐舰主要是以导弹为主要作战武器，因此导弹的种类越来越丰富，以防空为第一任务的多用途驱逐舰光是舰空导弹就要装远程、中近程、近程舰空导弹，再加上反潜导弹、反舰导弹、反导导弹、远程对陆攻击导弹等，种类已经到了琳琅满目的程度。不仅如此，各国海军对导弹的技战术性能要求也越来越高，这主要是由于现代攻击和防御用的导弹技术越来越强。

作为攻击武器的反舰导弹射程越来越远，远程的达到500千米以上，并且向着1000千米发展（代表型号就是美国的AGM-158C）；中程反舰导弹的射程也普遍在150千米以上。而且新一代反舰导弹要么是速度越来越快（如超声速反舰导弹、高超声速反舰导弹、反舰弹道导弹），要么是隐身性越来越好，目的都是为了大幅提升突防能力。

作为对陆攻击的巡航导弹在射程上自然也是越远越好，现在的舰载对陆攻击巡航导弹最大射程普遍超过了1000千米，具有代表性的美国“战斧”Block4是1600千米（早期射程2500千米的“战斧”Block2已经全部淘汰），俄罗斯“口径”NK达2500~3000千米。未来的对陆攻击巡航导弹射程还会进一步增加，如俄罗斯在研的“口径”改进型最大射程将增至4000千米以上。

反舰导弹、对陆攻击巡航导弹的远射程、大威力、高精度、高速度或复杂的航路规划能力，使得它们的尺寸和重量不仅减不下去，反而越来越大。即便是全球导弹小型化能力拔尖的美国，正在研制的舰载型远程反舰导弹（LRASM）不带助推器全长 4.27 米，重量达 1021 千克。虽然长度和现役的“鱼叉”反舰导弹基本相当，但重量却高出 330 千克；“战斧”巡航导弹不带助推器长 5.56 米、重 1300 千克，带助推器之后长 6.25 米、重 1600 千克。俄罗斯的“口径”系列反舰 / 对陆攻击导弹长度在 6.2~8.2 米不等，重量在 1780~2300 千克不等。

要想应对新型反舰导弹的威胁，驱逐舰上的舰空导弹就必须提高射程、机动过载、命中精度等一系列性能。但是，不断提升的性能使得舰载防空导弹的尺寸和重量呈增加趋势，例如美国的“标准”-6 的最大射程达 370 千米以上，但为此付出的代价是增加了助推器，全弹长度增至 6.55 米，全弹重增至 1500 千克，比“标准”-2MR Block3A/B 中远程防空导弹的长度多了 1.8 米，重量多了一倍。类似的还有“标准”-3 反导导弹，Block1A 型 MK72 带助推器全长 6.6 米、弹重 1500 千克，而 Block2A 型由于受 MK41 垂直发射系统最大深度限制，弹长难以继续增加，所以就通过增加弹体直径来提高射程和射高，弹重也由此超过了 2 吨。

导弹光是种类繁多还不行，每款导弹还要有相当的数量才能支撑作战。否则每款导弹数量太少就成了点缀，起不到应有的作用。而要装数量可观的导弹，驱逐舰就必须往大了设计。像美国的伯克级驱逐舰、日本的爱宕级和摩耶级驱逐舰上的垂发（垂直发射）单元都达到了 96 个，韩国的世宗大王级驱逐舰上的垂发单元更是多达 128 个。即便如此，各国仍然感到不够用。以美国伯克级为例，虽然 MK41 的垂发单元数量是 96 个，但不是所有的垂发单元都是深度达 7.6 米，能够装填美国所有类型舰载导弹的打击型；还有很大一部分垂发单元是深度 6.76 米，只能装填“标准”-2MR、垂直发射型“阿斯洛克”“改进型海麻雀”等导弹。美国之所以在建造 3 艘朱姆沃尔特级驱逐舰就放弃后

发射升空的“标准”-6 远程舰空导弹。

韩国海军“世宗大王”号驱逐舰。

续建造计划，不仅在于该级舰价格太贵，还在于该级舰的满载排水量虽然高达 14564 吨，却只有 MK57 垂发系统 80 个单元，比伯克级驱逐舰还要少 16 个单元。因此，美国海军在建造伯克Ⅲ型驱逐舰之后，未来的新一代驱逐舰满载排水量不一定达到朱姆沃尔特级的水平，但超过 1 万吨是没问题的，大深度垂发单元数量也会进一步增加，以容纳更多的大型导弹。

驱逐舰携带的导弹种类和数量不断增加，随之而来的就是对舰载雷达、电子设备、作战指挥系统的要求水涨船高。现代驱逐舰为了避免用途繁杂的雷达和电子设备越堆越多，已经尽可能将它们多功能化，但即便如此，舰载雷达和电子设备的重量、尺寸、占用空间继续呈增加之势。道理很简单，要让它们对更远的目标进行探测、对更多的目标进行跟踪、对更多的舰载武器进行引导，并具有更好的自适应抗干扰能力等，不大就办不到。

例如美国“宙斯盾”系统的 SPY-1 无源相控阵雷达能够对空、对海探测，能支持早期预警、防空反导、对海打击，采用固定安装的四块天线阵面来实现 360° 全方位覆盖和全时探测。SPY-1 到现在已发展了四型，天线阵面都是八边形，高度为 4.06 米、宽度为 3.94 米，天线本身高度为 3.84 米、宽度为 3.67 米，SPY-1A 的移相器数量为 4096 个，SPY-1B、SPY-1D、SPY-1D（V）的移相器数量都是 4350 个。得益于电子技术的快速发展，最先进的 SPY-1D（V）每块天线阵面的平均功率从 SPY-1A 的 32 千瓦增至 77~111 千瓦，重量由 SPY-1A 的 5.58 吨降到 3.5 吨，但是依然很重。此外，四面阵样式的大型相控阵雷达系统对于舰上的电力供应有很高的要求。所以要装这样的四块天线阵面，驱逐舰就必须是大吨位。这不仅是为了避免因安装位置较高所带来的全舰重心升高、稳性下降的问题，同时也是为了安装供电能力更强的电力系统。

大阵面的相控阵雷达在安装上就对驱逐舰的吨位有苛刻的要求，图为美国 SPY-1D 相控阵雷达的一块天线阵面。

放眼全球，安装完整版 SPY-1 雷达系统的驱逐舰满载排水量基本都在 8000 吨以上，最小的澳大利亚霍巴特级驱逐舰满载排水量也在 7000 吨。

居住性的显著改善也是驱逐舰不断大型化的一个重要原因。从全球范围看，人们的生活条件是越来越好，但这样也带来一个负面影响，就是民众的从军意愿不断下降。为了吸引适龄民众从军，越来越多的国家和地区都在改善舰艇的居住和生活条件。住舱内除了铺位，还为每个水兵都设有储物柜，用来放置个人物品。房间内灯光、涂色也都进行了精心设计，尽可能让水兵心情愉悦。随着各个国家女兵不断上舰，新一代驱逐舰都专门设置了女舰员的住舱和洗手间。

现代驱逐舰上普遍有图书馆、健身房、洗衣房、晾衣间。图书馆内既有传统的纸质图书，也有电脑可供上网；健身房内有各种健身器材，供水兵锻炼身体；洗衣房有多台大型滚筒洗衣机，晾衣间有烘干机和叠衣机，能够保证水兵时刻穿着干净衣服。

现代驱逐舰上的厨房面积很大，而且现代化的厨具、灶具、冰柜等一应俱全，能够为舰员们提供花样繁多、新鲜可口的饭菜。士兵们吃饭时也不用像早期的驱逐舰那样随处找地方，而是有能够同时容纳数十人就餐的专门餐厅，在餐厅内的桌椅都是固定式的，防止海上颠簸，让水兵们吃得安心。吃完饭，餐具统一收拢，然后有自动洗碗机、消毒柜等进行处理、存放。

现代驱逐舰的生活娱乐条件远远超过早年的驱逐舰。

隐身化

未来驱逐舰的隐身性将会进一步增强，因为现在的传感器技术种类非常多，声、光、电磁应有尽有，而且技术水平越来越先进。至于探测平台，包括卫星、固定翼飞机、无人机、直升机、系留气球、水面舰船、潜艇、无人潜航器等，不仅实现了立体探测，而且能够全天候探测，并且通过各种数据链实时回传、分发图像、语音、数据等信息。在这种有力的信息支持下，远程、精确打击武器能够快速对目标进行打击，而且能实现“命中即摧毁”。因此，面对未来的信息化海战场，驱逐舰必须具备出色的隐身性能，不断抑制自身雷达、红外、声响、电磁等信号特征。

雷达隐身的一个重要基础概念是波束控制，即让入射雷达波偏离照射方向，使对方难以接收到反射雷达波。对于驱逐舰来说，入射的雷达波可能来自各个方向，因此驱逐舰的雷达隐身就是在外形上面下功夫，坚持“外形为主、材料为辅”的原则。

驱逐舰在外形设计上要形成光滑和倾斜的表面，把舰体和舰桥有机、光滑地融为一体，尽可能消除不连续的平面。各国普遍的做法是上层建筑不再采用垂直面，而是改为内倾设计，使入射雷达波异向反射；各壁面相交处采用圆弧过渡，以防止产生波的尖角绕射。在舰面设备方面，尽量减少突出物，像露天甲板的栏杆、起锚机、导缆器、带缆桩、缆索绞车等都布置在甲板下。主甲板周围采用内倾舷墙围闭，舷墙上有作业孔，以便靠近码头时进行抛系缆作业，航行时用密封盖覆盖。舰艇上的鱼雷发射管、救生艇等都收入舰体内，并在干舷上开孔，航行时放下盖板遮蔽，使用时打开盖板。

驱逐舰的雷达隐身主要是靠外形，图为法国海军“福尔班”号驱逐舰。

舰上的导弹武器系统主要采用垂直发射方式，由于垂直发射系统的主体深埋于舰体内，甲板上只露出略高于甲板的发射口盖，这样就避免了被雷达波直接照射。对于不采用垂直发射的一些导弹系统，如反舰导弹的倾斜式发射架通常使用舷板进行遮挡，多联装的近程防空导弹发射架、近防炮等则主要是进行外形上的倾斜多面体设计。主炮通常是采用倾斜多面体的隐身外壳，并在火炮下面的甲板上设置多棱倾斜挡板。

桅杆是水面舰艇的最高部件，也是主要的传感器安装位置，随着现代水面舰艇的发展，安装在桅杆上的电子设备越来越多，包括雷达、通信系统、数据链、导航等，造成桅杆结构日益复杂，不仅结构重量大，而且桅杆本身及其上安装的各类设备还会显著增加水面舰艇的雷达反射截面积（RCS），从而削弱了舰艇的隐身能力。特别是桅杆处于全舰的最高处，由于地球曲率的存在，对方雷达首先探测到的就是桅杆。所以驱逐舰的雷达隐身性能要想进一步提升，必须解决桅杆的隐身问题。

未来的驱逐舰将会越来越多地用综合多功能孔径系统或更先进的综合射频系统来取代传统的桅杆。综合多功能孔径系统的代表是美国的“多功能电磁辐射系统”（MERS），这是一种超短波集成天线系统，把敌我识别、作战测向、通信和数据链这四种舰载功能天线综合成一副低雷达散射截面、重量轻的天线系统，以便安装到封闭式桅杆上。这个多功能天线系统能同时提供高达 18 路射频信道，其优点是降低舰船上层结构的重量，减少桅杆上的天线数量。根据测试，MERS 可以替代现在水面舰艇桅杆上的多种天线，从而有效降低桅杆的尺寸和重量，增强隐身能力。

综合射频系统进一步实现了雷达、通信、电子战这三类电子设备天线装置的一体化。该系统通过计算机软件的控制，使雷达、通信、电子战设备可以根据需要选择不同的相控阵天线。综合射频系统的信号处理过程主要分为两个步骤：首先是不同种类的多个信号的波形变换，以利于下步的放大；然后是信号的放大。相控阵天线阵列可以同时对信号进行线性放大，而且不会产生失真，信号之间也不会产生干扰。综合射频系统的优点就是电子系统的天线是嵌在桅杆之上，相应也就缩小了桅杆的重量和体积，具有出色的隐身性能。同时由于电磁波是向外辐射，而不仅像封闭式桅杆那样会有部分电磁波在封闭的空间内多次反射形成谐振，这样也有助提高驱逐舰的电磁兼容能力。

美国海军的朱姆沃尔特级驱逐舰在雷达隐身方面极为出色，该级舰干脆取消了传统的桅杆，而是将舰体中部巨大、高耸的上层建筑设计为综合射频系统，将机柜、通信系统、数据链设备、卫星通信系统、敌我识别系统，雷达、光电火控系统和电子侦察系统等集成在一起。但是朱姆沃尔特级驱逐舰只是为全球提供了一种设计思路，并不代表驱逐舰在雷达隐身外形的唯一趋势。毕竟成本也是未来驱逐舰设计的主要考虑因素，绝大多数国家和地区也没有美国那样的财力去支撑如此昂贵的驱逐舰。实际上，就连美国海军也认为朱姆沃尔特级虽然雷达隐身性极为出色，但战斗力却存在很大不足，还不如伯克级驱逐舰，所以造了3艘就戛然而止。也就是说，纯雷达隐身的驱逐舰在未来相当长时间内还不会成为全球海军趋之若鹜的选择，而注意成本控制，均衡处理战斗力和雷达隐身关系的驱逐舰才是未来主流。

在红外隐身方面，关键是大幅降低烟囱的红外信号特征，因为烟囱是驱逐舰最大的热源。现在普遍采用的抑制烟囱红外辐射的措施主要有两种：一种是烟道冷却技术，就是对燃气轮机和柴油机排放的高温废气采用不同的冷却技术来降低其红外辐射信号，主要是降低最强烈的3~5微米波段的红外辐射。另一种是引射和烟囱喷水技术。对燃气轮机来说，由于排气量大，排气流速高，所以普遍采用引射技术和烟囱喷水技术，它可使烟囱的红外辐射强度显著降低。引射技术就是在烟囱底部开有冷空气进孔，将燃气轮机排出的废气引入混合管，使高温废气与外界低温空气充分混合，以此达到降温目的。烟囱喷水技术通常是用海水喷射装置对烟囱喷射海水，这样不仅能明显降低排气温度，还能降低烟囱内壁温度。美国海军在斯普鲁恩斯级驱

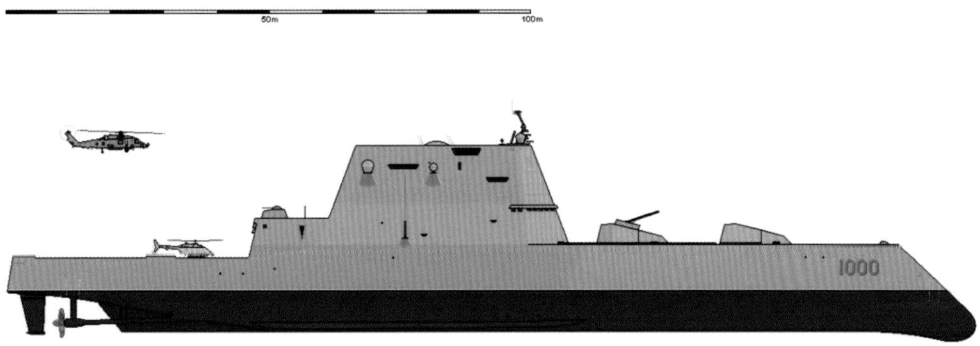

美国朱姆沃尔特级驱逐舰是目前世界上雷达隐身性能最好的驱逐舰，其采用的综合射频技术对雷达隐身起到了很大作用。

朱姆沃尔特级驱逐舰的雷达隐身性能很好，但是也带来了价格高昂的问题。

喷淋水雾不仅能给驱逐舰表面降温，还能洗掉很多沾染物。

逐舰上的应用表明，引射和烟囱喷水技术可让烟囱在3~5微米波段内的红外辐射减少95%以上，效果十分显著，因此在世界范围内得到了广泛应用，未来驱逐舰在红外隐身方面也将会继续沿用这种技术。

对于驱逐舰其他部位的红外隐身，一般是采用屏蔽技术来降低8~14微米波段的红外信号特征，包括对舰桥等上层建筑涂敷红外隐身涂料，使用隔热材料来阻止舱内热源向外辐射，采用喷淋水雾将全舰笼罩起来等技术措施。其中喷淋水雾技术是一种较为理想且经济性好的红外抑制技术，系统可在数秒内产生细微水雾遮蔽目标，并强烈吸收和散射目标的红外辐射，从而显著降低对方红外侦察器材的探测距离。根据实验，喷淋水雾技术可以屏蔽80%左右的红外辐射能量。

在声隐身方面，主要技术措施是将舰上所有机械装置都安装于双层浮阀隔振基座之上；传动轴下方用独立浮阀用于减震；机舱内的所有管线通过挠性波纹管与舰体或其他模块连接，输出轴则通过齿型联轴节和挠性联轴节达到隔震效果；舰体水下横截面设喷气孔，通过专门的设备供气，航行途中连续喷出高压空气，形成一层能起到隔音效果的屏蔽层；螺旋桨设有导气装置，以获得气幕降噪效果。通过这些综合降噪手段，可以大幅降低驱逐舰的噪声。当然，未来在声隐身方面最值得期待的还是取消传统的螺旋桨，采用新型推进技术，例如喷水推进、超导推进、磁流体推进等。

在电磁隐身方面，必须减少舰载电子设备在工作中向周围空间辐射电磁波，使敌方不能从截获的电磁波中发现和识别己方舰船，使末制导武器的雷达导引头不能捕获己方舰船。现代驱逐舰装有大量用于探测、通信、导航的电子设备，无论航行还是停泊，电子设备会不可避免地向周围空间传播电磁波，要达到完全电磁隐身是不可能的。所以，电磁隐身是尽可能降低电磁辐射，在战术上达到相对的隐蔽性。通常采用的技术措施包括：按战术要求控制舰载主动探测电子设备（如雷达、导航、航海设备和无线电通信设备）的发射功率、使用时机和时长；控制电磁波方向、设置隐蔽频率、采用重频捷变和频中捷变技术；与敌方电子设备辐射源同步辐射，利用敌方侦察区匿影期工作；合理选择雷达、无线电通信设备的工作频率、发射频率、采用低截获概率体制和信号设计；采用相控阵技术和功率管理技术等。

除了上述四大类隐身之外，驱逐舰还需要考虑光学隐身、磁隐身、尾流隐身等。可以说，驱逐舰的隐身是很复杂的，在隐身设计上要将各类隐身纳为一个整体进行通盘考虑。

武器通用化

不同类型的舰载导弹采用通用垂直发射方式越来越普遍，未来驱逐舰自然也不例外。垂直发射的好处突出表现在两点：发射速度快且无须考虑射向限制，隐身性好。而通用化最初并非垂直发射系统的设计重点，比如英国“海狼”近程舰空导弹所用的 GWS-26 垂直发射系统，美国用来发射“海麻雀”“北约海麻雀”和“改进型海麻雀”舰空导弹的 MK48 与自卫型 MK41 垂直发射系统，以色列“巴拉克”-1 近程舰空导弹所用的垂直发射系统，苏联 / 俄罗斯 SA-N-6、SA-N-9 舰空导弹所用的垂直发射系统，法国 DCNS 集团研制的用来发射“紫菀”-15 近程舰空导弹的“席尔瓦”A35 和 A43 等都没有通用能力。但是对于驱逐舰来说，随着多用途能力不断扩展，装备的导弹种类越来越多，垂发系统的通用化就成为必须解决的问题。否则，不同的导弹采用不同的垂发系统，不仅会让导弹系统变得异常复杂，而且也大大增加了舰上布置、舰员日常维护的难度，以及导弹系统生产、升级和舰员培训的成本。

MK41（非自卫型）是世界上第一种通用化的垂直发射系统，采用标准化、模块化设计思想，每个标准模块都是 8 单元，尺寸都是长 3.17 米，宽 2.08 米，每个垂发单元的直径都是 635 毫米，可装一个导弹贮运 / 发射箱。标准模块为独立结构，有一套独立的发射程序控制装置、电机控制盘、舱盖开启机构、燃气排导系统和喷水冷却系统。

但 MK41 标准模块的深度有三种尺寸，分别是 5.3 米（自卫型）、6.76 米（战术型）、7.6 米（打击型）。

MK41 的三种尺寸模块，从前向后依次为打击型、战术型和自卫型，其中打击型的通用性最高。

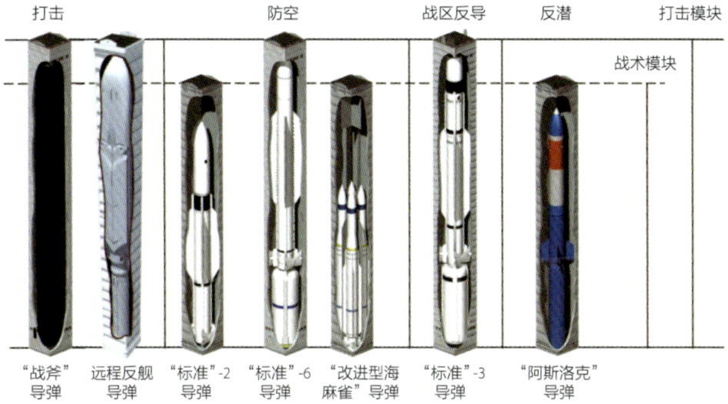

MK41 垂发系统兼容的导弹种类。

其中战术型MK41是有限通用型垂发系统，只能兼容“标准”-2MR舰空导弹和垂直发射型“阿斯洛克”反潜导弹；打击型MK41是比较完善的通用型，能够兼容美国海军目前绝大多数型号的舰载导弹。

MK41是目前世界上应用最广泛的通用垂发系统，但除美国之外，仅有日本、韩国的“宙斯盾”驱逐舰装有打击型MK41，其他国家所谓的MK41通用型实际上只是战术型MK41。

法国的“席尔瓦”A70是继美国MK41之后西方第二款通用垂直发射系统，可兼容发射“紫菀”-15/30舰空导弹和MdCN对陆攻击巡航导弹。

西方的垂发系统有个共同特点，就是都采用热发射方式。导弹在发射箱内点火，靠自身推力飞出发射箱升空。每个8单元标准模块共用一套燃气排导系统，由贮运/发射箱、排气通风室（气室）和上气道组成，排气通风室和上气道由钢制的框架和填有MXBE-350玻璃的酚醛树脂构成。MK41发射箱采用吹破式后盖，为使发射箱排导的燃气流不影响相邻弹箱，就在低压力室顶部与各个发射箱下盖接口处，安装了各自的自动开闭门。它的工作原理是：正常发射（或误点火）时，燃气流冲破下盖，吹开自动开闭门进入低压力室，再排向大气。低压力室内的燃气流由于受到相邻弹箱自动开闭门的阻挡而不会进入相邻弹箱。导弹移动一段距离后，当吹在自动开闭门上的燃气作用力减弱到小于其复原力时，自动开闭门就会自动关闭，阻挡相邻弹箱发射时产生的燃气流进入箱内。

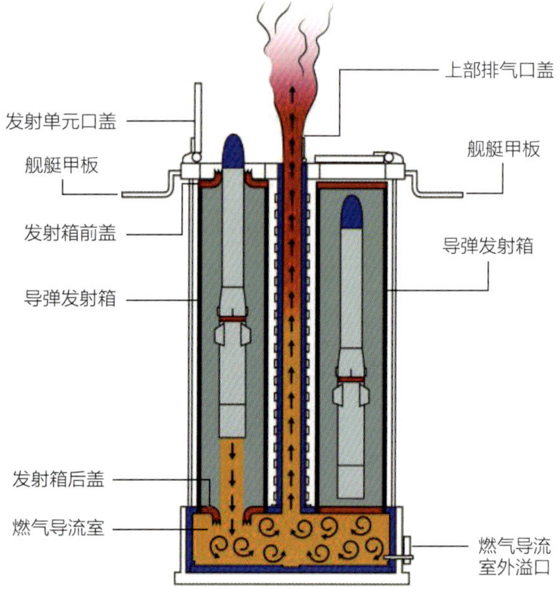

MK41垂发系统的燃气排导示意。

为了确保安全，防止导弹战斗部和火箭发动机在贮运/发射箱内发生爆炸，引起大规模的殉爆，MK41垂发系统不仅安装有防爆门，每个贮运/发射箱还自带喷淋系统，能够以每分钟40美制加仑的速度向箱内注水以防止爆炸。

美军将MK41可能出现未成功发射的导弹分为三类：首先是哑弹，在通电后无响应。这种情况下，系统将关闭发射舱盖，封闭这个单元并且不允许人工超越控制再次发射；其次是点火失败，指的是导弹在通电后其他系统正常工作，但是下达点火指令后火箭发动机未响应。此时整个模块的8枚导弹都将失效，以避免其他导弹发射时影响该弹，但是在必要时可由人工超越控制，发射其他7枚导弹；最危险的情况是导弹的火箭发动机在发射箱内点火后，所产生的推力不足以将导弹推出发射箱，而是在发射箱内持续燃烧。

此时发射箱内压力和温度会不断增大，如果不采取措施，导弹将会发生爆炸。对于这种情况，不仅要封闭整个标准模块的 8 枚导弹、不允许人工超越控制，而且还要启动喷淋装置给导弹降温。

美国在 MK41 之后还研制了直径 750 毫米的 MK57 垂发系统，用于朱姆沃尔特级驱逐舰。MK57 是以 MK41 为基础发展的，系统结构相似，但每个单元直径加大后，可兼容更大尺寸的导弹，因此通用化程度更高。

美国目前未规划下一代驱逐舰，但有发展大型水面战斗舰（LSC）的计划，预计在 2027 年最后一艘伯克Ⅲ型订单完成之后再开始建造。也就是说，LSC 至少要到 2028 年才开始建造，其可能会成为美国下一代驱逐舰。由于建造时间尚早，所以其具体设计还在讨论之中，所采用的通用垂发系统也许是 MK57，也许是 MK57 和 MK41 的混合。但不管是哪种模式，美国的通用垂发系统仍将是热发射这一种方式。

西方其他国家驱逐舰的通用垂发系统，也会继续仿效美国，采用热发射方式；要么就是干脆从美国采购 MK57 或 MK41。

非西方国家的驱逐舰也接受了西方的通用垂发系统设计思想，但没有像西方那样采取热发射方式，而是更为复杂的冷热共架式通用垂直发射系统，而且 8 单元的标准模块尺寸更大，每个单元直径可达 850 毫

MK57 垂发系统主要是为朱姆沃尔特级驱逐舰研制。

俄罗斯 UKSK 垂发系统模型。

米。也就是说，非西方国家现在的通用垂发系统兼容导弹的能力要超过西方的 MK41、MK57 和“席尔瓦”。如果非西方国家在舰载导弹技术上取得更大发展的话，那么借助大尺寸冷热共架式通用垂直发射系统，将会在舰载导弹的通用化方面超越西方。

电力化

未来驱逐舰在动力系统上将会实现全电化，世界上应用最早的英国称之为全电推进系统（FEP），紧随其后的美国则称为综合电力系统（IPS），而现在比较广泛的称法是综合电力推进系统（IEP），特点是将传统舰船的机械推进系统和电力系统合二为一，舰船所产生的一切能量均转化为电能接入电网，而所有用电设备均从电网中获取能量，整个舰船的能量生产、传输与消耗均采用电能的形式，实现能源的统一调配，也就是能做到“哪里需要哪里去”。相比之下，传统舰船需要配置不同的原动机，分别用于推进、大功率雷达/电子战设备供电、日常设备供电、高能武器供电、备用供电，结构无比复杂且灵活性极差。

全电化的优点包括：1. 运行经济性好。美海军估计在航行时，运行费用可节约 36%~38%；2. 由于所有电力都在一个电网内，因此全舰发电机组的装机总数可以减少，采购费用低，隐身效果好，还可以增加舰内空间；3. 布置比较灵活。推进电机不一定要布置在推进轴线上，因此推进轴系的倾斜角可以减少，推进轴系可以缩短，从而有利于其他设备的布置；4. 运行灵活，能较容易地进行动态制动、倒车和适应海况变化，改善负载瞬态响应；5. 可以为高能武器（主要是指激光武器、高功率微波武器、粒子束武器、电磁轨道炮等）上舰提供比较充足的电力供应。高能武器是有名的耗电大户，舰船上传统的电站根本无法维持高能武器持续作战所需的电力，只有全电化才可以。

英国 45 型驱逐舰的 FEP 系统包括 2 台 WR-21 中段冷却再加热（IRC）燃气轮机，最大输出总功率为 42 兆瓦，每台燃气轮机分别驱动一个 21 兆瓦阿尔斯通（Alstom）交流主发电机。两部螺旋桨分别由一个 20

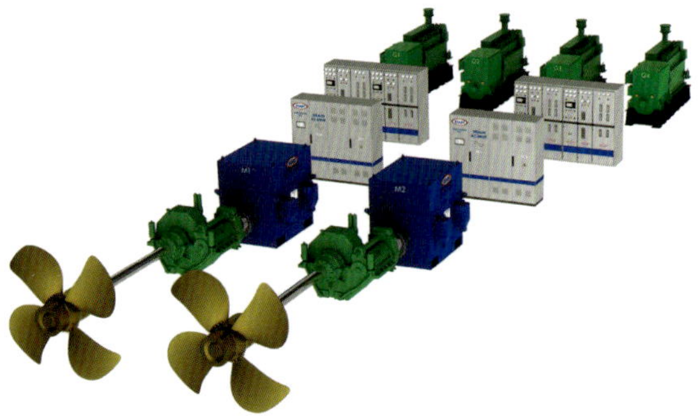

综合电力推进系统结构示意图。

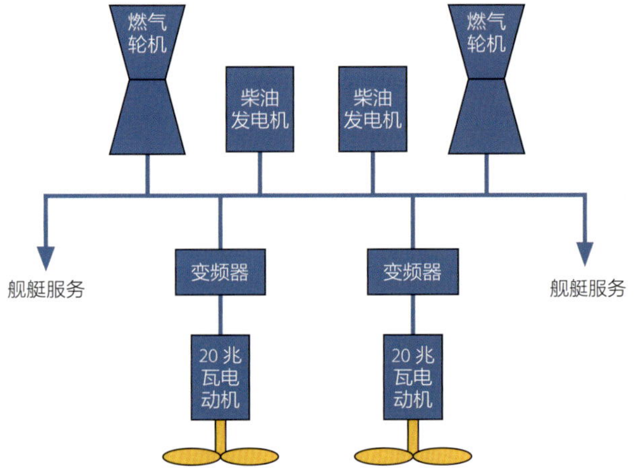

英国 45 型驱逐舰的全电推进结构示意图。

兆瓦级的 Converteam 推进电机直接驱动。此外，舰上还装有 2 台瓦特西拉 V12 VASA32 柴油发电机，每台功率 2 兆瓦。

传统推进系统是舰船的主机系直接通过减速齿轮箱与推进大轴相连，而 45 型的 FEP 则打破这种直接耦合关系，主燃气轮机只带动主发电机，与辅助柴油发电机的电力一同馈送入综合输配电网，并由数字化的综合输配电系统实施控制，而带动推进器的电动机只是输配电网中的一个终端。在高速航行时，燃气轮机带动的主发电机将主要功率用于推进电机；在低速航行时，辅助的柴油发电机则可提供推进以及舰艇本身辅助系统所需的电力，使燃气轮机得以停机，以降低油耗。

但是英国的 45 型驱逐舰和美国的朱姆沃尔特级驱逐舰进行全电化设计的时间是在 20 世纪 80~90 年代，受当时的技术所限，电制（即系统的电流种类、线制、额定功率和额定电压）还是比较简单的交流低频电制。英国 45 型驱逐舰的电压是 4.16 千伏、频率为 60 赫兹，美国的朱姆沃尔特级驱逐舰的电压同为 4.16 千伏、频率为 60 赫兹。考虑到未来驱逐舰必然会装备高能武器，用电量将急剧增加，交流电制则因变换损失大、传输效率低，已经不能满足要求。因此，未来驱逐舰的全电化，就要采用直流电制。发电机组将会采用 200~400 赫兹的高频交流发电机组，通过整流产生直流电，供舰上的主电网使用。推进电机也将会由现在的先进感应电机，发展到永磁电机或高温超导电机。

追随大师足迹的艺术之旅

寻觅凡·高

[意] 格洛丽亚·福西 / 编著
[意] 马里奥·东德洛 [意] 达尼洛·德·马可 / 摄影
文潆羲 / 译

華中科技大學出版社
http://www.hustp.com
中国·武汉
有书至美
BOOK & BEAUTY

目录

寻觅凡·高

寻觅凡·高，寻找激发其艺术灵感的点点滴滴，意味着一步一步探寻他的足迹。想要更好地理解凡·高的认知、对生命的体会、对艺术的感悟、对书籍的思考和对艺术家的评判，必须将他的画作与他的故居生活以及旅途故事结合起来去研究。1872到1890年，凡·高写过的信件浩如烟海，820封信中有658封收信人是弟弟提奥，其中大多数主题都是艺术和人生。近年来对这些故纸堆的研究一直不断涌现惊喜。自2009年以来，学者们已完成对这些信件的注解，整理出版一共六册，可在线查阅。策划编写这本书的想法由来已久，实际执行却一直到今天才完成。第一阶段可追溯至1990年，主要成果来自两位出色的摄影师——达尼洛·德·马可（Danilo De Marco）以及马里奥·东德洛（Mario Dondero），他们拍摄了很多无与伦比的摄影作品。也正是他们联系到我，提出让我们合作出一本关于凡·高的书。其实一般情况下都是艺术史学家去寻求摄影师的合作，但这次，反而是优秀的摄影师、凡·高鉴赏家、文化专家来找到我这样一位艺术史学家寻求合作。很感谢我之前在供职、现在也依然在供稿的出版社，很有信心地接受了这个挑战。而今天，出版社又请我继续深入研究这个课题，再出一本新书。感谢达尼洛和马里奥两位摄影师，是他们通过珍贵的摄影作品使凡·高很多著名画作在我们面前重现，也多亏了他们，这本书的面世才成为可能。

就这样，马可和东德洛开始了寻觅凡·高的路，我跟随他们一起追寻凡·高的脚步，足迹一路从荷兰到英国，从比利时到法国。他们学着曾经的凡·高，步行或乘火车，尝试用一瞬间的光影重现这位传奇画家在画布上曾经设想过的一切。这是个艰巨的工作，有时候甚至会觉得“这幅画平平无奇，这地方不过如此”，几次差点儿在乏味和枯燥中功亏一篑。想到摄影师们破除的重重困难，再仔细端详他们拍摄的照片，便更加觉得充满魅力，所以我满腔热忱地参与了他们的项目。我研究凡·高的时间已经不短了，但这项工作还是令我十分激动。我重读了凡·高那些大部分还没被译成意大利语（编者注：原书为意大利语）的信件，再结合摄影图像进行情景分析。在工作的收尾阶段，我还跟随二位摄影师亲临现场去感受。这项工作的体验还是十分美好的，在成千张照片里找到“合适”的一帧并不容易，数不清的黑白试片见证了我们的辛勤付出，上面布满了我们三个人的笔迹。凡·高的这些作品就穿插在这些摄影作品里，在每个章节的开头都有。

从项目开始到现在，三十个春夏过去了。在这一群学者精益求精的努力下，凡·高“天才无比又疯狂彻底”的传奇一生已经逐渐露出眉目。回顾凡·高这些足迹，很多事实将重新水落石出——这位伤痕累累的画家，关于他的传说永远不会休止。

凡·高是一位有文化的画家，是一位饥渴的读者，是一位对当时的艺术市场十分了解的

奥维尔，麦田

一张乌鸦的照片，电影《梦》（1990年）中的一幕，黑泽明

作品1

作品1.《麦田鸦群》(1890于奥维尔), 阿姆斯特丹, 凡·高博物馆(文森特·凡·高基金会)

艺术家。凡·高还在世时，他的一些作品曾在巴黎展出。他的一位相识——年轻的艺评家乔治·阿贝托·奥里埃（Georges Albert Aurier，1865—1892年）曾经写文盛赞他的才华，这篇文章发表于1890年，从篇幅上来看并不短。不过，在此之后，再也没人像他这般条分缕析又满怀诗意地再进行对凡·高的探索。时隔100年，我们的项目在1990年启动。

在数字时代，我们有很多便利，但再也没办法像达尼洛和东德洛一样用照相机将所有的地点一一记录。2015年，东德洛与世长辞，本书也是对他的一份献礼。而达尼洛一直在带着极大的人文精神继续工作，在没有数字设备的情况下，亲手处理所有的黑白影印。

如今，我们可以轻轻松松在网上预订行程，想去凡·高到过的地方走访简直轻而易举。网络的发展和建筑的重建为人们的探索提供了新的机会，但也不得不说，探索的魅力也因此大打折扣。如果人们无法访问那些网站和建筑，可能就很难有新的发现了。在津德尔特，凡·高诞生的房子如今已成为博物馆场地和艺术家寓所。在圣雷米，凡·高曾经停留过的圣保罗修道院如今已是精神病医院，凡·高在画中曾绘制过的庭院如今依然还在，人们依然可以从同一地方进入，参观1889年凡·高曾经蜗居过的小屋子。在奥维尔，加歇医生的小花园又已经鲜花满园了，我们给其中放肆生长的洋地黄放了一个毫无修饰的特写，之后在本书里也会看到。

而环绕着花园的房子如今也成了一座博物馆，除了展出凡·高的那些被他看作是“乌黑一片”的画作，还有一些塞尚和毕沙罗的作品。一开始，这些地方并不允许我们进入，不过达尼洛（编者注：达尼洛·德·马可是本书的摄影师之一）并没有放弃。他爬到了小汽车的车顶上，而我在另一边负责吸引看门人的注意。那辆小汽车还是我们向一位画家朋友借的，而那个看门人疑神疑鬼的，根本不离开窗口半步（因此，我保留了从下往上仰拍那面墙的照片，不过如今再审视一下，感觉还可以拍得更好）。还是在奥维尔，和平咖啡馆也失去了它的光环，当我们在喝咖啡的时候，可以看到身后的墙上柯克·道格拉斯（Kirk Douglas，1916—2020年）的脸庞，和凡·高瘦削的脸颊有几分相似。

其他大多数地方如今还是保留原貌的。凡·高两兄弟的墓碑被常春藤覆盖着，拉乌客栈已成为一座家庭式的博物馆。拾级而上，可走进画家曾栖息的狭小房间，他曾在那里奄奄一息，最终与世长辞。在北布拉班特省，旧风车还留着，和凡·高在1886年描述过的毫无二致。安特卫普的港口充满了生机。2016年，著名建筑设计师扎哈·哈迪德（Zaha Hadid，1950—2016年）在去世前不久还在为安特卫普设计一座未来主义的建筑。而在巴黎，蒙马特永远是蒙马特。对我来说尤为亲切的一个地方——Les Fusains 艺术工作室——一座迷人又静谧的避难所，如今也禁止入内了。

凡·高居住过的每一个地方，都或多或少有大型的专用空间，凡·高博物馆（如今的文森特·凡·高基金会）扩大了空间，进行了一些现代化的处理。回到奥维尔，静静地行走在麦田里，你会不自觉地想象自己就身处在凡·高的画中。当时我还不知道，其实在我们去奥维尔之前几个星期，黑泽明也到过这里，他“深入”到画里，后来在自己的电影中重现了这个场景，很像现在特别流行的“沉浸式3D”。和所有对同一主题进行过长期研究的学者一样，现在的我再审视凡·高、他的作品以及他住过的地方，会产生和三十年前完全不同的感悟。我一直追随着凡·高的脚步，他的人生轨迹也推着我将研究拓展到其他不同的方向。

举例而言，在我看来，1773年发现的M51漩涡星系和一些法国天体物理学家的理论，无形中就是1889年《星夜》的灵感来源。凡·高描绘着那些星星，把它们视为“一群活着的朋友”。他画的星星大部分都是真实存在的，也正因如此，我一直相信，除了我无法亲身体验的病痛，“凡·高的画里不存在想象，也没有幻觉。”［安托南·阿尔托（Antonin Artaud，1896—1948年）语］

凡·高在绘画中的旅程是身心合一的，他一如既往地坚持着对人类和对大自然的爱，残忍又痛苦地剖析着人的灵魂。他的世界越显复杂和丰富，人们越能意识到，仍有很多东西尚待探索。这本书遵循了凡·高的嘱咐：“继续行路，热爱自然……画家们懂得并热爱自然，他们也教会我们如何去看。”（伦敦，1874年1月，致提奥，17N）

重新装修前的奥维尔的和平咖啡馆，墙壁装饰灵感来源于文森特·明奈利（Vicent Minnelli，1903—1986年）的电影《渴望生活》（*Bruma di vivere*，1956年），主角凡·高由柯克·道格拉斯扮演。

行走在凡·高的路上

从凡·高痛苦的人生经历里解脱并不容易，一路上他停留过的所有地方都带有他戏剧般的痕迹。他过着一种“苦涩的生活”，这种苦涩有时还会因为他背负的痛苦而显得更加残酷。但同时，他的生活又总是充满了无限想象，这种混乱不安孕育了后印象派风格的“爆发”，带来了前所未有的突破。如今，安托南·阿尔托口中那位“被社会扼杀”的艺术家已逝世百年。走进奥维尔，踏上通往凡·高之墓的小路，一百年来关于凡·高的记忆还在一直蔓延，成为所有人心里的共同故事。凡·高的作品饱含着对命运的痛苦讽刺，如今它们在世界各地的博物馆里展出，或盛装华裱，或朴实无华，但都完成了画家最初的心愿，触到了人们的内心。即使在最黑暗的日子里，凡·高都相信，总有一天这个世界会还他以公道。在他写给弟弟提奥的一封信里，他曾说：“画家无须言语，只需通过他们的作品来和下一代、世世代代的人交流。”

这位堂·吉诃德一般的骑士，在夜晚的普罗旺斯留下了无数脚印。他头上戴着一顶草帽，帽檐上装着一排蜡烛，以便在他画星星的时候为他照亮画布。我们的团队——达尼洛和艺术史学家格洛丽亚·福西，一路追寻着凡·高的足迹，一次次深入老赫兰的乡村小路，或者像画家一样缓缓地穿越普罗旺斯的橄榄树林。

凡·高徒步走过很多路，一些是因为生活所迫，而一些只是出于他本人乐于探索大自然。我们一路学着他，有时也会住在他风餐露宿时下榻的小旅馆。就这样，我们走过了他出生的北布拉班特省、他成长时期的荷兰、他患病待过的房子、繁星满布的德伦特、黢黑的博里纳日还有蒙马特等曾经留下他的足迹的地方。我们到过普罗旺斯，看过那里颓唐的景象和画家不朽的作品。我们途经各种地方，一直到法兰西岛大区的奥维尔，凡·高人生故事的落幕之地。这些地方中的许多都已经变了模样，尤其在城市地区，很多东西早已不复存在。同时也有很多地方，流逝的百年时光也并未完全改变当年景象，例如海牙附近的席凡宁根，凡·高曾在这里支起画架和安东·莫夫（Anton Mauve，1838—1888年）争论不休。人们如果今天来到这儿，依然会在沙丘里迷失方向。在博里纳日，现在已经基本见不到“雪地里的矿工”了，矿井的瓦斯和尘肺病也都不存在，但碎石瓦砾和黑色矿土堆成的小山如今还在，甚至还会在阳光下闪烁。阿尔勒在天气好的时候依旧美丽夺目，人们可以从蒙马特儒放眼远眺，凡·高昔日眼中的美景历历在目。圣雷米的修道院依然完好无损，记忆犹新。安特卫普，这个并不太为人熟知的美丽城市，时间在这里仿佛从未离开过：一样的美术学院、医院，还有在红灯照耀的橱窗背后，女子们安慰着过往的失意人。还有德伦特，煤炭已经不再是当地人用来谋生的主要资源了，但这里仍然充满了旧日的气息。在一个雨夜，兹韦洛和霍赫芬之间一辆半空的公共汽车上，我们甚至感觉遇到了凡·高本人。那是一个骨瘦如柴的年轻人，带着发烧一样的病态眼神。他仿佛赠予了我们一段漫长的独白，然后在某一站下了车，消失在黑夜中。

马里奥·东德洛

作品2
去往塔拉斯孔的画家（阿尔勒，1888年7月），1944年原画在马格德保遭到损坏。

在如今，开启一场旅行像家常便饭一样简单，只需事先安排好行程，一路便可以无比顺畅与便捷。然而，我们的旅途却没那么容易。我们需要摒弃常人规划好的路线，另辟蹊径。这正是文森特·凡·高的所作所为。

凡·高放弃了安稳平静的生活。他本来可以走上一条更为安稳的道路，做一名非常正统的福音传教士，成为一个自食其力来养家糊口的好父亲，抑或是一个中规中矩的画家。这样做或许循规蹈矩，但至少在普通人的价值体系里德高望重。

可这些对凡·高而言一文不值，他偏要成为穷人里面最穷的人，从路边领回家一个怀有身孕还带着拖油瓶的妓女，和他们组成了一个临时的家。他经常光顾妓院，在那里他能得到他能得到的唯一一种温柔。

作品2

带着种种思虑，我们踏上了寻找凡·高的旅程。我们一次次踏上乡间的火车，一次次登上不满载的公共汽车，一次次抛弃人们熟知的寻常之路，探寻伴随他一生的“与世不合”和“离经叛道”。

我们追求的不是尽善尽美的摄影作品，我们希望通过这些留影来展示和解读一种存在，解读凡·高心中的那种流动、那种光环，读懂他如何将人与地点融为一体，将人与他人连在一起。我们将自己投入到每一个细小事件里，尝试着抛弃所有的固有认识，重新发掘每个地点、城市、村镇、风景、视野和人文观念，看到凡·高带着孩童般的好奇创作出无比深刻的作品，并一次次沉醉其中。凡·高是勇敢的，同样勇敢的还有他运用光影努力进行的自我净化和救赎。他的作品里的光影也像一声长鸣，揭示着他人生之烛无法逆转的燃尽。在一方画布上，凡·高开展他个人的斗争：近乎疯狂地描绘他人以及自己，直到情感的波动穿过内心，直达灵魂深处。

我们努力呈现的到底是什么？是他画中困惑地注视着这个世界的人物，他们无法理解，甚至也无法触及。现实曾残酷无情地碾过，击溃了人与人之间最最亲密的关系。

因此，我们需要全身心地沉浸在凡·高旅途的点点滴滴，去理解他的人生经历如何促使他完成一曲又一曲无限又凄美的世界之歌。我们跟随他的足迹，探寻每一个地点，找寻着空间的寂静，时间的流逝，发掘着他的心理活动，又讶异于他内心的简单朴素。这才是我们完成这一趟旅行的最终目的，也是我们当好自己人生主人公的不二选择。

达尼洛·德·马可

KODAK TMY 5053
GRUUTHUSE

凡·高的根

（1853—1876年）

从津德尔特到海牙

（1853—1873年）

1852年3月30日，一个婴儿在津德尔特呱呱坠地。这是北布拉班特省的一个小城，土地平坦，多荒地，与比利时接壤，距离安特卫普不到50公里。父母给小孩起名叫文森特，可惜文森特出生即夭亡，葬在了教区教堂的墓地里。父亲西奥多勒斯·凡·高是一位新教徒，出生于1822年，从1849年起掌管这片教区。整整一年后，即第二年的3月30日，他的妻子安娜·卡本图斯（Anna Carbentus，1819—1907年）又诞下另一个孩子，这个孩子很健康。夫妇为孩子取了同样的名字：文森特。这就是后来的伟大画家，他一生都与同名的早夭哥哥联系在一起。这个家庭非常地团结，后来又有了五个孩子，三个女孩和两个男孩，分别是安娜（Anna，生于1855年）、提奥（Theo，生于1857年）、伊丽莎白（Lies Elizabeth，又名莉也，生于1859年）、威尔米纳（Willemina，又名威尔，生于1862年）、柯内留斯（Cornelius，又名科尔，生于1867年）。所有人，包括母亲在内，都没文森特·凡·高去世得早。文森特1890年7月在奥维尔小镇与世长辞，他最亲密的弟弟提奥在1年后也紧接着去世了，年仅34岁。

津德尔特（北布拉班特省，荷兰），市集广场（markt 26-27），挂着的牌子写明了此处就是文森特·凡·高的出生地，凡·高一百周年诞辰时正式揭牌（1953年3月30日）。牌子上还引用了一句他为人所熟知的话："我认为我的作品植根于人们的内心。"（海牙，1882年5月12日至13日。阿特奥，226N）

凡·高家族并非土生土长的津德尔特人，他们原本来自海牙，自18世纪起便在金银加工、神学、艺术品买卖等不同行业脱颖而出。根据家族传统，家里总会有一个人叫文森特，最早是金银雕饰家大卫·凡·高（David van Gogh）的儿子文森特，他于1729年出生于海牙，是一名雕塑家，后来也在巴黎工作。另一位文森特（生于1820年）是画家文森特的叔叔，在海牙经营一家美术馆，后来他的侄子画家文森特就在此当学徒。文森特和哥哥西奥多勒斯两兄弟虽然距离相隔很远，但是关系很亲密。他们二人都受过良好教育，后来娶了海牙法院装订工卡本土斯家的两个女儿。文森特有着过人的商业天赋，西奥多勒斯经常会向他寻求建议和帮助，以便在事业上帮助儿子文森特和提奥。文森特·凡·高身处的这个家族，一直保持着家族的团结和忠诚，凡·高本人也一直和家族有着紧密联系，只不过父亲过于严苛的想法还是在二人之间造成了一些嫌隙。而对于弟弟和妈妈，虽然有过不理解和冷漠，但文森特·凡·高一生都将他们放在内心深处。他所有的家庭关系也无非再次凸显了一个事实，他不管是作为儿子还是作为兄弟，一直都是最脆弱的、最需要关心的那一个。

凡·高家庭的五个孩子全部成长于北布拉班特省，凡·高后来也经常自诩为“北布拉班特省的孩子”。那里的荒地、石楠和多浓雾的天气就是他的世界。他心中一直保留着那些茅草屋顶的农舍和风雨如磐的黑沙路，他也曾不止一次返回到故乡，惋惜着“现代生活”的入侵，景色时过境迁。从凡·高的来信，还有妹妹莉也写给凡·高的悼词里可以看到，年轻的凡·高曾如何独自一人纵情荒野。他很懂鸟类的习性，如果让他观察两只落在黑麦田上的百灵鸟，他可以纹丝不动，“一根麦秸都不会折断”。他在那些小宇宙里研究了“背部发光”的甲虫，将它们收集起来，做成了一个目录。虽然昆虫的名字不尽相同，但他都知道。28岁的凡·高在海牙时曾提出“万物的起源是设计”的观点。考虑到他的经历和家族背景，他之所以有这种观点很可能是受到了16世纪样式主义的影响。莉也还说过：“他还是个孩子的时候，就曾用黏土做过大象。在他八岁的时候，给母亲看了一幅草图，画的是一只猫在花园里爬一棵苹果树。”不过，凡·高在学校的功课确实很差。1861年，在津德尔特上完学以后，父母给他请了一位家庭教师。1864年，凡·高去了距离村庄30公里的泽芬贝亨寄宿学校。1866年，他搬到蒂尔堡去上技术学校。他这样一个敏感的男孩与父母第一次分离，内心十分痛苦：“我眼睁睁看着你们的马车离开……我还记得爸爸来看我的第一个晚上，还有我回家过圣诞节的时候。”也许因为对家庭的思念，1873年他又回到了海尔福伊特，1876年到了父母居住的埃滕。1869年他去了海牙，在那里一直待到1873年。他在古皮尔画商作学徒，文森特叔叔将其交给了赫尔曼努斯·吉佰图斯·特斯泰格（Hermanus G. Tersteeg，1845—1927年），在好几封信中他都曾提到这件事。在1872年8月至9月之间，提奥曾去探望哥哥。不久之后，两兄弟之间的密切书信往来开始了。

津德尔特，市集广场（markt 26-27），1903年，在文森特·凡·高的出生之所被拆毁后，落成了现在的建筑。这是1990年时的样子，之后被改造成了家庭博物馆。

津德尔特（1853—1864年）

津德尔特（北布拉班特省，荷兰），津德尔特中央广场：在车的后面就是教区牧师寓所，也是文森特凡·高和他兄弟的出生地。摄于1901年。

在凡·高的年代，随着蒸汽火车的到来，津德尔特渐渐失去了它作为交通枢纽的重要性。如今只有大约两万居民居住在此，但这个城市在凡·高的记忆里永远鲜活。每年九月的第一个周日，该镇都会举行丰富多彩的花车游行，这是荷兰重要的节日庆典之一，闻名世界。

津德尔特，该建筑于1903年建于梵高出生地房屋原址，不久后成为如今的“凡·高之家”。经历了现代化的整修，营造出了博物馆般的环境，重现了凡·高儿时生活的地方及其周边地区，充斥着画家一家与北布拉邦的故事记载，有年轻艺术家居所和临时展览空间。

牧师寓所的背后是茂盛的凡·高花园，如今摆放着为游客准备的桌椅，这里很可能是文森特·凡·高对大自然产生第一缕爱意的地方。在妹妹莉也1910出版的津德尔特回忆录里可以找到一些关于花园的描写，她提到了小菜园，还有篱笆外的田野：

万寿菊、玫瑰还有艳红的天竺葵蔓延着，在日落时分闪闪发光。一切都在盛开，八月下旬的炎热午后干燥不已。在花坛后面的草坪上，铺开一张床单，像雪一样洁白……旁边是一排排的灌木丛和带着香气的浆果。整个花园都被山毛榉所包围着，隔在黑麦田与小麦田之间，小麦田一直延伸到视线的尽头。（杜肯·凡·高1910，第10页）

家、教堂和田野之间

津德尔特（北布拉班特省，荷兰），文森特·凡·高的父亲西奥多勒斯·凡·高主管的教堂，文森特受洗的地方。

长大后的文森特曾返回过教堂里的公墓进行哀悼。1877年春天，他从多德雷赫特乘火车回来，在夜里徒步了12公里：

周六夜里，我搭上最后一班火车，先从多德雷赫特到奥登博斯，最后步行回津德尔特。景色很好看，尽管是深夜，我还是可以清楚分辨出哪些是荒地、哪些是树林和沼泽……天空是灰的，星星透过云层闪烁着，时不时能看到更多的星星。我到达津德尔特公墓的时候时间还早，一切都笼罩在寂静中。在等待太阳升起的过程中，我又重新看了看走过的地方和道路。

（埃滕，1877年4月8日。致提奥，110N）

津德尔特，小文森特·凡·高的墓碑，夭折于1852年3月30日。

津德尔特，乡间小路

年轻的文森特·凡·高从村庄的边缘开始了他的流浪。成年后，他曾对画家朋友安东尼·凡·拉帕德说北布拉班特省变得现代化了，而他再也找不到它的神秘魅力了：

当我还是个小孩子时，我总是望着那些荒地和小村舍，织布机上的轮子旋转着，就像如今能在安东·莫夫和范德·莫伦（Frans Pieter ter Meulen，1632—1690年）的画里看到的一样。随着土地开垦和工业革命的发展，我所熟悉的北布拉班特省发生了翻天覆地的变化。以前的小棚屋，如今成了铺着红瓦的新酒馆，看到这些总不免有些怀念。甜菜工厂、铁路、新垦的耕地如雨后春笋涌现，这里也不再山清水秀。好吧，我心里留下的只是关于荒地的朴拙诗歌。
（1882年8月13日，海牙，致安东尼·凡·拉帕德256N）

津德尔特，城市俯瞰景，图中可见市政厅

母亲的肖像

妈妈这几天怎么样？我时常想念你们两个，我从内心深处祝愿你们一切都好。

（阿尔勒，1888年7月31日，给妹妹威尔的信，653N）

安娜·柯内莉亚·卡本土斯（1819—1907年）：凡·高的母亲是一位中产阶级的女士，朴素大方，虽其貌不扬，但才思敏捷，就像右侧的画像里所描绘的那样。这是她作为凡·高家族成员的唯一一幅正式画像。

我无法忍受色彩的缺乏：这幅画的创作基于凡·高母亲的一张黑白照片。在文森特的要求下，妹妹威尔将母亲带到巴黎，提奥又将母亲送到文森特这里（阿尔勒，1888年9月14日，678F）。文森特很喜欢这张照片，因为“可以看到母亲状态很好，表情生动”（阿尔勒，1888年9月21日，685F）。但是黑白的照片还是使母亲看起来有点严肃，神色黯淡。因此，文森特便自己动手将母亲的样子描绘了出来，他还希望收到父亲的照片后也这么画一幅。1888年10月8日，他写信给提奥：“我正在为妈妈画一幅画像，我无法忍受没有色彩的黑白照片，我要创造一幅色彩和谐的图画，画出我记忆的颜色”（699F）。在绿色背景里，母亲的面容像照片一样凸显出来，结束了黑白照片的暗淡无光。文森特和母亲的长相还是很相似的，家里人也常常这么说。

精致的花卉画家：凡·高曾向妹妹吐露，他对这幅母亲的画像不甚满意。从画中我们可以看到母亲“儿行千里母担忧”的神情。此外，凡·高还画出了儿子对母亲的关心和深情的爱。文森特的母亲是一位精致的花卉画家，艺术爱好者，也正是她首先发现了儿子超乎年龄的艺术天赋。除了她，没有其他人注意到文森特八岁时画的那只猫咪草图。安娜在凡·高死后于1907年与世长辞，享年88岁。

安娜·柯内莉亚·卡本土斯，文森特·凡·高的母亲，大约于1888年拍摄于海牙。我们将这张照片翻拍了下来，我们推测，凡·高绘画时应该是将照片反射到了镜子里，这在当时是艺术家们常用的手法。画像和照片十分相似。

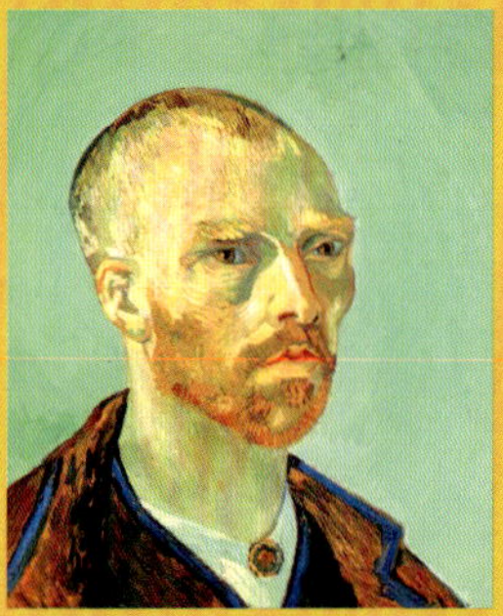

作品3

作品3
《献给保罗·高更的自画像》，
阿尔勒，1888年9月，布面油画，61.5厘米 × 50.3厘米（整体，图73，第164页），剑桥（马萨诸塞州），哈佛艺术大学博物馆/福格美术馆。F476/JH1581

作品4
《母亲的肖像》，
阿尔勒，1888年10月，布面油画，40.6厘米 × 32.4厘米，帕萨迪纳（加利福尼亚州），诺顿·西蒙艺术博物馆。F477/JH1600

作品4

从泽文贝亨到蒂尔堡再到津德尔特
（1864年10月1日—1868年3月19日）

蒂尔堡（北布拉班特省，荷兰），路牌，指示科维尔街

蒂尔堡小镇中心的一角

1864年10月至1866年8月，凡·高在泽文贝亨的寄宿学校读了两年后，搬到了距津德尔特32公里外的蒂尔堡继续学业。1866至1868年，他就在科维尔大街57号的公立中学艰难地学习。但在凡·高的内心深处，他只想学画画。1868年3月19日，囿于经济状况，父亲让他从学校退了学，他的学业就到此结束了。

一项新发现
这张照片于1957年被重新找到，经马可·厄多·特拉堡认定为文森特·凡·高13岁时的照片，随后该论断也得到了一些学者的赞同，直到2018年，阿姆斯特丹凡·高博物馆官方确认，该照片应拍摄于1873年的布鲁塞尔巴杜文·施瓦茨工作室，照片中的人物不是文森特·凡·高而是年龄更小的提奥，兄弟俩长相特别相似。

在割耳后的痛苦中逐渐恢复的时候，凡·高曾回忆道：

在生病的这段时间，我又看了一遍津德尔特的家，看了每个房间，每条小径，花园中的每种植物，田野每个角落，还有邻居、墓地、房子后面的菜园，一直到公墓洋槐树梢的喜鹊窝。对于那些日子，我比你们要怀念得多。只有母亲和我还记得这一切。
（阿尔勒，1889年1月22日。致提奥，741F）

文森特去世多年后，妹妹曾回忆起，儿时在屋后花园玩耍，哥哥从田野里突然赶来。文森特一直是个内向而孤独的男孩，对待兄弟们像是外人，兄弟们对他也不太热络：

老房子屹立在他们身后，有一排排的窗户，深绿色的百叶窗……哥哥找寻的不是家人的关怀，是孤独……他身形瘦削，有一点驼背，肩膀宽阔，总爱晃着头。他戴一顶草帽，正好遮住他发红的短发。他的脸有些奇怪，看起来并没有该有的年轻，眉头紧锁，额头上也满是皱纹，蓝绿色的眼睛小而深邃。尽管他外表寒酸，但还是可以看出他内心有认真生活过的痕迹……他知道哪里长着最罕见的花朵。
（杜肯·凡·高，1910年，第10页）

海牙，第一份工作
（1869年7月30日—1873年1月6日）

作品5

作品5
《霍夫维弗湖》（海牙，1873年春天），阿姆斯特丹，凡·高博物馆（文森特·凡·高基金会）

1872年，多雨的八月，文森特开心地收到了弟弟提奥的来信：

谢谢你的来信，很高兴知道你一切都好。我初来这儿很想你，中午看不到你都不习惯。我们曾经一块儿度过很多快乐的日子：在一场场暴雨之间的间隙，我们散着步，看到美丽的景物……
（海牙，1872年9月29日。致提奥，1N）

得益于文森特叔叔的帮助，凡·高得到了第一份工作，在海牙的巴黎古皮尔画商的荷兰分公司担任美术作品的销售。在这座美丽的荷兰城市，皇家法院的所在地，年轻的凡·高画下了他第一幅草图，即霍夫维弗湖缩略图（“法院和湖景”），如今人们可以骑自行车从这里通过。

这个新年开始得很顺利。我得到了十盾的加薪，所以我每个月可以挣到五十盾……很好吧？我希望我可以依靠自己满足自己的需求。万事开头难，但我必须坚持。
（海牙，1873年1月，致提奥，3N）

海牙（荷兰），
皇家法院的池塘

埃滕，记忆中的地方
（1876年3月31日—4月14日）

1875年，凡·高的父亲从津德尔特搬去了20公里外的埃滕，他和妻子在那里一直待到1882年。提奥和凡·高在别处工作，但总会回来度假。从1876年的3月31日一直到4月14日，凡·高先是离开了巴黎，去了伦敦，然后才来到埃滕。而同时，弟弟提奥也正准备从海牙赶来：

最近没什么意外的话，我要回一趟埃滕，我想4月1日出发，要不然就是3月31日。我听爸妈写信说你也要回来，你打算什么时候回？我希望在你出发前可以寄给你一本好书，你可以在路上看，是朗费罗的。距离回去还有三个星期，我还需要思索一下什么是‘放纵’，什么是‘宽容’。

（巴黎，1876年3月15日，致提奥，71N）

作品6

埃滕·勒尔（北布拉班特省，荷兰），微缩画。这里如今有超过五万的居民。在图画的背景中有一个新教教堂；旁边的牧师寓所如今已不复存在。

虽然当时的文森特·凡·高还不是一名专职画家，但他画了教堂，还有父母居住的牧师寓所。之后他回到了英国，搬去了拉姆斯盖特，满怀着对家人的想念：

……我们分离的最初几个小时，您在教堂里度过，我在车站然后是火车上度过。我们都满怀着对彼此的思念。

（拉姆斯盖特，1876年4月17日，致父母，76N）

我的房间在学校的另一栋楼里，我一会儿便打开行李箱，把我喜爱的画挂到墙上。

（拉姆斯盖特，1876年4月17日，致提奥，77N）

拉姆斯盖特，港口停泊着各式各样的船只。

凡·高与黄色

1876年，文森特·凡·高尚未成为专职画家，被所见的黄色房屋深深震撼到。而黄色也因此成了他日后绘画中的常客，用于烘托气氛、描绘物品、描述地点等，有时甚至一整幅画都呈现出高亮的黄色调。黄色，寓意生命，寓意精神，是普罗旺斯艳阳的颜色，是法国自然主义小说封面经常用到的颜色，也是凡·高最爱的颜色。此外，在那个时候的伦敦，黄色代表着一种肆意和自由，在各种展览里都经常出现。在文森特去世后，1894年季刊《黄皮书》(*The Yellow Book*）也用了黄色作为封面主色调，首刊封面由著名插画艺术家奥伯利·比亚兹莱（Aubrey Beardsley，1872—1898年）主导设计，供稿的有一些著名作家例如莫泊桑、左拉、龚古尔兄弟。在1890年7月，即凡·高人生最后的一段时间，奥斯卡·王尔德在《黄皮书》杂志发表了他的代表作《道林·格雷的画像》。

作品10
《三部巴黎小说》：黎诗潘的《勇敢的人们》(*Braves Gens*)，1886年；爱弥尔·左拉的《女人的快乐》(*Au bonheur des Dames*)，1883年；以及龚古尔的《少女艾尔莎》(*La fille Elise*）1877年。
1887年1月至2月，油画，31.1厘米×48.5厘米，阿姆斯特丹，凡·高博物馆（文森特·凡·高基金会）。F335/JH1226

作品10

读小说的女人：《读小说的女人》是凡·高比较冷门的画作之一，极具标志性地展现了凡·高钟爱的黄色。这幅作品一直为私人所收藏。我们可以一起来看：一位女子求知若渴地读着一本黄皮书，沉浸在身后黄色的图书馆中。画中女子的面孔与文森特的妹妹威尔相似，文森特·凡·高曾写信给妹妹威尔，说这幅画略显深沉："画中的女子有光滑的黑色长发，绿色的上衣，葡萄紫色的袖子，黑色的裙子。背景几乎全是黄色，书架上摆着书。她手中拿着一本书，书皮是黄色的。"（阿尔勒，约1888年11月12日，致威尔，720F)。后来，文森特又向朋友埃米尔·贝尔纳（Émile Henri Bernard，1868—1941年）提到这幅画："我画了一位穿黑衣的女士，坐在黄色的图书馆里读书。"（圣雷米，1889年11月26日，致埃米尔·贝尔纳，822F)。凡·高至少有18幅与书籍有关的绘画作品，画中很多书都是小说。凡·高笔下的这些书很多都是黄色封面，其他则是淡蓝色或红色［意大利学者玛丽拉·古佐尼（Mariella Guzzoni)，2020年］。这些小说大多是在当时法国资产阶级中正流行的巴黎小说，也是一种新型文学流派——自然主义文学。它将小说的心理学性和自然科学的精准性结合了起来。

作品11

作品11
《读小说的女人》
阿尔勒，1888年10月至11月中旬，
布面油画，73厘米×92.1厘米，
F497/JH1632

这位年轻女读者的形象无疑是来自妹妹威尔。凡·高经常写信给妹妹建议她多读一些巴黎小说。凡·高认为，所有女孩都应该多读书，才能成为现代女性。

简单人

ROSE COTTAGE
VAN GOGH, sister of the painter
VAN GOGH
here in 1875-1876.
as an usher at a school
at the time, he
Anne on more than one
poverty compelling
walk all the way
London
22

我在英国过得很充实，我虽然身无分文但拥有一切。有些时候，我觉得自己在变成一位真正的世界公民，既不是荷兰人，也不是英国人法国人，只是简单人。

（伦敦，1874年2月9日，致卡罗琳·汉尼贝克，18N）

韦林（赫特福德郡，英国）
在伦敦北方青山绿水的韦林，教堂街第22号，这里就是安娜曾经的居所，又称“玫瑰小屋”，凡·高十分喜爱。

埃尔沃斯，（密德萨斯，英国）

伦敦的西南部工业区，特威克纳姆路158号，坐落着老霍姆法院。大楼始建于1715年，也是牧师托马斯·史莱德·琼斯（Thomas Slade Jones）的学校。文森特·凡·高是他的助教，住在他的对面，屋前有洋槐树。

今天早晨阳光明媚，阳光从庭院里高大的洋槐树上倾落下来，照亮了屋顶、窗子和整个园子。树上挂着一些蜘蛛网；早上的空气还有些凉，孩子们转圈圈来取暖。

（埃尔沃斯，1876年8月26日，致提奥，89N）

韦林
这是城市主街，安娜教课的学校就坐落于此。

从埃尔沃斯到里士满，沿河（1876年10月29日）

泰晤士河畔的里士满（伦敦区，英国），泰晤士河畔的小路，从彼得舍姆到里士满沿途的最后一段。

里士满，锁堰桥，泰晤士河的行人桥

1876年6月的最后一周，凡·高离开了他教学的学校，从拉姆斯盖特搬到了埃尔沃斯，在伦敦的西南方大约17公里，他在这里当了牧师托马斯·史莱德·琼斯的助教。

1876年10月29日，在沿着泰晤士河走了3公里后，凡·高进行了人生中第一次布道。

提奥，你的哥哥第一次布道了，就是上周日在教堂……这很可能是我千里之行的第一步……这个秋天的下午，沿着泰晤士河到里士满的路很美。河水里倒映着蓝色的天空和岸边满是黄叶的高大栗子树。越过树梢望去就是山上的里士满：红色屋顶的房子、没有窗帘的窗子还有郁郁葱葱的花园。更高处还有灰色的钟楼，而下面则是灰色的桥，两侧是高大的白杨树，人们路过，就像我画中的黑色人影一样。

（埃尔沃斯，1876年11月3日，致提奥，96N）

里士满 面朝宽阔大河的城市

SUBJECT
TECHNICAL DATA

从博里纳日到海牙
再到安特卫普

（1878年12月26日—1886年2月）

谦卑的信仰，在博里纳日

（1878年12月26日—1880年10月）

成为牧师虽然时间很短且不太成功，但依然是凡·高成长中至关重要的一部分。虽然家族一直从事宗教事业，但凡·高这一举动似乎和父亲关系不大。父亲西奥多勒斯·凡·高性格严厉，与儿子文森特之间存在着很尖锐的矛盾。凡·高愿意从事宗教工作的改变发生在他停留伦敦的最后一段日子里，也就是1876年。当时，凡·高喜欢查尔斯·哈登（Charles Haddon，1834—1892年）在大象城堡区举行的布道。在一次沿着泰晤士河短暂的散步后，凡·高第一次走上了里特满的布道台，就像是“从黑暗的地下洞穴走到了和煦的阳光里”。（1876年11月3日，致提奥，96N）1878年12月26日，凡·高来到了博里纳日，他亲自和矿工们一起下到地下几百米的煤矿里，在暗无天日的矿坑里与矿工生活在一起。

在离开英国之后，到达比利时之前，凡·高率先回到了父母居住的埃滕，之后他又搬到了荷兰的多德雷赫特，在布鲁瑟·冯布拉书店工作。他依然在学习《圣经》，不过没有被阿姆斯特丹神学院录取。在此期间，他熟练掌握了多门现代语言——荷兰语、英语、法语、德语。而在神学的必修语言古希腊语、古拉丁语面前，文森特却觉得吃力难学。他在布鲁塞尔的拉肯的一个传教士培训课程中勉为其难坚持了不到三个月。

在埃滕的时间里，凡·高的父母开始感觉到儿子的沮丧。凡·高很难一直待在一个

沃尔努（博里纳日，埃诺省，比利时）
沃尔努煤矿的遗迹，是晚期新古典主义的历史印证，自2002年以来，已成为法国当代艺术博物馆的馆址。在凡·高生活的时代，这里是世界上极为重要的煤矿之一。

科丰泰恩，（瓦姆村，博里纳日，埃诺省，比利时）
这是一个砌了红墙的老房子。1879年1月至8月凡·高曾在瓦姆居住。

地方，坚持一项无所谓的工作。所以，当发现儿子铁了心要去博里纳日这个煤矿区的时候，父亲还是决定支持他。

1878年的圣斯特法诺日（12月26日），文森特·凡·高到达了帕图拉奇，位于蒙斯附近，比利时和法国的交界处。最初，他住在街头小贩范德海根（Vanderhaegen）的家里。1月份，他收到了一个临时任命，担任瓦姆村的牧师，为期6个月。瓦姆村位于如今的科丰泰恩市，面包师让-巴蒂斯特·丹尼斯（Jean-Baptiste Denis）邀请凡·高住在自己距离矿山不远的家里。与矿工的小棚屋相比，他的家虽然简陋但是更为舒适，和当地一些漂亮的小楼一样，都由红色砖块砌成，为矿区到处散落的煤灰色添上了一缕色彩。1879年4月17日，在弗拉默里的阿格拉普矿山发生了一场矿难，250名矿工死亡。凡·高在这里担任牧师，他撕掉身上的衣服来包扎矿里因瓦斯爆炸而受伤的人。常年在此生活，凡·高本人也未能免于斑疹、伤寒和矽肺病，甚至还养成了酗酒的坏习惯，这个恶习让他之后屡屡被诟病。后来他离开了面包师丹尼斯舒适的家，找了一个小棚屋，睡在草垫上。同时，他期望成为一名正式的牧师，步行前往布鲁塞尔，去申请教会当局的批准。其实，严苛的新教徒们并无法理解这个奇怪男人的善意，更何况这个人看起来比实际年龄还要苍老，比矿工们看起来还像矿工。尽管凡·高没达到自己期待的目标，但他还是决定留了下来。1880年7月到10月，他和查尔斯·路易斯·德克鲁克（Charles Louis Decrucq）一起住在库斯梅斯村。在这个时期，他的艺术生涯也得以拓宽：他开始画那些衣衫褴褛的矿工们，描绘那些沧桑的面孔。

渐渐地，提奥也开始无法理解自己的哥哥，反对他的选择，二人的信件来往就这样慢慢变少了。1880年10月，文森特最终还是离开了博里纳日，但在他的内心有一点永远不会否认，正如他曾经对比利时画家尤金·博赫（Eugène Boch，1855—1941年）所说：“如果你们有机会去到瓦姆村，如果面包师丹尼斯和矿工约瑟夫·奎奈（Joseph Quinet）还在那，请告诉他们，我没有忘记博里纳日，我很希望有机会再回去。”（1888年10月2日，阿尔勒，致尤金·博赫，693F）

遍地的煤炭

作品12
煤炭厂（博里纳日，1879年7月—8月）。阿姆斯特丹，凡·高博物馆（文森特·凡·高基金会）

科丰泰恩（瓦姆村，埃诺省，比利时），从凡·高居住的面包师丹尼斯的房屋可以看到矿山的废弃工厂。

博里纳日，当地煤矿的远景图

作品12

博里纳日没有画，这儿的人们可能连画是什么都不知道——但这里的风景的确美不胜收，如歌如诉，十分独特。在这黑暗的日子里，圣诞节前几天下了场雪，让人忍不住想起勃鲁盖尔等人画的那些中世纪的画，画面中经典地呈现了不同颜色的特殊效果，有红色、绿色、黑色和白色。博里纳日的景象总能让人想起一些作品，譬如丢勒的作品……在矿井的入口处，可以看到很多高大的烟囱和成堆的煤炭，这就是他们说的“采矿业”。（瓦姆，1878年12月26日，致提奥，149N）

矿工的回归

作品13
雪中的矿工（库斯梅斯村，1880年8月至9月），奥特洛，克勒·米勒博物馆

我画了一幅草图，矿工们雪中出发采矿，儿子和女儿跟在身后。视野里有一条小路，路边是多刺的篱笆：有些人影闪过，在晨光里微微可辨。背景里天际线是一些大型采矿建筑的轮廓。

（库斯梅斯村，1880年8月20日，致提奥，156F）

作品13

博里纳日（埃诺省，比利时），摄于1990年，一位老矿工和矿用照明灯，矿工手里还展示了一张以前拿着照明灯的照片。20世纪70年代左右，所有的矿井都被关闭了。

科丰泰恩（瓦姆村，博里纳日，埃诺省，比利时），面包师丹尼斯的家，位于威尔森路与瓦姆路之间，照片拍摄于被改造成博物馆（凡·高小屋）之前。从家中的卧室可以直接看到矿井。当时，凡·高的职业还是一名福音传教士。

在科瑞尔斯山脚下

1879年冬天，文森特·凡·高来到了法国北部的加来海峡省，距离博里纳日约80公里，打算来这里投奔自然主义画家朱理·布雷顿（Jules Breton，1827—1906年）。但到了布雷顿在科瑞尔斯的工作室以后，凡·高却只迎来巨大的失望，按照他的说法，“这地方不宜居住，令人毛骨悚然”。他连门槛都没有踏进去。该建筑后来损毁于二战期间，不再可考。不过，凡·高在这里的乡村有了新的发现：干草堆、褐色的土地像咖啡的颜色，在石灰岩露出的地方会有斑驳的白色。法国晴朗的天空和博里纳日那种暗无天日完全不同，这里还有密密麻麻的乌鸦群，在他钟爱的画家道比尼和米勒笔下经常出现。他用随身携带的画作换了一些吃食，开始了在乡下风餐露宿的日子，经常睡在草堆上、草垛里，甚至废弃的马车上，有时早晨醒来身上都结了一层霜。尽管如此，绘画的欲望又在他的心中燃起，他重拾了在重重阻碍下未提起过的画笔。

在一年后寄给弟弟的回忆录中，他承认自己终于找到了一条新出路，手中的画笔日渐得心应手……

在和大自然的这种亲密接触中，文森特·凡·高的艺术生涯就此开始。早期的他深受让·弗朗索瓦·米勒的启发，十分钟爱对方笔下的穷苦农民和工人。

科瑞尔斯（加来海峡省，法国），科瑞尔斯周边风景以及凡·高描述过的特有土壤。

科瑞尔斯周边乡村的黎明。凡·高一觉醒来看到的大概就是这种景象。

去年冬天我来了科瑞尔斯，我徒步穿过加来海峡省，希望找到一份糊口的生计，做什么都行。我告诉自己，一定要去科瑞尔斯看一看。我身上仅剩10法郎了，我搭乘了火车，身上一个子儿都没有了，后来整整一个星期不得不艰难地步行。我最终还是看到了科瑞尔斯……

（库斯梅斯，1880年9月24日，致提奥，158F）

在库斯梅斯的房子里

库斯梅斯（蒙斯,博里纳日，埃诺省，比利时），帕威龙路3号的房子，被大自然紧紧环绕，1879年8月至1880年，凡·高就是在这与矿工查理·德克鲁克（Charles Decrucq）共同度过的。凡·高在这里建立了一个小型工作室，今天这里是一个互动展厅，主要陈列他的作品。

库斯梅斯（蒙斯，博里纳日，埃诺省，比利时），
凡·高之家。
1990年，在修复之前，“儿女会”房间的一个角落，
这里仍然保留着文森特举行布道时的那堵墙。

凡·高之家。簧风琴，很可能是凡·高在布道时曾弹奏过的，如今收藏于库斯梅斯的博物馆。

远离一切，荷兰

（1880—1885年）

1878年，在博里纳日库斯梅斯停留的最后一个夏天，凡·高表现出了对绘画的真正热情，一直画到深夜。也是从这时起，他开始用心钻研一些名作。他最爱的画家是让·弗朗索瓦·米勒，他喜欢画底层人民这些接地气的主题。此外，他在海牙的前上司，赫尔曼努斯·吉佰图斯·特斯泰格还给他寄了一本手册，是查尔斯·巴尔格（Charles Bargue，1826—1883年）的美术教材，凡·高得以阅读和临摹。同时，鉴于传教成果寥寥，凡·高觉得自己不能继续在矿区里做牧师了。于是，1880年10月中旬到1881年4月中旬，凡·高离开了博里纳日，在布鲁塞尔研习绘画。他住在米蒂大街72号，努力练习绘画和雕刻，希望能够入读比利时免费的美术学院。正是在此期间，他结识了比自己大七岁的荷兰画家安东尼·凡·拉帕德。从那时起，二人建立了深厚的友谊，慢慢成为挚友。凡·高曾多次写信给凡·拉帕德谈到自己想要写生的愿望，凡·拉帕德建议凡·高参观很多地方，他们二人也源源不断地交换着艺术观点和游览心得。

1878年，文森特没能被阿姆斯特丹神学院录取，而后来他甚至都没参加布鲁塞尔美术学院的考试。在阿姆斯特丹时他不爱学习希腊语，宁愿沿着运河散步，搜寻一些罕见的书和画稿复印件，研究犹太人的聚居区，绘制大型的地图。

1881年4月12日，凡·高又离开了布鲁塞尔，回到了埃滕的父母身边。叔叔送了他一盒相当精美的颜料，“是很好的一个开端”。他非常高兴，立即开始了作画，笔耕不辍，画了播种机、挖土机等。这一时期的凡·高有时还去海牙，向自己的远亲，海牙画派的主要画家安东·莫夫学习。

但此外，凡·高与父亲西奥多勒斯的关系却在不断恶化。

除了这些问题，凡·高在埃滕爱上了自己的表妹基斯·沃斯-史翠克（Kee Vos-Stricker，1846—1918年），这是一个年轻的寡妇，有一个四岁的儿子。表妹拒绝了

阿姆斯特丹（荷兰），绅士运河，154号神学院。1878年时凡·高曾希望入读于此。

他，前往阿姆斯特丹去投靠亲戚。他固执而绝望地去寻找她，但徒劳无功。

1881年，埃滕的圣诞节，凡·高和父亲爆发了一次激烈的争吵，父亲言辞激烈地要赶他走。当天文森特便出发去了海牙，安东·莫夫收留了他。1882年1月，凡·高在距离安东·莫夫不远的地方租了一间工作室，只有一间卧室和一个凹室，所幸有一个朝南的大窗户，采光还不错。他已经快把钱花光了，只能开口向朋友借钱。这时，凡·高的激烈性格初现端倪，据安东·莫夫的描述："他脾气阴晴不定。"

阿姆斯特丹（荷兰），犹太人区残存墙面上的浮雕。凡·高喜欢在这个区散步。有时候他来这里是为了找一位贫穷的犹太老师上补习课，正是这个老师给他介绍了年轻的希腊语和拉丁语教授孟德斯·达·科斯塔（Mendes da Costa，1863—1939年）。

就这样，凡·高继续练习绘画，安东·莫夫建议他从石膏像中学习，他们二人有时也不免争吵。在这段时间，凡·高遇到了妓女克拉西娜·玛丽亚·霍尼克（Clasina Maria Hoornik，1850—1904年），她虽然怀着孕，还酗酒，且身染疾病，人们称她为西恩（Sien）。凡·高与她一起搬到了新的住所，不久便感染了性病，在医院治了好几周。在海牙，凡·高认识了不少年轻艺术家，比如泰奥菲尔埃·代·博克（Théophile de Bock，1851—1904年）以及赫尔曼·冯德维利（Herman Van der Weele，1852—1930年）。此外还有乔治·布莱特纳（George Breitner，1857—1923年），后者和凡·高都对左拉的自然主义小说充满热情。他们时常一起去城市最贫穷的地区写生。在凡·拉帕德的建议下，凡·高开始尝试描绘运动中的物体。在席凡宁根海岸的沙丘上，他用画笔记录着树叶的运动以及天空与大海不断变化的色彩。

1883年秋天，凡·高与西恩决裂。在朋友的劝说下，他心灰意冷地离开了这个女人，搬到了德伦特，远离了这一切。

在这个散布着泥炭沼泽的地区，他被人民的朴素和乡村的色彩深深吸引。

12月，他回到家人身边，家人已经搬到了纽南。虽然北布拉班特省是凡·高的第一批杰作诞生的地方，但注定他不能永远在此驻足。

无望又痴缠的爱

阿姆斯特丹。运河堤岸上的两处风景，凡·高曾在这里不顾一切地追逐过他的爱情——表妹基斯·沃斯-史翠克。但是史翠克未同意与他见面。

1881年秋天，在埃滕，凡·高向自己的表妹吐露了衷肠。下文是他在阿姆斯特丹寻爱无望时写给弟弟的信。(致提奥，179N，191，193)

为了表达对史翠克的爱意，我曾经指天为誓“非她不娶”，却只得到她回复的“这辈子都别想”。但这未能使我却步，我知道改变她的心意像融化坚冰一样难，但我认为我一定能做到。她对我写的信视而不见，只字不回，我辗转反侧，愈发难以忍受内心的不安，因此我来到了阿姆斯特丹。这里其他人告诉我，“你一走进房间，史翠克立刻就走了。你的‘非她不娶’，在她这里成了‘就他不嫁’——你的执着只是令人困扰”。我把手伸到灯的火苗上，告诉他们：“让我见她，不然我就不放手。”然而他们只是弄灭了灯，告诉我“你不会见到她的”。我从阿姆斯特丹离开时，失魂落魄的像身处奴隶市场……从那一刻起，我感觉我内心的爱死了，取而代之的是无穷无尽的空虚。

(海牙，1882年5月16日。致提奥，228N)

版画、艺术市场、家族事业

凡·高对艺术的热爱起源于对木刻版画和蚀刻画的收集，这种热爱伴随了他整个艺术生涯。这绝非偶然，毕竟他来自一个有深厚艺术涵养的家庭。

叔叔文森特，大企业家：凡·高家族从17世纪起一直有人在教会任职，家族中其他的一些人则选择逐鹿艺术市场。最开始叔叔文森特在海牙经营颜料店（店名H. A. Van der Burgh），从此迈出了人生事业的第一步。之后，他在斯普斯特拉路10号（Spuitstraat）开了一家画廊——“文森特·凡·高之家”。画廊不仅出售画作，还享有为皇室与内阁供画的特权。文森特的事业一直风生水起，一直到最后成为古皮尔画商的主管。

古皮尔海牙分公司，摄于19世纪末

古皮尔画商的起源：这家著名的巴黎画商是如何诞生的？古皮尔的起源还要追溯到1829年3月23日，年轻的出版商让-巴蒂斯特·阿道夫·古皮尔（Jean-Baptiste Adolphe Goupil，1806—1893年）与德国商人约瑟夫-亨利·里特纳（Joseph-Henry Rittner，1802—1840年）签署了一份协议。这位德国人在蒙马特大街的12号经营着一家印刷公司，名叫“亨利·里特纳”（Henry Rittner）。1831年，因为合作关系，这家印刷公司改名为“里特纳&古皮尔”（Rittner & Goupil）。鉴于当时在艺术界十分流行木刻版画，这家公司由此吸引了不少来自各个国家的艺术家。在1841年，合伙人里特纳去世，古皮尔创立了另一家公司“古皮尔&威伯特”（Goupil & Vibert）。在1846年，他开办了真正的艺术品公司。也正是这家艺术品公司，在后来走出巴黎，走向世界，子公司遍布纽约（1848年）、柏林（1852年）、维也纳（1858年）、海牙（1861年）、布鲁塞尔（1864年）等地。古皮尔荷兰分公司的第一位主管正是文森特·凡·高的叔叔文森特。文森特除了哥哥——即凡·高的父亲西奥多勒斯，还有两位兄弟，分别名叫海因和科尔，也都是商人。1861年，文森特和里昂·布索德（Léon Boussod，1826—1896年）一起成了古皮尔画商的股东，掌握30%的股权。后来经过几次辗转，他将管理权移交给了年轻的商人赫尔曼努斯·吉伯图斯·特斯泰格，这位年轻人负责古皮尔荷兰分公司的运营一直到1914年。文森特·凡·高曾在这里工作，但因为各种不如意又搬去了伦敦和巴黎。而文森特的另一位侄子提奥就显得

作品16
吃土豆的人，钮南，1885年4月16日，布面油画，81.5厘米×114.5厘米，阿姆斯特丹，凡·高博物馆（文森特·凡·高基金会）F82/JH764

作品16

更加年少有为，凭借着积攒的经验早早地成为了布鲁塞尔分公司的骨干。后来的提奥经常会给自己求画若渴的艺术家哥哥寄去很多版画。

作品17
悲伤
平版画（海牙，1882年11月）
F1655/JH259。
一幅原始手稿，该版本来自私人收藏（F929/JH129）

从1882年开始，凡·高会以他的画作为原型雕刻版画，如《悲伤》这幅画。在这幅画中凡·高描绘了自己的伴侣西恩：虽然她怀着孕，但是凡·高还是深爱着她。

作品17

作品18
吃土豆的人
以1885年4月16日油画版本为原型雕刻的版画。海牙，海牙市立博物馆。

作品18

永恒的忧郁

作品19
疲惫（Worn out）（埃滕，1881年9月至10月）。阿姆斯特丹，斯蒂秦&德波尔博物馆（Stichting P.&N. De Boer）

作品20
永恒之门（痛苦的老人）（普罗旺斯圣雷米，1890年5月）。奥特洛，克勒勒米勒博物馆。

一位悲伤的老人，双手捧着自己的头，手肘撑在大腿上，头上戴着贝雷帽，脚上穿着木屐。他并没有睡着，只是累了。在这幅水彩画的左侧下方，文森特·凡·高还标注了英文“Worn out”（疲惫不堪）。在艺术史上，画一位疲惫男人并非第一次，为了给弟弟描述这幅画，凡·高在1881年九月中旬从埃滕寄出的信中（179N）还特意勾勒了一个草图。他称这幅画为“一个生病的农村老人”。他还提到，他在埃滕教区的小花园里建了一个小小的工作室，有时候付一点钱请一位模特。而这幅画中的模特是谁？根据荷兰作家布鲁恩-赫伦（C. de Bruyn-Heeren）的说法，这位老人是来自埃滕的68岁农民科内利斯·舒特梅克（Cornelis Schuitemaker），曾在凡·高1882年11月24日的一封信中被提到过（286N）。在完成这幅水彩画一年多后，凡·高又以油画的形式重现了同一主题，在进行一些细微调整后，起名为《永恒之门》。

作品19

根据凡·休滕（S. van Heugten）在《凡·高的亲密关系》（*Van Gogh's Inner Circle*）中提到的另一种理论，这个老人是阿德里安斯·祖德兰斯（Adrianus Zuyderlansche），是埃滕临终关怀院收治的一名老人。多年以后，凡·高在圣雷米精神病医院又重画了这一主题，运用了强烈的色彩，完全展现出了当时内心的不适。

作品20

席凡宁根

作品21
席凡宁根的洗衣房（席凡宁根，海牙，1882年7月）
洛杉矶，保罗·盖蒂博物馆

作品21

席凡宁根（海牙，荷兰）
席凡宁根港口与海滩，海牙附近主要的海滨度假胜地，文森特常常到访，有时也带着女友西恩。

望
海
酒
家

SCH.43

失而复得的画

失窃的一亿美元：2002年秋以后的14年中，《席凡宁根海景》一直是国际十大被窃艺术品之一。2002年9月，这幅小画在阿姆斯特丹的凡·高博物馆被盗，轰动一时。与之一起被盗的还有同一面墙上的另一幅画《离开钮南教堂的信众》（见作品27）。2016年，在意大利那不勒斯警方对黑手党的侦查中，两幅画在坎帕尼亚一名黑手党的窝点一并被找到。两幅作品毕竟都是画在纸上的，这个惊天跨国盗窃案对其造成了明显损害。粗暴的盗窃行为导致该画的左下角出现了严重的颜色剥落。如今，经过色彩修复的画已经重新展出在博物馆中。

《席凡宁根海景》十分珍贵，它虽是凡·高早期的作品之一，却已经展露出了画家快速又模糊的笔法。凡·高后来在写给弟弟的信中介绍过这种画法。

暴风雨：这幅画是如何诞生的？从1882年1月起，凡·高就一直居住在海牙，在1882年8月底，他多次前往距离首府14公里的席凡宁根海滩，去欣赏暴风雨中的大海。凡·高就此创作了两幅作品。第一幅已不可寻，第二幅便是《席凡宁根海景》：

一整个星期都在下雨，狂风，暴雨……我画了两小幅风景画，第一幅画上粘上了几粒沙，另一幅上没那么幸运了，沙子多到刮不下来。我在画的时候离暴风雨太近了，画上沾满了沙，我在沙丘里简直都看不到画面。风太大了，我几乎站不住脚，在漫天的风沙里我什么都看不到。然后我只能躲在沙丘后面的一个小旅馆里画画，时不时地出门看一下。就这样，我得到了这些“纪念品”。不对，还有另一件纪念品——我因此得了一场感冒。

（海牙，1882年8月26日。致提奥，259N）

作品22

作品22
席凡宁根海景（暴风雨）
席凡宁根，海牙，1882年8月，纸面油画，36.4厘米×51厘米，阿姆斯特丹，凡·高博物馆（文森特·凡·高基金会），里比乌斯·普勒提埃（A.E. Ribbius Peletier）遗赠。F4/JH187

最近席凡宁根的天气真好，暴风雨来临前的海面比风雨中更加让人印象深刻。海浪变得不那么明显了，不再像犁过的深沟了。波浪彼此紧追，彼此重叠，浪花彼此间的冲撞产生了一些像沙子一样细小的泡沫，海面像被覆盖了一层薄雾。这也算是一场风暴。从发出的噪音来看，风浪越大，可怖的噪音就越长。大海的颜色都脏了……还有一艘渔船……和几个黑影。画面里还有一些东西是无穷无尽的，我难以言表……我希望我明天能再出一次门……

（海牙，1882年8月26日。致提奥，259N）

海边，沙丘中迎着风

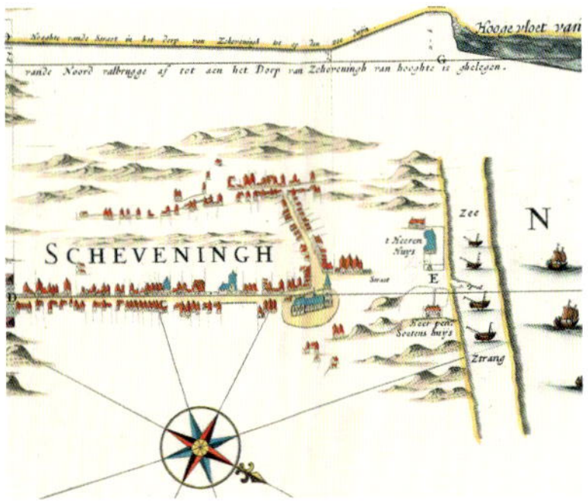

席凡宁根（海牙，荷兰）
沙丘和海滩

过去的回忆
（荷兰海牙）这张17世纪的席凡宁根地图描绘了“从海牙到席凡宁根的路”。［凡·斯维登（J. van Swieten），费德里科·德·维特（Frederick de Wit），1629—1706年，康斯坦丁·惠更斯（Constantijn Huygens），1586—1687年，约1665年，阿姆斯特丹大学收藏］

在1882年的夏天，凡·高经常从他居住的海牙前往席凡宁根，在沙滩上久坐，在这里产生了不少画稿。这个阶段的凡·高开始使用自创的透视法，在和弟弟提奥的信件中也解释过（海牙，1882年8月5日或6日，致提奥，254N）。他在信中回忆十年前兄弟二人在海滩上散步的情形，他怀念当年的席凡宁根。那时的席凡宁根正在慢慢消失，转变成一个繁忙的度假地。

大海！沙滩！

昔日的席凡宁根！不似当年。

（海牙，1882年7月23日。致提奥，250N）

我们曾在席凡宁根一起看过的——沙、海、天——都是我现在希望能在画纸上展现的东西。

（海牙，1883年8月5日，致提奥，253N）

我最近画了一些东西，可能会让你想起我们一起散步时看到的席凡宁根，这里简直是一个由沙子、大海和天空组成的巨大画室。广袤的天空由精致的灰色和温暖的白色组成，透出丝丝缕缕的蓝色，偶尔透出的光线给沙子、大海和天空镀上金光，充满动感……你可以想象，我全身心沉浸在这幅景象里，很久才回返，但我完全不后悔……我现在觉得自己需要勇赴山海，尽我所能画好这幅画。

（海牙，1882年9月3日。致提奥，260N）

森林的潮湿色彩

1882年夏末，凡·高去了被黄叶覆盖的海牙森林，在引人入胜的风景里开始尝试油画。白桦树叶地毯般满铺地面，只见几棵树干，森林里秋日如画的风景与“倚靠大树的曼妙女人”微妙地融为一体，忧郁的气氛四下里晕染开来。实际上，在树林里并没有别人，画家只是在画的最后添了一位“头戴白色礼帽，倚靠树干”的女人（作品23）。凡·高在与朋友安东尼·凡·拉帕德的书信中曾经提到过，这位女子的形象受到了英国插画家派瑞·麦奎德（Perry McQuoid）的启发（海牙，1882年9月12日至17日，致安东尼·凡·拉帕德，263N）。

昨天晚上我去了树林里作画，地面满铺了一层桦树叶，有些树叶是干的，有些树叶是湿的，看上去棕红和暗红交错。树影投下了黑色的轮廓，使阴影部分显得更暗了……我的困惑主要在于如何抓取颜色的深度、巨大的力量感和地面的坚固感。作画时，我第一次意识到在余晖中还存在着些微光线，我既想画出那种光线的亮度，又想表现出颜色的饱和。简单说来，就是让人感觉可以呼吸得到、观赏得到、闻得到森林的气息。难以想象出还有任何地方比这里地毯般的红褐色更令人沉醉……

那些树根牢牢扎在地上，牢固程度令我吃惊。我用画笔描绘它们，但是颜料用了太多已经太黏了，刷子掉毛，我只好直接从管子里挤颜料来画树根和树干，只用刷子来勾勒形状。……是的，那些树站在那儿，伫立于地，根深蒂固。从某种意义上说，我很高兴我学会的不是画画，我学会的是如何创建效果。

（海牙，1882年8月20日，致提奥，258N，260N）

作品23
树林中的女人（海牙的树林）
（海牙，1882年8月底至9月）
奥特洛，克勒勒米勒博物馆

作品23

德伦特，无污染的大自然

作品24
沼泽地里工作的两个女人（新阿姆斯特丹，1883年10月）
阿姆斯特丹，凡·高博物馆（文森特·凡·高基金会）

作品24

德伦特，在荷兰的西北部，是荷兰人口较为稀少的地区之一，如今是吸引人度假的旅游胜地。在凡·高的时代，霍赫芬周围地区很少有人光顾，来来往往的大多是一些牧羊人、劳动者以及画家，例如凡·高的朋友凡·拉帕德和安东·莫夫。凡·高1883年9月11日离开海牙，在去德伦特的一年之前他曾写信给凡·拉帕德说，想象着天然的未经污染的德伦特，就像他儿时的北布拉班特省（海牙，1882年8月13日，致凡·拉帕德，256N）。后来他又兴高采烈地给弟弟提奥写信：

这个地区有什么特点呢，举个例子告诉你吧，当我坐在那儿画风景的时候，看着一只山羊爬到了屋顶上，朝着烟囱里面望。

（霍赫芬，1883年9月14日，致提奥，386N）

霍赫芬，田间劳作。

你可能会很惊讶，因为我从没跟你提起过想要回家的念头……有好多个原因驱使着我。而且，连我自己都有点害怕这个念头。

（钮南，1883年12月6日，致提奥，409N）

在德伦特领略了自然和孤独以后，凡·高又回到北布拉班特省的钮南，和父母一起生活了一段时间。

静物与《圣经》

西奥多勒斯·凡·高的《圣经》，1882年出版，照片摄于钮南。如今藏于阿姆斯特丹凡·高博物馆。

一本《圣经》，一盏残烛，残破的书翻开在桌面上。这本书是1884年在巴黎出版的自然主义小说，左拉的《生之欢乐》（*La joie de vivre*）。大约是在父亲去世后不久的4月，凡·高阅读了这本书（1885年4月9日，致提奥，492N）。当时家人托他给提奥寄去原本属于父亲的《圣经》。不过，凡·高在把书用作模型后似乎没有将它寄出（致提奥，538N，539N）。这本《圣经》是1882年对18世纪荷兰语译本的再版，如今藏于阿姆斯特丹的凡·高博物馆。但是在1990年时，这本书还在钮南，照片可以证明。虽然左拉的小说名为“生之欢乐”，但实际上其内容却和快乐相距甚远。在左拉的《卢贡–马卡尔家族》（法兰西第二帝国时期一个家族的社会史）这一系列20篇长篇小说中，《生之快乐》是第12本，以家族的盛亡兴衰为主线，讲了一系列诸如财产败落、自杀、忘恩负义之类的变故，切实贴合了凡·高画中那盏未尽的残烛表达的虚妄之感。那盏蜡烛也在暗示凡·高父亲的离世以及时间的流逝。《圣经》打开在《以赛亚书》的第18章。第三节写道：“被人鄙视与拒绝，痛苦的人，深知苦难。”

斜放的静物：在创作这幅画不久之前，凡·高通过秋天的落叶研究了“黄色的色调”。在这幅画中，凡·高有意识地运用了黄色。支撑静物的桌子是倾斜的，看不到头也看不到尾，《圣经》仿佛被摆在一个不存在的架子上。类似的静物画法塞尚也尝试过，他会利用一些不太现实的倾斜角度来支撑静物。画中，与厚重的《圣经》相比，448页的黄皮书显得微不足道。透视的比例是正确的，但是与先前的想法相比，凡·高还是“把《圣经》的位置调整了，画得没那么倾斜了”（古佐尼，2020, 241页，n.15）。当时凡·高的母亲和妹妹安娜都希望他离开钮南，凡·高也因此与二人发生了激烈争执。妹妹还说：“他对所有人、所有事都毫不在意。”在这幅画里，父亲的《圣经》与父亲所讨厌的左拉的书形成了强烈对比。几周后，凡·高永远地离开了荷兰。

作品28
静物与《圣经》
纽南，约1885年10月28日
布面油画，65.7厘米 × 78.5厘米
阿姆斯特丹，凡·高博物馆（文森特·凡·高基金会）F117/JH946

作品28

……我给你寄了一幅画，画着一些静物和一本打开的《圣经》，灰白色，皮革装订。背景是黑色，前景是黄褐色，带了几笔柠檬黄。（纽南，约1885年10月28日，致提奥，537N）

家中的争执

作品29
春日花园（钮南，1884年1月至2月）。格罗宁根，格罗宁根博物馆。

作品29

2020年3月29日，这幅画在荷兰辛格拉温博物馆被盗。当时由于新冠肺炎疫情的影响，辛格拉温博物馆还在闭馆，该画是从格罗宁根博物馆借出用于展览的。之后，博物馆还一度被人索要赎金。一直到我们将本书交付印刷的时候，这幅画还依然掌握在犯罪分子手中。

钮南（北布拉班特省，荷兰）1884年凡·高描绘过的教区花园

作品30
钮南教堂（钮南，1885年9月至10月）。阿姆斯特丹，凡·高博物馆（文森特·凡·高基金会）

作品30

1883年12月之后的大约两年时间里，凡·高在钮南曾与家人度过了一段不平静的时光。在这段时间里他画了不少东西，但他的性格也渐渐变得更加刻薄，波动的情绪使他变得越来越不可接近。他居住在照片中这幢房子的一个房间里，在洗衣房里找了一小块空间用来画画。后来他搬到了这幢房子的旁边，住在破破烂烂的门房里。

磨坊与农民

作品31
欧普维坦的水磨（钮南，1884年11月）
当前所有者在苏富比拍卖会上购得（伦敦，2013年6月20日，编号336）

作品31

欧普维坦（北布拉班特省，荷兰）1884年凡·高描绘的同一座水磨，时间仿佛从未流逝过……

作品32
乡间农舍（钮南，1885年5月）
阿姆斯特丹，凡·高博物馆（文森特·凡·高基金会）

钮南（北布拉班特省，荷兰）
农舍

作品32

安特卫普，鲁本斯的金发女郎

（1885年11月28日—1886年2月）

安特卫普（比利时）
一位美术学院的学生

在1885年，凡·高再也无法忍受与家人一起在钮南的生活了。在父亲去世后，凡·高选择了安特卫普作为他的下一个落脚点。他的朋友凡·拉帕德曾告诫他，除非确定能在别处找到收获，否则最好不要贸然离开。然而凡·高却说：“不出发的话，谁能提前知晓会遇见什么？”钮南对他而言已经不可停留了，于是他又一次踏上漂泊的旅途。

安特卫普是一座坐落于斯海尔德河畔的迷人海滨城市，凡·高一到达这里便在颜料店楼上租了一间小房子，房子位于肖像街（Street Lange Beeldekensstraat）的194号。在1885年11月的时候，他已经穷困到身无分文的地步了，饭都很难吃饱，只靠面包度日。他带着苦涩的讽刺语气说：“在这种处境下，万万想不到，一个大活人竟变成了素食主义狂人。”凡·高对安特卫普的港口以及这座城市的其他地方都很着迷。他写道：“今天早上我在雨中散步……码头上堆放的各种杂物以及仓库都闪烁着耀眼的光芒，尤其是对于我这样一个，从沙土里、从沼泽里、从宁静的乡村里来的人……”同时，在这段时间，凡·高也更加了解了日本主义艺术，与龚古尔兄弟以及其他先进画家形成了相同的观点。“那些码头本身就是一种奇妙的日本主义艺术，前所未有，令人惊异……在那可以画出所有东西：城市风景、各式各样的人物、船只、灰色的天空和水面，还有最重要的‘日式样式’”。此时的凡·高感觉眼中的一切都充满了艺术气息。在他的世界里，所有东西充斥着颜色、光线、阴影、对比度等。

作品33
石膏像与两本书和一枝玫瑰（巴黎，1887年12月）。奥特洛，克勒勒米勒博物馆

作品33

在海牙时期，凡·高曾说过自己作画的方式：“面对震撼的景色，我支起空白的画布，对自己说：‘尽管此刻画布空空如也，但是它即将变得鲜活。’画到不满意的时候，我就先把它放到一边，等我休息好再去看它。我总是很难满意，因为我头脑中的画面太过美丽，看自己画的东西总觉得不够完美，我要在我的画面中看到美景并在我心底留下回声。”（海牙，1882年9月3日，致提奥，260N）

另一方面，安特卫普还是巴洛克大师鲁本斯的故乡。凡·高在美术学院时很敬仰这位画家。1886年1月18日在安特卫普，凡·高被校长查尔斯·韦莱（Charles Verlat，

安特卫普（比利时）美术学院，凡·高从1886年1月18日起开始在这里修习冬季班课程。

1824—1890年）录取，成功地开始了冬季课程。在这一时期的训练中，他受到各种佛兰芒大师的熏陶。凡·高大概率是读过当时的小说《金羊毛》（*La toison d'or*）[1]，他就像其中的男主人公蒂伯斯一样，在安特卫普大街小巷到处寻找像鲁本斯笔下的那种金发女郎（安特卫普，1885年12月14日，致提奥，547N）。后来，凡·高又学会了批判继承他的前人，例如伦勃朗、德拉克洛瓦以及米勒这样的画家，声称自己更加倾向于对感情的深度表达。他对提奥说："鲁本斯对人类痛苦的表达，在我看来根本不够动人，即便是最迷人的哭泣的抹大拉的玛利亚（此处所指是戈蒂埃笔下安特卫普大教堂里伦勃朗《脱离苦难》一画中的抹大拉的玛利亚），依我看也不过是一位哭诉自己染上花柳病的妓女。"（安特卫普，1886年1月12日至16日，致提奥，552N）

从那时起，凡·高开始画歌舞厅里的女子，过着吸烟酗酒的疯狂生活。他还玩世不恭地作出了《吸烟头骨》这样的画，如今作品被收藏在阿姆斯特丹的凡·高博物馆中。他在美术学院不仅接触到了石膏像，还终于有机会接触了真正的裸体模特。

1：金羊毛Toison d'or 是泰奥菲尔·戈蒂埃（Théophile Gautier）的小说，出版于1839年，主人公蒂伯斯（Tiburce）在巴黎一直寻找梦想中的金发女郎。

安特卫普，凡·高时代的美术学院。在这里文森特领略到鲁本斯的艺术，对自己的绘画风格产生了巨大影响。

文森特·凡·高越来越痴狂于对完美的追求，在美术学院下了课后，他还报名去大广场参加一个夜训班。由于巨大的压力和严重的营养不良，他最终住院了。他写信给弟弟提奥说，他的牙齿已经坏了十颗，看起来像个四十多岁的人。事实上在1886年的2月份，凡·高才刚刚33岁。在信中他还表示了自己想去巴黎投奔弟弟，因为在安特卫普美术学院他也依然难免和其他人争吵，他越来越觉得别人“抱有敌意”。

1886年2月下旬，他离开了安特卫普，离开之前他留下最后几句话，表示他钟爱这座城市，但如果在来安特卫普之前就懂得一些离开时才明白的道理，这座城市在他眼里会更有意义。“第一次来到一个地方总会受伤。我希望能再回到这里。”其实他再也没有回来过。

城市生活

作品34

安特卫普城市风景（安特卫普，1885年12月至1886年2月）阿姆斯特丹，凡·高博物馆（文森特·凡·高基金会）

作品34

安特卫普（比利时）

窗外的老房子，凡·高绘于1885年12月初。画的左侧是我们在1990年拍摄的照片。

作品35
斯汀城堡（安特卫普，1885年2月）
阿姆斯特丹，凡·高博物馆（文森特·凡·高基金会）

作品35

安特卫普 斯汀城堡

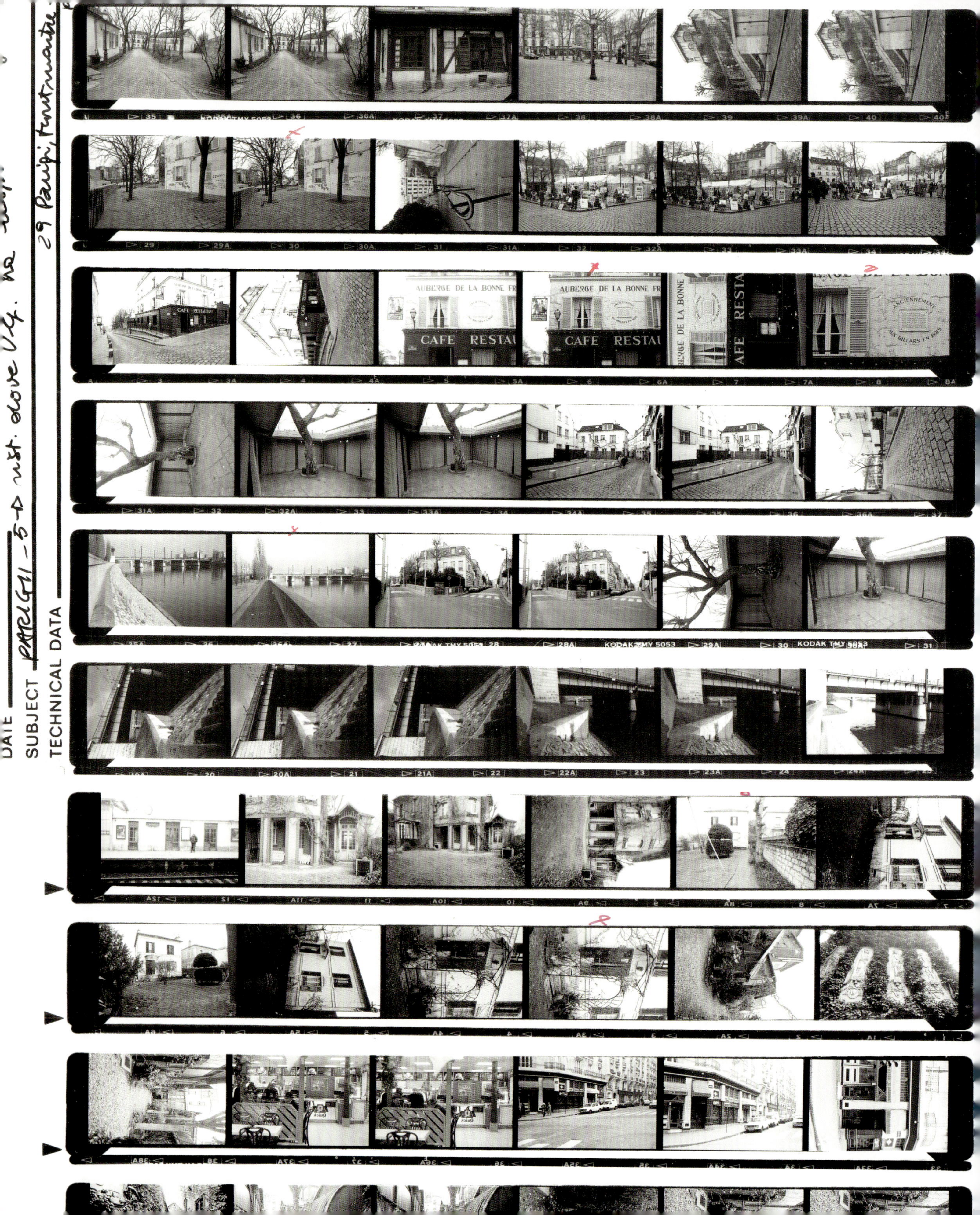
DATE
SUBJECT
TECHNICAL DATA
KODAK TMY 5053
AUBERGE DE LA BONNE
CAFE RESTAU
CAFE RESTAURANT
ANCIENNEMENT
AUX BILLARS EN BOIS

亨利·德·图卢兹·劳特雷克（Henri de Toulouse-Lautrec，1864—1901年），凡·高与苦艾酒（巴黎，1887），阿姆斯特丹，凡·高博物馆（文森特·凡·高基金会）

图卢兹·劳特雷克比凡·高小11岁，在克里希大道104号的费尔南多·柯罗蒙画室（Fernand Cormon，1845—1924年）与凡·高第一次相识，在这有很多其他年轻的艺术家，比如埃米尔·贝尔纳和乔治·修拉（Georges Seurat，1859—1891年）。他们的友谊深刻持久，劳特雷克笔下的巴黎咖啡馆里浓烈又温柔的凡·高就是证据。

1890年1月在布鲁塞尔著名的“二十（Les XX）”展会上，提奥·凡·高寄出了6幅凡·高的油画。劳特雷克一度要决斗批评凡·高画作的人。

凡·高在巴黎的早期自画像之一，穿着传统，嘴里叼着烟斗，从外表来看是33岁左右。

老台阶的上下

巴黎，第18区。

陡峭的台阶，铺着具有代表性的路石，在蒙马特高地上，从卡勒威尔广场（Place du Calvaire）一直延伸到台尔特广场（Place du Tertre）：这里是巴黎名胜地标，充满了魅力和诗意，深受前卫画家们的钟爱。凡·高两兄弟就住在不远处的勒皮克街上。

作品39：
从蒙马特看到的巴黎风景（1886年夏末）。巴塞尔，巴塞尔美术馆。

作品39

一幅“灰蒙蒙”的城市风景照，像凡·高钟爱的左拉的格调。

窗子几乎永远是敞开的，她穿过房间，转过头，很难不把目光落在巴黎这幅浑然天成的画作上。（左拉，《爱情的一页》，1878年）

巴黎 从蒙马特高地上望去的现代都市。景色在一片灰色的和谐色调里。

小屋和巴黎风景

作品40

天气变化：凡·高两兄弟居住的小公寓位于勒皮克街，蒙马特的心脏地带。这里完美地契合了凡·高期待的那种光线、色彩以及想要尝试的新构图。他的房间朝向楼后方，面向一个栽满了常春藤等各种野藤的小花园，从窗口可以享受到以圣克劳德默东山丘为背景的绝美的巴黎景色。提奥曾经在写给一位海牙女士的信里如此描写：“我们看着开阔的天空，就像站在山丘顶上一样。”“从这扇窗子能够欣赏到无穷无尽的天气变化。”提奥还补充说：“能留下数不清的画作。”

奇特的技法，奇特的构图：得益于与修拉的相识，凡·高开始尝试新的绘画技法。修拉不仅是一位画家，还是一位点彩派的理论家与实践者。1887年春天，凡·高在一张画布上，开创了一种前所未有的切割视角和构图。它一部分灵感来源于日本版画，还有一部分是来源于修拉的色彩理论。

凡·高把地平线置于构图的正中央，特罗卡德罗宫殿朝南，仿佛对称地把画布一分为二。画作有些部分体现了点彩派的绘画技巧，也就是将原色的拆解，像修拉曾经教过的那样。而在其他部分，凡·高又以一种非常奇特且独创的方式将色彩鲜明地泼洒出来。将点阵在画布上完美地列出来对凡·高来说显然过于刻板了，而且这么做还需要大量时间，与他快速作画的习惯非常不符。总而言之，凡·高好像还是觉得点彩派绘画无法与他自发的绘画习惯融合，所以便早早地将它摒弃了。

作品40
《巴黎一家餐馆内》，1887年6—7月，油画，45.5厘米×56.6厘米，奥特洛，克勒勒米勒博物馆，F342/JH1256
这间餐馆很可能位于艾涅尔，在巴黎的北部周边地区，临近一些古老的防御工事，是凡·高对朋友修拉点彩派画法短暂痴迷过的一个证据。

作品41
《勒皮克街公寓窗户的巴黎景色》，巴黎，1887年3—4月，油画，46厘米×38厘米，阿姆斯特丹，凡·高博物馆（文森特·凡·高基金会）。F341/JH1242

作品41

作品42

日本艺术与肖像画

作品42
《浮世绘：艺伎，溪斋英泉（1790—1848年）》，（巴黎，1887年10月至11月），阿姆斯特丹，凡·高博物馆，凡·高基金会

待在巴黎的文森特·凡·高十分快乐，发奋作画。提奥写信给母亲，说感觉哥哥像变了一个人，要几乎认不出他来了：“他工作进步很大，已经小有成就。虽然画作还没有出售，但是他已经和不同的艺术家交换了自己的作品。我们现在已经收集了很多很棒的作品，值不少钱。”凡·高结识了毕沙罗、莫奈、西斯莱、德加、雷诺阿、修拉。1886年5月，印象派在拉菲特大街举办第八次也是最后一次展览，当时的凡·高应该也前往参观。当时参加该展览的画家有毕沙罗、保罗·西涅克、修拉、高更以及莫里索。此外，凡·高还活跃在费尔南多·柯罗蒙的画室里，这位传统画家虽然没什么钱，但十分爱社交，凡·高在这里认识了不少其他年轻画家，诸如图卢兹·劳特雷克和埃米尔·贝尔纳。后来，他又常去克劳泽大街14号唐吉老爹（Julien François Tanguy，1825—1894年）颜料店，成了常客。他把一些画寄放在这里，不过也没卖得很好。而同时，提奥开始抱怨哥哥，和哥哥住在一起他感到越来越不耐烦。在给妹妹威尔的一封信中，提奥说哥哥的性格有两个截然不同的极端：“一方面温柔、细腻，非常有天赋；但另一方面极端自私自利。”不过，他还是预感到自己的哥哥是一位伟大的艺术家，他坚信“有一天他的画可以惊艳四座”。

封面“巴黎画报 日本专刊”（Paris Illustré. Le Japon）1887年7月至12月

凡·高时不时会去巴黎周边采风，尤其是在艾涅尔，这个地方很受印象派画家的青睐。他经常和贝纳德一起出行。1887年2月，伯纳德的父母在此为他们租了一套房子。后来，在他们位于劳济耶大道的新家里，伯纳德的妈妈找人在花园里为他们修建了一个木房子作为工作室。那年秋天，由凡·高计划，为他和朋友们举办了一场画展，画展的名字就叫“小径印象派”，以区别于较老派的所谓“正统派”。画展举办在克里希大道43号的木屋餐厅（Restaurant du Chalet au Grand Bouillon），展出了伯纳德、图卢兹·劳特雷克、昂科丹的画作，当然还有很多凡·高个人的作品。高更从玛尔蒂尼卡（Martinica）一回来就参观了此展览，还第一次和他们交换了自己的作品。1888年冬天，凡·高的精神和身体健康都开始走下坡路。随着高更出发去布列塔尼地区的阿旺桥（Pont-Aven），凡·高也不想继续待在巴黎工作了，一心想去往别处，“我不得不远离巴黎，才能换取内心平静”。这次他选择了普罗旺斯。临走前，凡·高把他的画还有一些日本画作的影印本摆满他和提奥的住所。这些日本画作之前与他一直朝夕相处，深深地影响了他对风景画的构图。

这就是凡·高与弟弟的分别，后来他们又见过几次面，但是凡·高已经很少能开心起来了。就这样，凡·高告别了这个他深爱却又痛恨的巴黎。

颜料店

电影《小恺撒》中的凡·高
在一张展览中（1950年1月），演员爱德华·罗宾逊骄傲地看着归他所有的《唐吉老爹》。该作品后来由斯塔夫罗基金会（Stavros S. Niarchos）收藏。

巴黎，克劳泽街14号 唐吉老爹的店铺就坐落在这条街上，凡·高就是在这里展出了他的早期巴黎画作。在凡·高去世后，提奥将哥哥的很多画作存放在位于同一条街9号的唐吉庄园。在唐吉1894年2月6日去世之前，这些画作都没有被出售，后来提奥的遗孀约·邦赫·凡·高（Jo Bonger van Gogh，1862—1925年）重新追回了这些画。

作品43
唐吉老爹（巴黎，1887年秋冬季节）
斯塔夫罗基金会收藏，已归爱德华·罗宾逊所有。

凡·高笔下的男子戴着一顶怪异的帽子，背景里有很多幅日本浮士绘，这位男子便是传奇的“唐吉老爹”：他不仅多次出现在凡·高和伯纳德的笔下，甚至后来还被小说家奥克塔夫·米尔博（Octave Mirbeau，1848—1917年）提到，出现在1894年2月13日的一篇文章里。这篇文章被刊登在《巴黎之声》（*Echo de Paris*）杂志上。

在凡·高的描绘下，唐吉和蔼可亲的性格跃然纸上。他双手交叉，从目光到体态都显得耐心温和。不过，唐吉老爹的妻子脾气很不好。凡·高把一些自己的画作留在了唐吉的店里，希望得到不错的展示，但唐吉那位刻薄的妻子却不同意：

昨天我看到唐吉在商店橱窗里摆上了我的新作……我知道大尺寸的画不好卖，不过总有人能明白，这些画充满生机与活力，是装饰乡间别墅或者餐厅的佳选……我有很多幅画想挂出来，唐吉对我很好，但他妻子就是不同意，我当着他的面跟她吵了一架……唐吉老爹很聪明，不去争执，但他会把我托付的所有事都办成。
（巴黎，1887年7月23或25日，致提奥，572F）

作品43

唐吉老爹的火山

颜料商：尤利安·唐吉出生于1825年6月28日，生于法国北部的普莱德朗，1860年来到巴黎。在蒙马特高地的克劳泽街，满是艺术家聚居的地方，唐吉从事制作颜料的工作，一开始在爱德华先生的店里帮工。1871年起，唐吉自己单独从事颜料的制作和售卖。因为他有参加巴黎公社的前科，进过监狱，所以不得不改随妻子的姓。他是印象派画家的主要颜料供应商，毕沙罗、雷诺阿、莫奈、高更和塞尚都是他的常客。塞尚还会把自己的画留在他的店里卖，就像如今的艺术家们也会把画留在装裱商店里卖一样。唐吉慷慨善良，随着时间流逝，逐渐成为那群年轻艺术家的至交。凡·高到达巴黎不久后也开始与唐吉交往，在他的店里讨论艺术。也是在他的店里，凡·高发现了塞尚的画。

日本火山帽：为人熟知的唐吉老爹画像主要有两幅。背景都满满排布着日本浮士绘，只是前景有一些不同。在这两个版本中（作品43），凡·高都将唐吉老爹怪异帽子的后沿延伸到身后白雪覆盖的富士山。因此，画中唐吉老爹的脑袋看起来似乎在和火山一同沸腾。

右下角还可以看到溪斋英泉的浮世绘作品《艺伎》。该画作曾刊在杂志《巴黎画报》日本专刊的封面上。凡·高曾仿照溪斋英泉的版本绘制过一幅艺伎形象画（见第116—117页）。

作品44
唐吉老爹
巴黎，1887年秋冬季节，油画，92厘米×73厘米，巴黎，罗丹博物馆，F363 / JH1351

作品44

艺术家之城

巴黎，卡林库特路（Rue Calaincourt）7号。这条街距离图拉克街（Rue Tourlaque）不远，图卢兹·劳特雷克的工作室就位于此。在这间明亮的工作室里，每周都会举办年轻艺术家的交流会，凡·高常常参加。

蒙马特高地，艺术家大本营，它接纳了很多先锋艺术家。这里有著名的洗濯船（Bateau Lavoir），20世纪初时很多艺术家聚集于此，包括毕加索还有乔治·布拉克。还有很多艺术家在蜂巢（La Ruche）和法尔吉埃城（la Cité Falguière）聚居，如高更、康斯坦丁·布朗库西（Constantin Brancusi，1876—1957年）、马克·夏加尔（Marc Chagall，1887—1985年）和莫迪里阿尼（Amedeo Modigliani，1884—1920年）。之前有过几次大厅的雕塑失窃的事件。如今，艺术区很多地方已不再向公众开放。最初一些画室就是在这里建成，借用了1889年世博会留下的一些轻便的建筑结构。凡·高去世后几年，这里还聚集了其他艺术家如安德烈·德朗（André Derain，1880—1954年）、雷诺阿、皮埃尔·博纳德（Pierre Bonnard，1867—1947年），后来还有马克斯·恩斯特（Max Ernst，1891—1976年）、米罗（Joan Miró，1893—1983年）和勒内·马格

巴黎，图拉克街22号。
这幅照片，还有前一页的照片都是艺术城里画家们的画室，这个艺术区（Cité des Fusains）也被称为Les Fusains。这是1990年2月建成后的样子。

里特（René Magritte，1898—1967年）。法尔吉埃城很受荷兰裔画家的欢迎，凡·高生前想在此成立荷兰艺术家协会，但这个愿望在他有生之年并没有实现。

蒙马特的一家小咖啡馆

巴黎，蒙马特高地，圣吕斯蒂克路，真意咖啡馆（La Bonne Franquette）。带有经典的露台的法式咖啡馆，在巴黎俚语里称这种咖啡馆为“Guinguette”。在凡·高的时代，很多艺术家、画商都会来此小坐，如今这里已成了著名旅游景点。

作品45
蒙马特的小咖啡馆（巴黎，1886年10月），
巴黎，奥赛美术馆

作品45

19世纪末，在巴黎及其周边地区涌现了很多这样的咖啡馆。“Guinguette”，没有确定的词源，指人们可以小饮小酌和吃小食的地方，通常带有露台。真意咖啡馆是从当年一直开到现在的咖啡馆之一，位于蒙马特高地上山之路的尽头。就是在这家咖啡馆的阳伞下面，曾经坐过毕沙罗、西斯莱、塞尚、图卢兹·劳特雷克、雷诺阿、莫奈、左拉以及唐吉老爹和我们的文森特·凡·高。在凡·高初到巴黎的日子里，他曾画过这个露台，画中还带有他之前沉闷的绘画风格，颜色深沉。在《拉德磨坊》一画中，可以看到一个类似的露台（见126页插图）。后来常来的画家还有苏珊娜·瓦拉东（Suzanne Valadon，1865—1938年）和郁特里罗（Maurice Utrillo，1883—1955年）。他们住在不远处的梭罗路（Rue des Saules）和科尔特路（Rue Cortot）。

艺术家们笔下的磨坊

作品46
从吉拉登路看拉德磨坊
巴黎，1886年10月，奥特洛，
克勒勒米勒博物馆

作品46

皮埃尔·奥古斯特·雷诺阿，煎饼磨坊的舞会，1876年，巴黎，奥赛美术馆

早在1876年，雷诺阿就曾经画过蒙马特著名的这一角，这是他著名的作品之一，画中表现了这个欢乐的露天舞厅。

图卢兹·劳特雷克，煎饼磨坊的舞会，1889年，芝加哥，芝加哥艺术学院

1889年，图卢兹·劳特雷克用一个很接近摄影的角度刻画了同一个磨坊舞会。在他的眼里，舞会是个暧昧的场所。

巴黎，从吉拉登路看拉德磨坊。

其实拉德磨坊不是所谓的煎饼磨坊。真正的煎饼磨坊是布路特凡磨坊（Le Blute-Fin），也被称为德布雷磨坊（Moulins Debray），可见后几页的插图。该混淆主要归功于凡·高，是他在他两幅画里都写上了“煎饼磨坊”的招牌。拉德磨坊（又称夏邦磨坊），采用了“La Galette”这个单词。格雷派（Galette）是一种烘焙类甜饼，也是当地的一种特色小吃，在各种小酒馆小咖啡馆里售卖。

布路特凡磨坊：真正的煎饼磨坊

凡·高笔下的磨坊和格雷派饼：如之前所述，布路特凡磨坊和拉德磨坊经常被人混淆，都被称作“煎饼磨坊”。真正的煎饼磨坊是右侧插图里的布路特凡磨坊。在凡·高的年代，勒皮克街绿树成荫，围拢着蒙马特区域的各种小店。在这些店里，人们都可以吃到这种格雷派。磨坊一般都有很多的建筑空间，一般都配有露天空间、阳台、舞池以及一个必不可少的风车。很多风车如今依然挺立在原地。大多数情况下，磨坊里还建有一个观景台，连接着陡峭的楼梯。楼梯通常为木质，有时也会用混凝土代替。如果你能够爬到观景台俯瞰巴黎，将会有一个十分不错的视野。

巴黎，蒙马特
真正的煎饼磨坊——布路特凡磨坊，坐落在蒙马特区的中心，如今不再像凡·高时代那样被绿树环绕了。

永无止境的焦虑：对于很多土生土长的巴黎人而言，如诗如画的巴黎已经司空见惯了，但对凡·高这么一位外国艺术家而言，这些磨坊带有很强的巴黎特色。尤其是对于一位荷兰人来说，风车也是他非常熟悉的。很可能正因为这个原因，凡·高画了十多次蒙马特的风车磨坊。而如今，这些风车磨坊很多已经改成了当地的娱乐场所，例如凡·高画过的最具代表性的布路特凡磨坊。这里有一个标志性的观景台，其他地方可以吃东西或者喝酒，此外还有个舞池。在蒙马特，有三个风车磨坊一直留存到20世纪80年代末，两个被称作德布雷磨坊，因为归德布雷家族所有。另一个位于蒙马特高地比较偏僻的位置，叫胡椒磨坊（Le Moulin au poivre）。在凡·高的时代，德布雷家族放弃了拉德磨坊，又改称布路特凡磨坊为煎饼磨坊，前后改名使得名称十分混乱。现在，这些地方已经向游客开放，风景依然不错。值得一提的是，对页这幅油画于1975 年购于巴黎的一家古董店，却在兹沃勒的鹅卵石博物馆存放了35 年，直到2010 年才被重新发现。

作品47
《布路特凡磨坊》
巴黎，1886年秋天
布面油画，55.2厘米 × 38厘米
兹沃勒，鹅卵石博物馆
（Museum de Fundatie）

作品47

作品48

作品48
《煎饼磨坊》(布路特凡磨坊：真正的煎饼磨坊)
巴黎，1886年秋季
纸面油画，61厘米×50厘米
布宜诺斯艾利斯，国家美术馆
F348/JH1182

作品49
《蒙马特的风车磨坊》
巴黎1886年
布面油画，46.5厘米×38厘米
东京，普利司通美术馆(现纽约，拉斯登收藏J. S. Lasdon)，F273/JH1116

巴黎，皮加勒，克里希大道20世纪初的红磨坊。蒙马特的很多磨坊成功改成了吃喝玩乐的场所，凡·高去世一年后，在皮加勒也出现了一座类似的娱乐场：外表看起来是磨坊，其中却是风月场所，著名的康康舞可能就诞生于此。

作品49

卡鲁塞尔桥

作品50
《卡鲁塞尔桥》(巴黎，1886年6月)
哥本哈根，新嘉士伯艺术博物馆

在凡·高在巴黎逗留的前几个月里，凡·高画过一些画，这幅《卡鲁塞尔桥》便是其中之一。画里看得到河对岸远处的卢浮宫，视角来源于图画下方塞纳河左岸的人行道上。

这幅画如今藏于哥本哈根，原先曾放在唐吉老爹的店里。

作品50

横跨塞纳河左右两岸的卡鲁塞尔桥

与伯纳德在艾涅尔（1887年夏季）

作品51

《艾涅尔的桥》（巴黎，1887年夏）苏黎世，布尔勒收藏展览馆

作品51

1887年夏天，凡·高经常去艾涅尔。这个城区位于巴黎北部，非常为印象派画家所喜爱。图中这座桥是凡·高去往艾涅尔的必经之路。在前景中，凡·高描绘了长长的塞纳河和河上停泊的船只，一个女人身穿粉色衣服，撑了一把红伞。上方，是横跨的铁路桥，有一辆火车正冒着蒸汽经过，这是现代化的象征。

艾涅尔（上塞纳省，法国）
铁路桥

洗濯船

艾涅尔（上塞纳省，法国）
停泊在塞纳河上的船只

凡·高受到印象派画家朋友的风景画的影响，对于光线的兴趣与日俱增，从对页这幅画可以略见一二。他描绘了停泊在塞纳河上的洗濯船，这个地方他时常和朋友伯纳德一起来。在这幅油画中，凡·高分别用水平和倾斜的笔触突出强调了光线遇到水面的反射和亮度，完成了他在给妹妹威尔写信时曾提到过的想法：“要在自己的画中看到更多的色彩。”

艾涅尔 劳济耶大道的房子，凡·高常来这里找自己的朋友伯纳德。

作品52
《塞纳河上停泊的洗濯船》
艾涅尔，里士满，弗吉尼亚博物馆

作品52

青年凡·高的自画像

作品53
《自画像》
巴黎，1887年秋天
布面油画，47厘米×35厘米
巴黎，奥赛美术馆
F320/JH1334

完全真实的画像并不存在：在西方绘画史中，肖像画一直是最具吸引力、最复杂的题材之一。从文艺复兴时期起，肖像画便被视为“神圣的事物”，以其众多的表现形式充分激起了画家们的想象力。艺术家画自画像，不仅想把自己的形象通过艺术永久呈现于纸面，而且还想将自己的情绪、神态和思维的变化通过细节表现出来。“完全真实的画像并不存在。肖像画全是幻想，我从来没有见过两张一模一样的画像。”这是美国作家纳撒尼尔·霍桑（Nathaniel Hawthorne，1804—1864年）的话。可能他这句话多少有些武断，但可以肯定的是，在艺术史上，能在短短几天内涂涂改改画了十几幅自画像，且每张都不一样的艺术家，凡·高绝对不是第一位，更不用提戈雅、委拉斯贵支还有德拉克洛瓦。

自画像早在16世纪便有了实践，并且形成了自己的特点。但“自画像”这一专有名词在凡·高那时还不存在，一直到20世纪才出现。荷兰在自画像领域不乏一些很突出的画家，比如伦勃朗。这位17世纪的画家曾留下很多自画像，有的很明显地描绘了年轻时的意气风发，有的通过精简的线条很好地展示了满面愁容。凡·高对伦勃朗很是崇拜。

并非一模一样：和大多数同行一样，凡·高也会借助镜子来作自画像。凡·高笔下的自己从来不像伦勃朗的自画像显得那么自信。从后几页的五幅画中不难看出，凡·高会选用不一样的技巧，展现不同衣服、神态、心情状态下的自己。其中三幅绘于1887至1888年凡·高在巴黎短暂停留期间。另两幅绘于普罗旺斯，当时的他在圣保罗精神病医院接受治疗。

作品53

作品54

作品55

作品56

作品54
《戴草帽的自画像》
巴黎，1887年8月至9月
纸面油画，40.5厘米 × 32.5厘米
阿姆斯特丹，凡·高博物馆（文森特·凡·高基金会）
F469/JH1310

作品55
《带画架的自画像》
巴黎，1887年12月至1888年2月
布面油画，65厘米 × 50.5厘米
阿姆斯特丹，凡·高博物馆（文森特·凡·高基金会）
F522/JH1356

作品56
《带画笔和颜料盘的自画像》
普罗旺斯圣雷米，1889年8月底
布面油画，57.79厘米 × 44.5厘米
华盛顿，国家美术馆，F626/JH1770

作品57
《自画像》
普罗旺斯圣雷米，1889年9月
布面油画，65厘米 × 54.2厘米
巴黎，奥赛美术馆
F627/JH1772

作品57

DATE 19-St. Remy
SUBJECT giro di St. Remy dall'alto
TECHNICAL DATA
CLINIQUE VAN GOGH

普罗旺斯，南方画室

（1888年2月20日—1890年5月16日）

作品58

作品61
《特兰塔克耶桥》(阿尔勒，1888年10月)
经佳士得拍卖行拍卖，(纽约，1987年6月19日，78号拍品)

作品62
《从左岸看特兰塔克耶桥》(阿尔勒，1888年6月)
经佳士得拍卖行拍卖，(纽约，2004年11月3日，41号拍品)

作品61

作品62

海滩上的一天一夜

作品63
《圣玛丽海滨》(圣玛丽，1888年6月)
阿姆斯特丹，凡·高博物馆(文森特·凡·高基金会)

作品63

在1888年5月29日至30日之间写给提奥的信中，凡·高说："明天一大早我要去地中海沿岸的圣玛丽。"凡·高具体是什么时候出发的并不确切，很可能是过了几天以后，因为当时风比较大。出发时，他还是随身携带了先前信中提到的工具：

我随身带了两块画布，怕风刮的太厉害，没办法画画。那里离这有五十公里，我们乘坐马车过去。我们会穿越卡马尔格，一片绿草如茵的平原，那里有成群的公牛和非常漂亮的小白马，就像一个天然牧场。(阿尔勒，5月29日至30日。致提奥，617F)

凡·高在这趟圣玛丽的旅行中留下了几幅海景画，在几天后的信中他写道："当天，地中海的颜色好像一种闪光的绸缎，说不出是绿色、紫色还是蓝色，在反射不同的光时，还会显出粉红色或灰色。"

晚上，凡·高在空无一人的海滩上行走："海滩很宽敞，没有岩石，没有可以俯瞰大海的海岸。像在荷兰一样，除了沙丘，就是无穷无尽的蓝

作品64
海滩边的渔船（圣玛丽，1888年6月）。阿姆斯特丹，凡·高博物馆（文森特·凡·高基金会）

作品64

色……。”凡·高并没有觉得那里快乐，但也没有觉得悲伤，只是单纯地觉得美丽。他仰望着他热爱的天空，凝视着他喜欢的星星：“深蓝色的天空上点缀着云朵，天空那种蓝比传统的蓝色更深，有些云朵是浓烈的钴黄色，还有比银河颜色更浅一点的白色。”

在蓝色的背景上，星星清晰地闪耀着，有绿色、黄色、白色还有淡粉色，比在巴黎看到的宝石还要明亮，就像是一颗颗蛋白石、祖母绿、青金石、红宝石、蓝宝石。

（圣玛丽，1888年6月3日至4日。致提奥。619F）

圣玛瓦海滨（罗讷河口省，法国）
卡马尔格的马群

“英国桥”

朗格卢瓦桥，原本的官方名称为雷吉奈桥（Pont de Réginel），由所有者朗格卢瓦而得名。它是19世纪时从阿尔勒到布克（Bouc）的运河上修建的众多桥梁之一。第二次世界大战中曾被毁损，后来又修复加固。155页图中所展示的是该桥的一个重建工程，仅为了致敬凡·高的杰作，与原桥并不完全一样，也没有设在原地点。凡·高于1888年2月到达阿尔勒，或许是因为这座桥能让他联想起故乡，他很喜欢描绘这座桥。但由于他对普罗旺斯方言并不熟悉，所以还一度误认为它是“英国桥”。在仅仅几个礼拜的时间里，凡·高就产出了很多件与该桥相关的作品，包括四幅油画，其中三幅如今分别藏于奥特洛（F397）、科隆（FCXC）、阿姆斯特丹（F400）的博物馆，一幅为私人收藏（F571），还有一幅水彩画和三幅速写，分别藏于洛杉矶（郡艺术博物馆，F1471）的斯图加特（国家美术馆，F1470）和普罗维登斯（罗德岛设计学院博物馆，F1416）。比较为人所知的速写是他写给伯纳德的信中带有的一幅作品的小样（可见147页的插图）。凡·高还曾有一个未完成的作品，里面有两名人物（可见154页插图），但如今为私人收藏，在公开的系列中看不到。

1957年，在文森特·明奈利导演的电影《凡·高传》（*Lust for Life*）中，柯克·道格拉斯扮演了凡·高，相似度和还原度极高。该电影由欧文·斯通的同名小说《渴望生活》改编而成，由米高梅电影公司出品。这部电影用各种手法重现了凡·高一生各个阶段，取景也都来自凡·高亲自停留过的地方。明奈利导演还借用了大约两百多幅凡·高作品的真迹，其他的很多道具油画也是一比一复制的。在电影镜头中，我们可以看到道格拉斯扮演的凡·高在朗格卢瓦桥下工作。这座桥以及运河上的其他九座桥后来都被毁了，留存下来的只有佛斯桥（Ponte di Fos），最终于1959年被拆除。电影很有可能是在佛斯桥下完成的取景。

一件奇怪的事：在给弟弟提奥的一封信中，我们找到了对朗格卢瓦桥主题的最早描述之一：

在蓝天下，一座吊桥孑然伫立，河流也同样是蓝色的，有几位橙色调的菜农，还有一群洗衣妇。

（阿尔勒，1888年3月16日。致提奥，585F）

凡·高用程式化的线条以及清晰的空间构图来描绘普罗旺斯的风景，显示出日本版画一样的效果，前景中的人物也使用同样的技法。这种画法达到了一种奇怪的效果，和之前在巴黎的作品非常不同。巴黎的松散自由的笔触已经不见了，取而代之的是“果断的线条和玻璃般的色彩”。在三月底的时候，凡·高对自己的画作已经相当满意了，他考虑将如今藏于奥特洛的那幅《朗格卢瓦桥》寄给了海牙画商赫尔马曼斯·吉佰图斯·特斯泰洛，这是他在长时间的断联后第一次主动与人和解。随后，他还将另外几幅油画和一幅水彩画寄给了弟弟提奥，以便弟弟理解自己所说的构图方式和鲜明

作品65
《朗格卢瓦桥与阿尔勒的浣衣女》，1888年3月，布面油画，54厘米×65厘米
奥特洛，克勒勒米勒博物馆。
F397/JK1368

作品65

色彩。如今，《朗格卢瓦桥》依然是凡·高在阿尔勒留下的最令人难忘的风景画之一。20世纪著名导演明奈利和黑泽明都曾盛赞这幅画。

像日本一样美丽，清新且欢快：

亲爱的伯纳德……，我忍不住想要告诉你，我感觉这里清新的空气和欢快的颜色就像日本版画一样。罗讷河和运河的河水在整片景色中营造出一片片美丽的翠绿色和深蓝色，和我们曾经在日本版画里看到过的一模一样。淡橙色的夕阳使土地看起来有些发蓝，黄色的太阳在闪耀着。更别说我还没有见到夏天阳光普照的样子呢……对于喜欢阳光和色彩的画家来说，南方真是正确的选择。如果日本人在艺术方面无法取得进展，他们也该考虑考虑来法国南部。在信里我给你寄了一份小稿，我想画一些东西：水手们拥着爱人在运河航向他们的城市，巨大的黄色太阳上映着吊桥的剪影（可见147页作品59）。

（阿尔勒，1888年3月18日。致埃米尔·贝尔纳，587F）

作品66

作品66
《一对爱人》，未建成的阿尔勒画室，1888年3月，布面油画，32.5厘米×23厘米
F544/JH1369

这是朗格卢瓦桥有关的作品中仅存的一个大幅场景画。

作品67
《朗格卢瓦桥》（撑伞的女人）
阿尔勒，1888年5月
布面油画，49.5厘米×64.5厘米
科隆，瓦尔拉夫·瓦尔拉夫·理查尔茨博物馆。F570/JH1421

布克港口（罗讷河口省，法国）
如今的朗格卢瓦桥，与朗格卢瓦桥原址所隔不过几公里。

阿尔勒（罗讷河口省，法国）
20世纪初照片中的朗格卢瓦桥（1930年改建，1944年损毁）。

作品67

拉克劳与普罗旺斯艾克斯地区：凡·高与塞尚

作品68
《拉克劳平原》（圣雷米，1888年6月）。阿姆斯特丹，凡·高博物馆，文森特·凡·高基金会

作品68

拉克劳平原（普罗旺斯）
拉克劳平原与背景中蒙马儒修道院的废墟

拉克劳平原，位于阿尔勒、佛斯湾和普罗旺斯萨隆地区之间，像一个三角形：面积600平方千米，北部与阿尔皮耶山相连，南部紧邻贝尔潟湖（Étang de Berre），东南部毗邻地中海，西部与罗讷河三角洲相邻。1888年6月12日至20日，凡·高在这里多次停留作画，研究麦田和庄稼。看着麦田和庄稼的金黄色，农场屋顶的红色，凡·高笔下的颜色也跟着燃烧了起来："天空由青绿色渐渐变成暖白，这颜色令人愉悦，太和谐了……。"这样的景色令他想起了60公里外的塞尚：

……塞尚也在拉克劳地区工作，普罗旺斯艾克斯周边的自然环境和这里完全一样。用不了多久你就能看到，我已经掌握了塞尚的技法。
（阿尔勒，1888年6月12日或13日，致提奥，624F）

凡·高对好友凡·拉帕德说，在这里的生活远远好过在北方：

……我晒着太阳在麦田里一直工作到中午，直到一点影子都看不到了，我还像一只蝉一样欣赏美景。天啊，真希望我25岁就在这里生活，而不是35岁才来到这，这样我当时也不会那么喜欢深色了。
（阿尔勒，1888年6月19日，致安东·凡·拉帕德，628F）

蒙马儒的废墟之间

蒙马儒（阿尔勒，罗讷河口省，法国）中世纪修道院的残址，在拉克劳平原的山丘上。

无花果、常春藤和白色岩石之间的一座修道院废墟，1888年7月凡·高经常在这里一过就是一天。这个地方会使他想到帕拉都大公园（parc de Paradou），那是左拉在小说《莫雷教士的过失》（*La faute de l'abbé Mouret*）中虚构的一个地方。

我在蒙马儒度过了一天。我们悄悄潜入了老花园，偷走了一些无花果。如果这里再大一点的话，就是左拉小说里的帕拉都大公园了：大片芦苇、葡萄园、常春藤、无花果、橄榄树、旺盛的橙红色石榴花和石榴、百年的丝柏树、水曲柳、岩石墙、半残的楼梯、破烂的卵石、覆盖着苔藓的白色巨石、坍塌的墙壁碎块，所有这些都零零散散地分布在一片绿意中。我也画了一大幅画，但没有画花园。

（阿尔勒，1888年7月9日或10日，致提奥，638F）

作品69
蒙马特高地与废墟（阿尔勒，1888年7月），阿姆斯特丹，凡·高博物馆
（文森特·凡·高基金会）

作品69

普罗旺斯最令凡·高震撼的，还是“空气的清澈”：

你可能不相信，毕竟在我们那也没有这样的天气。坐了一个小时的车进入阿尔勒以后，你就会发现空气十分清澈。可以看清楚所有物体的颜色，灰绿色的橄榄树、青绿色的草坪，以及粉紫色的农田土壤。在我们家乡，向地平线远望只能看到一根模糊的线。这里不一样，这里的地平线是清晰的，很远距离之外还能清晰地辨别事物的轮廓。（阿尔勒，1888年6月16日—20日，致威尔，626N）

米雷耶路，另一个黄房子

作品70
《老磨坊》(阿尔勒的老磨坊)(阿尔勒，1888年9月10日)
水牛城(纽约)，奥尔布赖特·诺克斯美术馆

作品70

这幅画如今藏于纽约水牛城。创作时间可以追溯到凡·高租住在吉努夫妇黄房子里的时期。在这个阶段的画作里，还是明显地带有普罗旺斯很流行的标志性“黄色高光”。

阿尔勒（罗讷河口省，法国）
阿尔勒米雷耶路的老磨坊，即对页凡·高所画的同一个磨坊。它是该地区唯一的一座磨坊。

铬黄与向日葵

作品71

十一种渐变的铬黄：众所周知，凡·高有十一幅向日葵，四幅绘于巴黎（1887年6月至9月，放在桌面上的向日葵），七幅绘于阿尔勒（1888年8月至1889年1月，花瓶中盛放的各式各样的向日葵），这十一幅画各自以不同的方式演绎着这种黄橙色的花朵。在这幅创作于巴黎的画中，向日葵倒放在桌面上，凡·高用十分精巧的手法描绘了花瓣几乎凋谢的细节，颜料的色调从黄色过渡到橙色，再到棕色。背景是虚化的，潦草的笔触呈旋涡状涂了深浅不一的蓝色，更加衬托了花朵的轮廓。花瓣的边缘用了棕色的细线勾勒。仔细观察画面，会感受到这些向日葵不同寻常的“可触感”，营造出了放大的视觉效果。

作品71
《两朵凋谢的向日葵》
巴黎，1887年8月至9月
布面油画，43.2厘米×61厘米
纽约，大都会艺术博物馆，
F375/JH1329

黄色的色调：在世界各地的美术馆都能见到巴黎版本的向日葵和阿尔勒系列的向日葵展出。凡·高画中的向日葵总是放在双色的花瓶里，每一次花朵的数量、摆放角度以及花瓶的色调会有所变化。在如今藏于伦敦的这个版本中，有一些花朵即将绽放，一些花朵正在盛开，而另一些已然凋谢了。背景被一条蓝色细线划分为深浅不一的两种黄色，黄色的陶瓷花瓶也被一条蓝色细线分成上下两部分。凡·高在花瓶上用同一种蓝色签下了自己的名字。为了突出花瓶，凡·高将花瓶和背景中的黄色进行了正好相反的搭配。

作品72
《花瓶里的12只向日葵》
阿尔勒，1888年8月
布面油画，92.1厘米×72厘米
伦敦，国家画廊
F454/JH1562

作品81

保罗·高更
《阿尔勒的夜咖啡馆》（吉努夫人）
阿尔勒，黄房子，1888年11月
布面油画，73厘米×92厘米
莫斯科，普希金国立美术馆

作品84
《粉色背景的阿尔勒妇女》
普罗旺斯圣雷米，1890年2月
布面油画，65厘米×54厘米
巴西圣保罗，圣保罗艺术博物馆，F498/JH1894

画和生活。此外，从1888年5月1日起，画家还同时在黄房子旁边拉马汀广场2号楼的左翼租下了一间，本来打算将这里修成自己的画室，留给自己工作用，也方便以后其他可能一起工作的画家。

1888年9月中旬，凡·高在拉马丁广场2号租用了黄房子的左翼。在搬去之前，他还是在出租屋里继续待了一段时间，为了更好地装饰黄房子。凡·高想在黄房子里专门建一个画室，留给自己工作用，也方便以后其他可能一起工作的画家。

作品84

两位画家的同一个模特：凡·高在普罗旺斯省圣雷米精神病医院接受治疗时，曾经多次画过吉努夫人，这幅画是一个正面的角度。同一系列有一幅画如今藏于罗马国家现代艺术美术馆，本书引用的这幅作品藏于巴西。

吉努夫人的正面画像，后来有过好几个不同的版本（F540–F543），其高更正在画吉努夫人：电影《永恒之门》的剧照，纽约，2018年。由朱利安·施纳贝尔(Julian Schnabel)执导，奥斯卡·伊萨克(Oscar Isaac)饰演高更（Gauguin)，艾曼纽·塞尼(Emmanuelle Seigner)饰演吉努夫人。威廉·达福（Willem Dafoe）饰演的凡·高没有在这一帧中出现，但出现在接下来的一幕，导演在画面的最右侧展示了凡·高从另一个角度绘制吉努夫人的另一个版本（图82，第174页）。

灵感来源保罗·高更的一幅画，高更的那幅如今藏于旧金山的美术博物馆。而凡·高的两个黄色背景的版本是在特定环境下画的。

1888年10月末至11月初，在高更和凡·高一起生活和工作的时候，高更曾经请吉努夫人来当模特。他想描绘夜间的阿尔勒咖啡厅，画面中有台球桌，还有半醉的客人。吉努夫人在这幅画中形象带有妓女的意味，像是把画面中的人带到了夜场，但模特本人并不知道。在高更的正面肖像中，吉努夫人半睁着眼睛，看起来有些无聊，若有所思，左手撑着脸颊，面前有一个酒瓶和一个杯子。那些日子阿尔勒总在下雨，凡·高也一直待在家，他决定利用这个契机继续工作，便为吉努夫人画了同样的肖像，视角是桌子的右侧。如果大家对这段故事感兴趣的话，可以看一看导演朱利安·施纳贝尔的作品《永恒之门》(*Eternal Eternal's Gate*，2018年)，该电影依据历史文献对这段场景进行了重现，是有关凡·高的非常有趣的影视作品之一。

妓院

凡·高希望人们不要知道他的名字，也不要知道他在做什么。在1889年写给提奥的信中，凡·高抱怨了人们对他的好奇：

我希望人们不要打断我，不要来管我，不管我是在吃饭的时候、画画的时候、睡觉的时候还是准备去妓院的时候……

（阿尔勒，1889年3月22日，致提奥，751F）

阿尔勒（罗讷河口省，法国）
老城里的长河。凡·高和高更经常光顾的妓院位于老城区的罗讷河畔，普雷埃莱大街（rue du Grand Prieuré）和卡瓦莱里门（Porte de la Cavalerie）附近。

阿尔勒，普雷埃莱大街，19世纪末时曾是红灯区

我写信给你解释一千遍了，我晚上去的是咖啡馆不是妓院。睡不着的人在这里结束一天的奔波，七歪八斜地倒在桌上，就这么度夜。有时候一些娼妓会把客人带到这来。

（阿尔勒，1888年10月5日，致埃米尔·贝尔纳，698F）

我曾见过一家妓院，宽敞的房间漆成了浅蓝色——就像一个学校——有五十来个红色的士兵，一些身穿黑色的有钱人，他们脸上带有一种华丽的黄橙色，女人们穿着天蓝色、朱红色，一切都极尽奢华。所有事物都被金黄色照亮了，空气里一点忧郁的气氛都没有。在巴黎类似的场所相对而言就要少很多了。最近我没有什么动静，因为我首先得治好我的胃痛，但之后我一定会做点什么，来分享一下达拉斯贡城不朽的英雄达达兰的荣光[1]。

（阿尔勒，1888年4月19日。致埃米尔·贝尔纳，599F）

1：《达达兰三部曲》是法国小说家阿尔封斯·都德自1872—1890年完成的作品，包括《达拉斯贡城的达达兰》《阿尔卑斯山上的达达兰》《达拉斯贡港》三部。

极端的一幕

作品85
耳缠绷带的自画像
阿尔勒，1889年1月，布面油画，60厘米×49厘米
伦敦，科尔塔尔德画廊。F527 / JH1657

1888年12月23日：高更表达了离开的意图，与凡·高发生了激烈的争吵。此时的凡·高已经在精神失常的边缘，这场争吵或多或少地直接导致了一幕悲剧的发生——凡·高用剃须刀割下了自己的一只耳朵。根据以往的记载，凡·高在深夜里将自己血淋淋的耳朵裹在袋子里送给了一位名叫瑞秋的妓女。但是，根据作家贝尔纳黛特·墨菲（Bernadette Murphy）的调查，凡·高深夜送血耳的那位女子并非一位妓女，而是一个朋友，是18岁的加布里埃尔·贝拉蒂埃（Gabrielle Berlatier）。贝尔纳黛特·墨菲征得贝拉蒂埃家族后人的同意，公开了该女子的姓名和信息。加布里埃尔·贝拉蒂埃本是一位阿尔勒北部农民的女儿，在案发的妓院里当服务员。在当时的报道中，考虑到该女孩还年轻，工作地点又不光彩，所以将为她化名为瑞秋。这个消息是警察阿方斯·罗伯特（Alphonse Robert）在1936年对一家报纸公开的。凡·高自残的当晚正是他出警来到了妓院。加布里埃尔·贝拉蒂埃在事件过后结婚生子并且活了很久，她的家人从未透露过这一消息。

阿尔勒，布特路（罗讷河口省，法国）
凡·高割下耳朵送给贝拉蒂埃的妓院

非常严重的伤：人们之前认为凡·高只割下了左耳的一小块，但实际上，伤口应该要比这危险得多：凡·高几乎割去了整个左耳耳郭。为凡·高处理伤口的阿尔勒医院医生费利克斯·雷伊（Félix Rey）画的草图可以说明这一点。欧文·斯通1930年8月18日前往阿尔勒，曾找到费利克斯·雷伊，特意请他画过一幅草图。后来欧文·斯通把这幅草图穿插在自己的作品《渴望生活》中，这部凡·高传记后来又被明奈利导演改编成电影，主角凡·高由柯克·道格拉斯主演。

作品85

阿尔勒医院

作品86
《阿尔勒医院中的花园》(阿尔勒，1889年4月)
温特图尔，奥斯卡·莱因哈特(Oskar Reinhardt)收藏

作品86

阿尔勒（罗讷河口省，法国）
阿尔勒医院的庭院。在1888年12月23日割伤耳朵后，凡·高在这里住院，并在随后的几个月中多次返回这里。当时为凡·高处理伤口的医生是费利克斯·雷伊，如今这个医院的庭院以他的名字命名。凡·高给费利克斯·雷伊画过一幅画，藏于莫斯科的普希金美术馆。阿尔勒医院中的庭园描绘的与现实景象非常相似。如今这里设有一个凡·高中心（Espace Van Gogh）。

作品87

封闭在圣雷米

（1889年5月8日—1890年5月16日）

作品87
《圣雷米精神病院的丝柏树》
（圣雷米，1889年10月）
洛杉矶，哈默博物馆，阿曼德·哈默收藏
丝柏树在前景中，树立在圣雷米精神病院的前面，像铁窗框一样把精神病院框了起来。

我可怜的朋友，我们的神经官能症毫无疑问和我们过于艺术的生活方式有关，但也可能是一种致命的遗传……我们的妹妹威尔，不喝酒，从不消遣娱乐，但是我们有一幅她的肖像，从中可以明显看出她炽热疯狂的眼神。这意味着，我们要正视自己的真实性格，就不得忽视我们患神经官能症的可能性。（阿尔勒，1888年5月4日，致提奥，603F）

这封信写于凡·高割耳前几个月，从中可以看出他在寻找自己抑郁的原因以及弟弟提奥消沉的原因。在信中，弟弟提奥似乎是因为在画廊工作的不顺心而消极沮丧。凡·高在割耳以后，立即反思了抑郁的危害：“我之前只意识到胳膊和腿会骨折也会痊愈，但是我忘了，人的大脑也会生病，也有治好的时候。”（阿尔勒，1889年1月28日。致提奥，743F）

那些艰难的时刻给凡·高留下了什么呢？“我不知道还剩下什么，也不知道恢复健康有什么用，但在各种错乱中，我竟然开始痊愈了，我之前都不敢奢望。”在这封长长的信中，凡·高还写道：“让我一个人安安静静地继续我的工作吧，如果我做了什么傻事，也最坏不过如此，反正现在的我什么也控制不了。令我感到窒息的幻视症状已经好多了，但我还会简单做一些噩梦，可能是因为一直服用溴化钾的缘故吧……如果我确实疯了，请你们直接把我锁死在牢房里。不然，就把我放出去尽情地工作，哪怕是你们采取防护措施也行。”

当凡·高在阿尔勒医院被雷伊医生收治的时候，曾被单独留观两三天。他信中写的所谓“牢房”是一种隔离式公寓。

3月，有大约80名阿尔勒市民签署了一份针对凡·高的请愿书，认为这位荷兰艺术家不配自由生活。凡·高在3月19日写给提奥的信中（750F）讲述了这件事，他意识到，如果他不遏制这种不公正行为，情况只会变得越来越糟。凡·高再次被隔离，黄房子被封，经历了无数跌宕起伏，在阿尔勒医院几次住院出院之后，他被送往了圣雷米的一家精神病医院。该医院由医生泰奥菲尔·贝隆（Théophile Peyron，1827—1895年）主管，位于一栋非常有特色的建筑里：圣保罗中世纪修道院。1889年5月8日至次年5月16日，凡·高一直在这里居住。1990年当我们参观这里时，一家精神病诊所仍在运营中，除了对外开放罗马式回廊和小教堂，其余地方不准进入。不过，现在有些地方已经开放了，人们可以参观走廊和画家睡觉的房间。

在这段漫长的治疗期间，凡·高是唯一一位被允许外出在周边绘画的患者，他也因此在十二个月内完成了一百五十多幅油画和一百幅画稿。在此期间，他沉迷于描绘山谷中野性的自然风景：田野上的橄榄树、庄稼的收获，当然最著名的还是在明月或者星空映衬下的景象。

作品88

作品88
《圣保罗修道院的回廊》（圣雷米，1889年10月），纽约，大都会艺术博物馆

圣雷米（阿尔勒，罗讷河口省，法国）
圣保罗·德·毛索修道院的回廊，凡·高曾在此度过一段漫长的时光。

野趣

作品89
《佩洛莱斯溪谷》,（圣雷米，1889年10月）
波士顿（马萨诸塞州），波士顿美术馆。

作品89

圣雷米（罗讷河口省，法国）
附近的采石场。这里的环境十分具有野趣，吸引了凡·高在住院疗养时期多次创作与此有关的作品。凡·高这个阶段的作品中，物体的形状和轮廓变得越来越扭曲，似乎在强调画家的不安感。

作品90
《橄榄园》(圣雷米，1889年夏)
奥特洛，克勒勒米勒博物馆

圣雷米，1889年夏。凡·高在圣雷米住院期间，除其他各类主题，很多作品都画了橄榄树，大约有15幅。

作品90

星星、月亮、星云：凡·高的星河宇宙

欧内斯特·吉勒敏，9月22日午夜看到的巴黎夜空天际线，阿梅德·吉勒敏书中的第十幅插图。《天空，世界和年轻人要知道的天文学概念》（*Le Ciel. Notions d'Astronomie à l'usage des gens du monde et de la jeunesse*）阿歇特出版社，巴黎，1864年，第一版

金粉和钻石的海洋：

“晴朗的夜里，没什么比凝视静默的星空更能让人感到思想的升华。深蓝色的天空中到处散布着数不清的星光。星辉的色彩和清晰度各不相同，有些星星像火苗一样不停地跃动着、闪烁着，有一些星星则更柔和、更甜美地均匀发着光。还有一些星星一跳一跳地释放着光线，仿佛在说穿过宇宙的深邃有多么的不易。要想欣赏到这精彩的一幕，您需要选择一个空气特别清新的夜晚，空气必须要特别特别纯净透明，最好没有夕阳余晖、没有月光也没有曙光。这个时候的天空就是一片巨大的海洋，布满了金粉和钻石。面对如此辉煌的事物，你的所有感官、思想、精神、想象都会深深地沉醉。”（吉勒敏1864，第二页）

这段话出自阿梅德·吉勒敏（Amédée Guillemin，1829—1893年），他是一位科普作家，从19世纪60年代以来一直在巴黎出版天文学作品。他的作品深入浅出，所配插图也十分精美：一个是在当时天文台刚发现的黑白星图；一个是由兄弟欧内斯特所作的11幅彩色巴黎星空图，这些图根据一年不同月份的午夜描绘，准确性堪比照相机与星图，令人回味。

北斗星座与河岸边的灯火：人们对星空的迷恋可以追溯到人类的起源。如何把星空呈现出来一直是画家们最难的习题，而星空在各个时期的艺术中都不乏展现。与凡·高同时期的一些画家对星空重新提起了浓厚的兴趣，热衷描绘星空夜景和星空下的城市，其中便不乏凡·高尊崇的让·弗朗索瓦·米勒和詹姆斯·惠斯勒（James Whistler，1834—1903年）。

《罗讷河上的夜景》由凡·高作于阿尔勒，绘于1888年9月20日至30

作品91

阿尔勒的长河，1990年，重修之前。如今，这些地图还标有“Nuit étoilée”的字样，意为“星夜”。这里就是凡·高1888年9月20日至30之间画下著名《星夜》的地方。

作品91
《罗讷河上的星夜》，1888年9月20日至30日约晚上22:30
布面油画，72.5厘米×92厘米
巴黎，奥赛博物馆，F474/JH1592

1889年该画第一次在巴黎公布于众，展于独立艺术家协会沙龙，园艺学会大厅日之间的一个夜晚，约22点30分。这幅画和惠斯勒一幅经典的伦敦夜景画《黑色和金色的夜曲》（藏于威斯敏斯特桥，格拉斯哥博物馆，约1872年）经常被相提并论。哈佛＆史密森尼研究中心的天文学家查尔斯·惠特尼（Charles A.Whitney）以及艺术史学家阿尔伯特·博伊姆（Albert Boime）在他们的著作里都有类似的言论。不过，《星夜》画面中清晰可见的北斗星座其实并不应该出现在这个方向的天空上，而是应该在画家的背后。其实凡·高非常清楚这个事实，但他还是不得不这么画，这样才能营造出一种使星光在老城的上空与长河岸边的灯火交相辉映的效果。

最近，由西南得克萨斯州立大学的唐纳德·奥尔森（Donald Olson）教授领导的研究小组对凡·高在阿尔勒以及圣雷米时期的画作，尤其是《奥维尔小镇夜晚的白房子》一画（第201页作品97、98），有了进一步的研究。凡·高画过很多北斗七星、弯月、满月还有其他星云、星座，研究结果证实，这个时期所有的夜景画都表明凡·高曾认真地研究过天空。从这些画可以看出，凡·高绝对不仅仅是自己说的“有诗意的天赋”，他肯定还参考了天文学家诸如吉勒敏以及尼可拉斯·卡米伊·弗拉马利翁（Nicolas Camille Flammarion，1842—1925年）等人的著作。

凡·高的画与吉勒敏的著作有一个不谋而合的地方。吉勒敏的《天空》（*Le Ciel*）一书1864年出版，被翻译成多种语言。在书中，吉勒敏曾形容夜空像布满金粉和钻石的海洋。这种比喻和凡·高的说法惊人地相似。凡·高在1888年6月3日至4日夜间在圣玛丽海滨画下夜空时，曾说星星像蛋白石、绿宝石、青金石、红宝石和蓝宝石。“在蓝色背景上，星星清晰地闪耀着，绿色、黄色、白色、淡粉色，比在巴黎看到的宝石还要明亮，更像是蛋白石、祖母绿、青金石、红宝石、蓝宝石。”（致提奥。619F，详情参阅第151页）没人确切知道凡·高本人在写下这些句子时回想的是不是巴黎的夜空，是不是那屋顶和钟楼构成的独特天际线。巴黎的夜景和清晰的星图都曾出现在吉勒敏的插图里，并且米勒和惠斯勒都曾描绘过。

在阿尔勒的时候，对天体现象的兴趣已经成为凡·高一个执着的爱好，他在写给兄弟姐妹以及其他朋友的信中提道：“我现在想画一幅纯粹的星空图。我经常感觉夜晚的色彩其实比白天更丰富，有紫色、深蓝色以及墨绿

作品92

作品92
夜间的露台咖啡
阿尔勒，集会广场
约1888年9月16日
布面油画，80.7x65.3
奥特洛，克勒勒米勒博物馆
F467/JH1580

作品93

作品93
《星月夜空下的丝柏小路》，圣雷米
1890年5月12日至15日
布面油画，90.6厘米×72厘米
奥特洛，克勒勒米勒博物馆，
F683/JH1982

作品94
《月亮初升》
圣雷米，1889年7月13日，
21:08
布面油画，72厘米×92厘米
奥特洛，克勒勒米勒博物馆，
F735/JH1761

作品94

色。”（阿尔勒，1888年9月9日至14日。至威尔，678F）

天文学科普：凡·高如此痴迷于天文学，很大概率是因为阅读了吉勒敏的作品。吉勒敏有很多天文学科普作品，主要面向年轻人和对科学有兴趣的人。关于月亮、太阳、彗星、星云、星系等太空世界的知识，不一定只出现在厚厚的文献里。通过吉勒敏的叙述，这些知识通过新奇的方式得到呈现，变得更加清晰。后来，吉勒敏还出版了很多小论文，专门介绍月亮、恒星、星云，一本书售价在2.5法郎左右。他还在法国著名周刊《画报》（*L'Illustration*）上发表过文章。凡·高也是这份杂志的忠实读者，写作中经常引用上面的话。虽然我们不是完全确定，但根据凡·高画作中展露的天文学观念，他很可能读过吉勒敏的著作，至少在巴黎的时候曾经翻阅过。在当时巴黎的每个书店里，这些书都摆在最显眼的位置。凡·高还有可能读过《天文学》（*L'Astronomie*）杂志，这本杂志通俗易懂，由法国天文学会1887年推出用来推广天文学，杂志创始人是天文学家尼可拉斯·卡米伊·弗拉马利翁。凡·高创造出不朽名作《星夜》是在1888至1890年。如果查阅这个时期的书籍报刊，可以发现很多对他有用的信息，足以帮他通过科学的方法准确地得到恒星排布。

猎犬座M51星系，和罗斯勋爵在1845年看到的一样。
阿梅德·吉勒敏，《天空，世界和年轻人要知道的天文学概念》（阿歇特出版社，巴黎，1864年，第一版，480页，插图171）

星系和“猎犬座”：凡·高最著名的画《星夜》，作于1889年6月中旬的圣雷米，画的是凡·高从圣保罗修道院往窗外望看到的景象。凡·高的创作印证了我们的一个猜想，画家们创作的令人难以忘怀的夜空，并非是幻觉的产物，反而正是猎犬星座的星光给人留下的瞬间印象。这一观念还得到了美国天文学家的支持。1773年，查尔斯·梅西耶（Charles Messier，1730—1817年）首先发现了这个灿烂的星系；1845年，爱尔兰的罗斯勋

作品95
《星夜》，圣雷米
1889年6月，
布面油画，74厘米 × 92厘米
纽约，现代艺术博物馆。F612/JH1731

作品95

爵，也就是威廉·帕森斯（William Parsons，1800—1867年）通过当时最前沿的望远镜捕捉了该星系的独特形状。这一消息广为流传，吉勒敏书中M51星系（当时称为“旋涡星系”）的星图已经和现代科学设备拍摄的图像很接近了。1862年，巴黎天文台正式研究旋涡星系，再加上天文学家卡米伊·弗拉马利翁《天空中的星星与好奇心》（*Les Étoiles et les Curiosités du Ciel*，1882年）的影响，旋涡星系在《画报》周刊等杂志中变得更为流行。凡·高是不是潜移默化受到了影响？如果我们的猜想是正确的，那么凡·高画中旋涡状的星云就既不是他的自我臆想，也不是一种偶然巧合。在奥克塔夫·米尔博（Octave Mirbeau，1848—1917年）未竟的小说《天空中》，我们找到了另一个印证。在这部小说中，凡·高的挚友卢西安执着地要画出一个“不断上升的螺旋形……好吧，我也不确定，可能是一片云，看起来比其他的云都要低，它看起来像一条狗，像狗的嘴巴！……我所有想做的，不过是用光线渲染出空气流动的形状，让人感觉到空间的无限与天穹的无尽，仿佛在用虚无和缥缈回应人间所有的哀怨、呻吟与痛苦。”狗的嘴巴，其实就是指猎犬座，猎犬座在空中组成了一个狗嘴一样的形状，仿佛要吞掉大熊座（北斗七星）的爪子，因而得名猎犬座。

M51星系，距离地球2800万光年，2020年4月24日至25日夜间拍摄图像。拍摄设备为203毫米直径的望远镜和CMOS天文相机。

作品96
《星夜》，圣雷米
1889年6月，局部
布面油画，74厘米×92厘米，
全图请见195页作品95
纽约，现代艺术博物馆。F612/JH1731

作品96

SUBJECT AUVERS-SUR-OISE
TECHNICAL DATA 9-10- Boccabianca - Auvers (quando perduto di v.g)
KODAK TMY 5053

68天，80幅画

（1890年5月20日—6月29日）

奥维尔，“我感到自己太过平静”

1890年春末，凡·高的精神失常依旧无法逆转。在普罗旺斯的逗留并没有减轻痛苦，他的抑郁症反而日渐顽固。关于凡·高的具体病情至今学界仍有异议，这里不再赘述，但存在的事实是无法否认的：凡·高当年37岁，他所居住过的地址已经变更了37次，辗转过荷兰、比利时、英国、法国四个不同的国家，驻足过二十多个城镇和村庄。每个地方都有截然不同的自然与人文环境，他在每个地方的心理健康都每况愈下。不管到哪一个地方，他总是很快便散去最初的热情，只剩无尽的失望和困惑。

这个时期，凡·高依旧笔耕不辍，画出了成百幅画。几乎每天他都会写很多的信给亲朋好友，最多的是给弟弟提奥，稍少一部分写给妹妹威尔，还有艺术家朋友们：伯纳德、高更还有安东·凡·拉帕德。他的画中总呈现出鲜明的亮度、对比与色彩和谐。他想少画风景画和静物画，多作一些人物画。在他完成的不少人物肖像中，他用原始且快速的笔触，完美地捕捉到了人物的外貌、神态、表情、心情。像他所说的，独成一

巴黎，皮加勒区，第九区
1890年5月17日凡·高一生最后一次到达巴黎，他在弟弟和弟媳居住的房子里停留了三个晚上。在1890年5月20日，他再次出发前往奥维尔小镇，开始了他人生旅途的最后一段征程。

作品97

作品97—98
《奥维尔小镇夜晚的白房子，在一颗明亮的星星之下》
局部与整体
（奥维尔小镇，1890年6月16日）。圣彼得堡，艾尔米塔什博物馆

作品98

奥维尔小镇
（瓦勒德瓦兹省，法兰西岛大区）
《奥维尔小镇夜晚的白房子》
（奥维尔小镇，1890年6月17日，致提奥，889F）
1890年6月16日晚上8点，凡·高伫立在白房子的前面，天穹中一颗金星夺目耀眼，正在画中所处的位置上。该油画于1995年在俄罗斯被找到，如今藏于艾尔米塔什博物馆。

派。凡·高的画总把人烘托出一种罪恶之感。也许，它们不像人们长期以来所认为的那样晦涩难懂，但仍然是一种非常深刻的变革。

高更与凡·高在普罗旺斯分道扬镳后并没有完全断开联系，二人依然写信给彼此。凡·高几次三番想去布列塔尼的菲尼斯泰尔省的普尔迪村去投奔高更，高更坚决不同意。文森特对自己每况愈下的心理状态有所察觉，自知康复似乎无望，对此也毫不掩饰。他的最后几封信像往常一样零散地记录着对自然和绘画的观察，还掺杂了许多文学语录，从莎士比亚到伏尔泰，从屠格涅夫到都德等。像高更所说的，凡·高总是在谈论作家、书籍和小说，也许在以一种沉醉的方式进行回忆。在凡·高人生最后的日子里，主宰他情绪的是忧郁，被他自己称作“Spleen”。在阿尔勒初期的时候，凡·高尚未觉得那种消沉的状态在渐渐扩散，但在一路辗转的过程中，他渐渐明白，这种情绪已经与他如影随形，成了他不可分割的一部分。

此时的凡·高开始怀疑画画的意义，他之所以决定离开普罗旺斯返回巴黎，是因为相信在巴黎“可能会看到美丽”。他想画一间书店：黄色的橱窗，粉色的晚霞，黑色的行人身影。他认为这个主题非常现代，与“橄榄园和麦田”相比，自己更宁愿画这个主题。在离开普罗旺斯的时候，他希望画“黑暗中的光”，画暴风雨前奥维尔小镇的蓝黑色的天空。与此同时，他的一些作品在巴黎和布鲁塞尔传播，一些巴黎的艺术家认为他的作品蕴含着不同寻常的才华，其中包括莫奈以及图卢兹·劳特雷克，还有一些相对不那么知名的艺术家。他还引起了一些评论家的注意，例如此时还很年轻的作家乔托·阿贝托·奥里埃。奥里埃注意到凡·高并写下了他的故事，凡·高对他表示了感谢。在1890年5月17日上午10点，凡·高最终离开了普罗旺斯。

提奥夫妇二人此时居住在皮加勒区，弟弟接到了哥哥的电报，在车站接到了他，弟媳在公寓阳台上向凡·高打招呼。凡·高看起来恢复了元气，他重新回到巴黎令大家动容。图卢兹·劳特雷克也过来看望他。久未谋面，再次重逢，劳特雷克发现昔日好友瘦骨嶙峋，面容枯槁，眼神憔悴，几乎很难认出。

奥维尔小镇，瓦勒德瓦兹省，法兰西岛大区，落雨前的村庄

作品99

作品99
《暴雨天空下的麦田》(奥维尔小镇，1890年7月)。阿姆斯特丹，凡·高博物馆(文森特·凡·高博物馆)。

侄子在巴黎出生，取了与他一样的名字文森特。为了庆祝侄子的新生，离开巴黎的凡·高从普罗旺斯寄来了一幅画，画的是开满杏花的树。这是他人生最后一段最平静的时期，但他没有想要久留。提奥拜托在蓬图瓦兹的毕沙罗收留哥哥，老画家虽然没有答应，但是推荐了瓦兹河畔另一个村庄。村庄距离巴黎不远，塞尚也喜欢这个地方，“这里住着一个在业余时间画画的医生，与所有印象派画家都有联系”。

5月20日，凡·高乘火车前往奥维尔小镇。他首先在圣奥宾酒店停留了一下，但是那家酒店太贵了，他随后便搬到了市政厅广场拉乌夫妇的小客栈。6月3日，他开始工作，乡村的户外蓝天白云、青山绿水，他画着茅草棚、花园、田野和教堂，不知疲倦。画笔落处，色彩在画布上肆意迸发。到底哪一幅画是凡·高最后一幅画，我们并不能确定，也不能完全肯定就是那幅最著名的《麦田鸦群》(本书第13页作品1)。我们更愿意相信是这幅《暴雨天空下的麦田》，天空是非常浓的蓝色，麦田是非常重的绿色。可能就是在这里的这个时候，伟大的画家朝自己开了一枪。在他的衣服口袋里有一张小纸条，这是他留给世界最后的话：“行吧，为了我的工作，我豁出了我的生命，我的理性也近半消融。”

艺术家和投资人的村庄

奥维尔小镇,（瓦勒德瓦兹省，法兰西岛大区）奥维尔小镇的入口

奥维尔小镇（Auvers-sur-Oise），距巴黎约30公里，这是一个风景秀丽的地方，充满了凡·高的足迹，拥有生动的艺术传统，其历史可以追溯到凡·高到来之前。

1857年，夏尔-弗朗索瓦·多比尼（Charles-François Daubigny，1817—1878年）在这里建立了一家工作室。卡米尔·毕沙罗（Camille Pissarro，1830—1903年）住在距此不到六公里的蓬图瓦兹。1872年，毕沙罗说服了许多画家的朋友加歇医生（Paul-Ferdinand Gachet，1828—1909年）在这里买了房子。考虑到1874年的第一届印象派展览，加歇医生在那里建立了一个版画工作室，毕沙罗和塞尚都曾在此工作。六年后，尤金·默勒（Eugène Murer，1841—1906年），一位巴黎的糖果商、小说家、文艺投资人、收藏家和画家，搬到了奥维尔小镇的一栋楼里，该建筑如今依然能看到。

奥维尔小镇 尤金·默勒的房子，维尼翁，雷诺阿，阿尔蒙德·吉约敏，毕沙罗都曾到访。

作品100
奥维的小屋（奥维尔小镇，1890年5月）俄亥俄州，
托莱多艺术博物馆

作品100

夏蓬瓦尔：在火车站的咖啡馆

夏蓬瓦尔（蓬图瓦兹街）
哈尔特咖啡馆（Café à la Halte）位于夏蓬瓦尔车站后面，这张1990年的照片很好地表现了它的旧貌。标志性的啤酒和橙汁招牌没有被拆除，只不过上面的字改成了“比萨店”。除此之外，这个1888年开张的咖啡馆至今变化不大。

1890年6月8日，凡·高就在这间咖啡馆里等着弟弟提奥的到来。提奥带着妻子和儿子将于11点26分到达火车站，打算在这里游玩一天。那天早上，凡·高和加歇医生一起等待提奥一家，因为加歇医生在巴黎见到提奥的时候曾邀请他到这里来做客，当天中午所有人都受邀在加歇医生家聚餐。这场午宴是兄弟二人最后的快乐回忆。提奥在7月28日再次见到哥哥的时候，哥哥文森特已经躺在拉乌客栈简陋客房的床上奄奄一息了。

亲爱的哥哥，你在来信中说在奥维尔小镇过得不错，身体也在好转，我为此感到高兴。昨天我见到了加歇医生，可惜现场人太多，我没有办法和他久谈，他的话语里向我透露出感觉你在好转……他邀请我下周日去他家做客，你到时候也会在。我们很愿意去，不过现在我太太还不能完全确定。上周日我们去了圣克劳德，当天下了一场可怕的暴雨……儿子从回来以后就一直生病……麻烦你告诉加歇医生，如果天气好的话，我们很高兴去他家做客，只是目前不太能百分百确定。如果我们过去的话应该会在傍晚返回，下午5点58分有一趟火车，我们想乘坐那一趟车回去。早上就是乘坐10点25分的火车，11点26分会到达夏蓬瓦尔火车站。加歇医生说会来火车站接我们。

（巴黎，1890年6月5日，提奥写给凡·高的信，880F）

Kanterbräu
Kanterbräu
BAR A LA HALTE
BOISSONS A EMPORTER
BUVEZ
ORANGINA
PRIX
BLANC

一位医生朋友

作品101

作品101
加歇医生（《叼着烟斗的人》）（奥维尔小镇，1890年5月25日的版画）。

奥维尔小镇，（瓦勒德瓦兹省，法兰西岛大区）。加歇医生住宅出口的路标。塞尚、毕沙罗、凡·高都经常在加歇医生的家做客。加歇医生的儿子保罗和女儿玛格丽特一直在这里居住到20世纪70年代，后来这座房子传给了他们的管家。在两兄妹去世后，这座房子保留了下来，成为一间博物馆，但花园除外，不允许游客进入。如今的花园已经又郁郁葱葱了。

加歇医生是我真正的朋友，或者可以说是兄弟，我们不管在外表上还是心理上都很相似。他也是一位有点敏感还有点古怪的人。他交了不少现代艺术家朋友，也在自己力所能及的范围内给予我们不少帮助。前几天我画了一幅他的肖像，也准备给他19岁的女儿再画一幅。几年前他妻子去世了，这让他们一家遭受了不小冲击。我们认识后很快就成了朋友，我一周来找他好几次，在他们家的花园里画画。我已经画了两幅他们家花园的风景画了，其中一幅画了些芦荟和柏树等南方的植物，另一幅画了白玫瑰、葡萄园、一位人物和一束花毛茛。

（奥维尔小镇，1890年6月5日。致威尔，879F）

作品102
玛格丽特·加歇在花园中（奥维尔小镇，1890年6月）
巴黎，奥赛博物馆

作品102

加歇医生的洋地黄

我想画一幅肖像，让这幅画在一个世纪后的未来的人眼中，像是一个幻影。因此，我不打算执着于像摄像一样的相似性。相反，我要寻求感情的表达，利用我们的现代科学和色彩审美来凸显人物。
（奥维尔小镇，1890年6月5日，致威尔，879F）

作品103
加歇医生，奥维尔小镇，1890年6月上旬
布面油画，66厘米×57厘米
未知收藏，F753/JH2007

几经波折的加歇医生肖像：这是指第一版的加歇医生肖像，如对页插图所示，如今已经很多年未曾露面。有可能被收藏在某家银行的金库里，或者是被私人收藏了。这幅画的保密性做得如此之好，以至于从上个世纪末开始，就再也没人看到过它。在1911年，这幅画几经转手，被收入了法兰克福博物馆。1939年，纳粹党赫尔曼·戈林（Hermann Göring，1893—1946年）将它作为“堕落的艺术品”没收了，又将它转卖给了商人弗兰克·科尼格斯（Frank Koenigs）。科尼格斯将这幅画带到了巴黎，在这里将它卖给了一位犹太银行家齐格弗里德·克拉马斯基（Siegfried Kramarsky）。而这位犹太人随后逃往了美国，并随身带上了此画。1984年，这幅肖像画借某个契机在纽约大都会艺术博物馆展出。1990年5月15日，凡·高去世100周年之际，在佳士得的拍卖会上，这幅画的继承人拍卖了这幅画，成交价格高达8520万美元，成为凡·高最贵的一幅油画。买主日本人斋藤亮荣（Ryoei Saito）宣布，去世的时候要和这幅画一起火化。这或许是他的一句玩笑话，不过一直到他财政状况崩溃破产，他都没将该画公开。1996年，遇到财务危机的斋藤亮荣将这幅画出售给奥地利金融家沃尔夫冈·弗洛特（Wolfgang Flöttl），而弗洛特再次将画转卖。这次，买主身份没有被透露。从此之后，这幅画再也没有公诸于世。近年来，大家又开始竞相追逐对这幅画做出阐释，认为这幅画是奥维尔小镇时期凡·高的代表作，对于研究画家的心理状态十分关键。

作品104
《静物与石膏像，两本书与一枝玫瑰》
巴黎，1887年12月
局部
布面油画，55厘米×46.5厘米
（全画请见99页作品33）
奥特洛，克勒勒米勒博物馆，F360/1349

这幅画还存有另一个版本，藏于巴黎的奥赛博物馆，画中的桌上没有书，紫色的洋地黄还在，但没有装在花瓶中。凡·高本人曾指出，这两幅作品具有一个共同点，那就是忧郁。在1890年6月3日写给提奥的一封信中，凡·高写道：“我为加歇医生画了幅肖像，画中他表情忧郁，看画的人可能会觉得有些扭曲……他就像你和我一样病恹恹，充满疑惑……但是他是位真

作品103

正的医生，他的职业和信念使他无论如何都会前进。画中的他和自画像中的我情感相同……加歇是位热情的人。”

保罗·费尔迪南德·加歇，像另一个我：凡·高眼中，他的这位模特就像是另一个他自己。加歇医生到底是谁？当时的加歇医生62岁，是精神病理学、顺势疗法以及手相学的专家，性格深沉，有严重抑郁倾向，曾发表过相关主题的论文《忧郁研究》。文章中写道：“抑郁让人蜷缩、麻木，让人想尽可能蜷缩在一个小空间里……”画中的加歇医生手指微曲，低垂着头，身体向右倾斜，全身的肌肉处于半紧张的状态。皱纹满布的面庞十分沧桑，面部线条看起来特别僵硬。眉毛紧蹙着，显得眼眶更加深邃。看起来就像是画家的自画像。

根据让·斯塔罗宾斯基（Jean Starobinski，1920—2019年）的主张，加歇医生的忧郁和凡·高的忧郁，都是一种“存在性”的忧郁。加歇医生的肖像画反映出的就像是一种典型的抑郁症症状。在这幅画的原始版本中，桌上摆了两本黄皮书，书名清晰可见。这两本都是龚古尔兄弟的小说：《玛奈特·萨洛蒙》（*Manette Salomon*），讲述了艺术家的期待和失望；《杰米妮·拉瑟特》（*Germinie Lacerteux*），主人公生活在一个极尽奢侈又充满贫困的巴黎。然后在画中还有几朵具有象征意义的洋地黄，它在艺术史上都不多见。

紫色的洋地黄是加歇医生推荐的强心药，但这种植物毒性很大，过量服用甚至会致命。这幅肖像印证了凡·高一开始所说的，让人感觉像“幻影”一样。

八年后，诗人乔凡尼·帕斯科利（Giovanni Pascoli，1855—1912年）为紫色洋地黄献上了一首长诗。在诗句中，他写道：

这朵花像蜜一样，
空气沉醉而芬芳；
香味将灵魂沐浴，
遗忘甜蜜而残酷。

紫色洋地黄（紫色洋地黄，《植物种志》，卡尔·林奈，1753）

作品105
《加歇医生的肖像》，1890年6月上旬，第二版
布面油画，68厘米×57厘米
巴黎，奥赛博物馆
F754/JH2014

作品105

从钴蓝色到天蓝色

奥维尔小镇（瓦勒德瓦兹省，法兰西岛大区）圣母升天教堂，后殿视角

凡·高曾对妹妹威尔描述奥维尔小镇郊外教堂的风景画：“和我在钮南时画的老塔楼和公墓是一样的。”

很明显可以感觉到，画家有一种和多年前相似的心情，但是仅需一眼就能明显感受到，此时的凡·高在色彩运用方面已经不同往日了，这幅钴蓝色调的教堂风景画，让人只看一眼也会印象深刻。

如果站在奥维尔小镇这个教堂的后殿前，拿出一张凡·高画作的照片进行对比，一定十分震撼：画面上教堂的轮廓若隐若现，从色彩上看并没有完全写实，但整幅画非常鲜活，给人一种教堂几乎都在抖动的感觉，就像是果冻做成的一样。凡·高所用的透视法不再是在席凡宁根海滩上绘画时的那种线性视角，而是焦点透视，模仿了达·芬奇和丢勒的技术，像日本浮士绘那样放置人物。正好反映了现实的对立面，即感觉和情感。

作品106
《圣母升天教堂》(奥维尔小镇，1890年6月4日)。巴黎，奥赛博物馆。

我有一幅大幅的风景画，画的是乡村教堂，在简单的深钴蓝色天空的映衬下，建筑显得略带紫色。彩色玻璃窗看起来像天青色的斑点。屋顶主要是紫色的，还有一小部分是橙色的。在前景中，有一些绚丽的绿色和粉红色的沙子。

(奥维尔小镇，1890年6月5日。致威尔，879F)

作品106

花园和经过的猫

1890年6月17日，凡·高在信中向提奥提到了一幅布面油画，上面画有奥维尔小镇的一幢白房子，天空中有颗明亮的星星。这些描述对应如今藏于圣彼得堡那幅著名的《奥维尔小镇夜晚的白房子》(详见第201页作品97、98)。凡·高曾经轻描淡写地向提奥提起："我想画一幅比《道比尼的花园》更重要的画，为此我进行了一些研究。"(奥维尔小镇，1890年6月17日，致提奥，889)凡·高所说的这幅画的草稿被画在一张餐巾纸上，因为当时空白画布还没有从巴黎邮寄过来。

作品107
《道比尼的花园》
奥维尔小镇，1890年6月
布面油画，51厘米×51厘米
阿姆斯特丹，凡·高博物馆(文森特·凡·高基金会)。F765/JH2029

之后，他陆续创作了几幅关于此主题的画，目前至少有三个版本：其中两个是长方形，背景中是白房子，前景中是花园；还有一幅是正方形，花坛占据绝大部分的前景，背景主要是楼和一小部分花园。凡·高在另一封信中也提到过两幅长方形画中的一幅："前景中是绿色、粉色的草，中间是玫瑰花丛，右边是一扇门和一排黄椴树。背景中是粉红色的房子，带有蓝色的瓷砖屋顶。"

一只路过的猫：两幅长方形的油画中，至少有一幅绘于7月10日前后，时间可以从画家的信件中找到印证："我想了很久的道比尼的花园，我终于画完了。"这里凡·高所说的花园，其实是查理·弗朗索瓦·道比尼的遗孀玛丽·索菲居住的地方。道比尼是凡·高深为仰慕的巴比松画派重要代表人物。1860年，道比尼买下这块土地，建造了一栋美丽的别墅，还设有一间与之相连的工作室和一个大型花园，养护得十分精致。

作品107

对于两幅画孰真孰假曾经有过一场激烈争论，如今结果已经尘埃落定。如果仔细看画布中央"经过"的猫，会发现这落笔十分青涩，就像是一个孩童的草稿。几十年后，毕加索钟爱这种画法，他用自己独特的、潦草的笔触画了很多猫猫狗狗，像在画面中随意堆砌。在通往房子的路上，丛丛的树影中，花园的边缘，凡·高画了玛丽·索菲。

作品108

作品108
《有猫经过的道比尼花园》
奥维尔小镇，1890年7月
布面油画，56厘米×101.5厘米
贝斯利亚，康兹博物馆
F777/JH2105

在别墅的外侧，凡·高画上了一些建筑，似是奥维的教堂，但没有十字形的建筑结构。其实，在那个角度人是很难用肉眼捕捉到教堂的样子的。

这幅画的构图中心是一个形状不规则的大花坛，位于草坪的正中央，凸显了别墅占地的广阔。1890年12月22日，玛丽·索菲在凡·高去世不久后也与世长辞。在她去世时，这幅为她所作的画还没来得及转到她的手中。那幅没有猫的油画版本不久前被发现了，现在藏于日本的广岛美术馆。

道比尼花园位于村庄的西北部。1990年左右，花园又恢复了它曾经的辉煌，如今这里已成为“道比尼艺术之家”，成为一个向公众开放的基金会和博物馆。

奥维尔小镇，巴士底日

作品109
《市政厅》，局部（奥维尔小镇，1890年7月14日）

作品109

这幅描绘市政厅正面的油画如今为私人收藏。虽然缺乏一手的直接消息，但可以确定是凡·高生前的最后几幅画之一。这幅画作的创作日期可以精准地确定，因为这幅画中，拉乌广场上的市政厅大楼前面装饰了很多三色的徽章和国旗，这是巴士底日的特别装饰。巴士底日是每年的7月14日，是法国的国庆日，为纪念1789年7月14日攻占巴士底狱拉开了法国大革命的序幕。凡·高以大楼为中心进行发散构图，像日本浮士绘般把大楼框在前景的两棵树之间，所用色调也十分“柔和”。“柔和”这个词多次出现在凡·高当时写给母亲和妹妹威尔的信件中。凡·高在信中没有提到这幅油画，所以这幅画应该是在不久之后画成的。在信中，他说：

完全沉浸于宽阔的麦田和远方的山岚中，山岚宽广如海洋，画面上是柔和的黄，柔和的紫，一片绿色的土豆田上花朵在绽放，天空呈现出柔和的色调，有蓝有白有粉有紫……”随后，他有些反常地说：“我感觉自己状态太平静了，画不出来。
（奥维尔小镇，1890年7月10—14日。致安娜和威尔·凡·高，899N）。

奥维尔小镇（瓦勒德瓦兹省，法兰西岛大区）市政厅正面

魂归故里

1890年，凡·高去世，死因是中弹。死前两天，凡·高曾拿着一把左轮朝自己开了一枪（也有说法认为是两枪）。传说凡·高自杀的手枪来自两个巴黎小流氓——加斯通·塞科尔坦（Gaston Secréta）和勒内·塞科尔坦（René Secrétan）。这两个人来自巴黎，在奥维尔经常欺负凡·高。20世纪很长一段时间以来，人们一直认为这两个人是不小心走火而开了枪。但这种假设后来被推翻了。凡·高被不断涌动的自杀情绪之折磨已有不少时日，被送到旅店时身受重伤奄奄一息的他，对客栈老板娘拉弗太太说："需要重来（C'est à refair）。"就像在说："我失败了。"这一枪并没有直接击中凡·高的心脏，而是走向了躯干外侧，在胃和腹股沟之间。凡·高爬上楼梯，蜷卧在小房间里，弟弟闻讯后立刻赶来没日没夜地照料他，加歇医生也陪在他身边。两天后，当凡·高在弟弟和朋友的陪伴中离世时，嘴里还叼着烟斗。

（瓦勒德瓦兹省，法兰西岛大区）公墓，文森特·凡·高和提奥·凡·高的墓碑，以及1890年7月29日画家离世时所居的拉弗客栈。

7月30日，凡·高被埋葬在奥维尔公墓，举办了简陋的葬礼。他的好朋友图卢兹·劳特雷克没能参加葬礼，他之后写信给提奥，表达了自己对这一悲剧迟来的哀恸。比哥哥小四岁的提奥承受不住痛失亲人的哀痛，频生重病：9月份患上了严重的梅毒，10月9日又发作了精神疾病，危及生命。三天后，他在乌得勒支医院住院，于1891年1月25日去世。1914年，提奥的遗体被迁至凡·高的墓冢旁边，两兄弟长眠于彼此身旁。传说，迁坟当日，挖开凡·高墓冢的人惊讶地发现，在画家的胸前生着一束苦艾草。当然，这只是一个传说。我们信，则有。

作品110
《雨中的奥维尔》(奥维尔，1890年)。卡迪夫，威尔士，英国
威尔士阿姆格达·西姆鲁国家博物馆 戴维斯姐妹收藏

作品111—112
《雨中的桥》
整体与局部
(巴黎1887年)。阿姆斯特丹，凡·高博物馆(文森特·凡·高基金会)。

作品112

从星辰到落雨

作品110

1890年7月10日到14日之间，凡·高去世前两周左右，奥维尔的天气总是多云，频繁落雨。不管是漂泊在英国，还是回到故乡，凡·高对弟弟提奥和其他朋友说起过最多的天气也是下雨。1876年在拉姆斯盖特，凡·高曾用铅笔画下人生中最早的草稿——英国沿海小镇的雨中风景。1990年，马可和东德洛在一个多雨的清晨曾拍摄过类似的照片。从同一角度看，凡·高的绘画是十分写实的，甚至比照片更为真实（见第41页作品9）。从凡·高的画中，仿佛能感到潮湿的气氛，灰蒙蒙的天空，甚至能听到雨在蒙蒙地下着，海鸥在海上发出刺耳啼鸣。

凡·高就是这样，在艺术生涯之初就开始了对雨的怀想，带有诗意地将雨描绘出来。他曾经对提奥讲述了他从艾尔沃思赶去伦敦的那段漫长路程。早晨四点启程，“路是泥泞的，阴雨天，远处有暴风雨的云朵”，赶到伦敦时太阳已经升起了（埃尔沃思，1876年10月3日。致提奥，092I）。在同一封信中，他推荐弟弟读一些诗句，来自他最喜欢的诗人朗费罗：

……

我看见村庄的灯光

在雨雾中隐约闪亮

悲哀将我笼罩

我的灵魂已无法抵抗

朗费罗，（Henry Wadsworth Longfellow，1807—1882年），

《一天结束》1844年

作品111

读着朗费罗的诗句，雨雾中隐约闪着村庄的灯光，怎么能不联想起凡·高生前的绝笔——《雨中的奥维尔》？这幅画是横向构图，不算特别出名，画于著名的《暴雨天空下的麦田》（作品99，第203页）前后几天内。画里阴沉的暴风雨通常被认为是即将发生悲剧的凶兆。

我们不想过多地纠结于心理分析，只是想指出，雨天作为一种极端天气，是画作中很难表达的一种天气，其难度不亚于星空。但星空和雨天正是凡·高在生前最后几个月里最为执着的主题。

（瓦勒德瓦兹省，法兰西岛大区）凡·高和提奥
长眠的公墓栅栏门(1990年摄)

在这些描绘雨天的作品里，我们可以看出日本艺术家对凡·高的启发。凡·高生前一直认为，只有日本画家能够忠实地描绘自然的各个方面，简直能与自然合而为一，“好像它们本身就是花朵一般”。例如，歌川广重用了一些横向笔触成功地描绘了突然的倾盆大雨。在巴黎时期，凡·高用谨慎的态度重现了日本版画风格的构图（第222、223页，作品111—112）。但是在奥维尔时期，凡·高笔下倾盆大雨中的村庄与他的“日式风格”有着云泥之别：没有人的身影，勉强可辨的乌鸦飞行，村庄被雨水漫灌，大雨几乎从画布里涨出来。尽管还画着几所房子，但这几乎是凡·高最抽象的画。很有可能的是，凡·高是在距离奥维尔步行20分钟的梅里奥塞架起的画架：画面的中央是沿河的一排白杨树，左边是一排房屋，然后可以看到奥维尔教堂的轮廓。在那个位置确实是可以看到教堂的。

奥维尔。1990年，我第一次访问这个风景如画的村庄，这个文森特·凡·高人生旅途接近尾声的地方。我们在教堂之外的墓地驻足，在那里长眠着画家和他的兄弟。如今这里是来瞻仰凡·高的游客参观最多的地方，每年有成千上万的人来到这里。我们到这里时，大门是半闭的。在庆祝艺术家逝世一百周年之前这里还鲜有人光顾。如今这里则一直开放，允许所有人向这位伟大的艺术家及其忠诚的兄弟致敬。我从没问过马里奥和达尼洛，他们拍的那张黑白照片是否在致敬奥森·威尔斯的电影《公民凯恩》（*Citizen Kane*）中最著名的画面。照片是从下往上拍的，并带有指示二人坟墓的标志。在电影《公民凯恩》中，查尔斯·福斯特·凯恩（Charles Foster Kane）去世的那天，一个长镜头从下往上拍过他的家门口，标示上面刻着：禁止进入。其实，在奥维尔每个人都可以进入公墓，他们的照片也许和奥森·威尔斯没有任何关系，一切都可能只是我的个人感觉。如果达尼洛没有对我讲解钮南酒馆里玩台球的年轻人（第18—19页），我可能会简单地认为画家只是想表达阿尔勒酒馆里的台球厅。其实，凡·高对人物的构图，那种夜晚场景的布置，在钮南博物馆里最著名的那幅《吃土豆的人》（第70页作品16）就有所展露。

不管是摄影，还是绘画艺术，个人的感悟都在推动着我们朝着各个不同的方向探究。这也正是我和两位摄影师历经三十个春夏一直所做的。这场灵魂之旅依然会继续，我也希望读者可以用自己喜欢的方式，继续将它走下去。

伟林
伦敦
埃尔沃斯
拉姆斯盖特
阿姆斯特丹
德兰特
席凡宁根
海牙
多德雷赫特
布拉邦特
安特卫普
布鲁塞尔
博里纳日
瓦兹河畔的奥维村
巴黎
圣雷米
阿尔勒
普罗旺斯
圣玛丽海滨
马赛

凡·高经历的重要地点和时间

1853年

3月30日，津德尔特（北布拉班特省，荷兰）文森特·威廉·凡·高在牧师寓所出生，距离母亲诞下夭亡的哥哥正好一年。文森特·凡·高是牧师西奥多勒斯·凡·高（1822—1885年）和安娜·柯内莉亚·凡·高·卡本图斯（1819—1907年）的长子。在文森特出世后，夫妇二人又生下了4个儿女，分别是安娜·柯内莉亚（1855—1930年），后来嫁给约安·马里乌斯·范·修滕（Joan Marius van Houten，1850—1945年），提奥（1857—1891年），伊丽莎白·修伯塔（又名莉也，1859—1936年），后来嫁给让·飞利浦·杜肯（Jean Philippe Du Quesne，1840—1921年），威尔米纳（又名威尔，1859—1936年），柯内留斯（又名科尔，1867—1900年）。

1861年

1月津德尔特（北布拉班特省，荷兰）——去公立学校读了几个月的书，之后的一年，他在家里上课，由家庭教师安娜·贝尔尼辅导。

1864年

10月1日至1866年8月31日，泽文贝亨（北布拉班特省，荷兰）——寄宿学校（Jan Provily's boarding school，A40 Zandweg）。

1866年

9月15日至1869年3月19日，蒂尔堡（北布拉班特省，荷兰）——蒂尔堡公立中学，现在在科维尔大街57号（57, Korvel）。

1869年

7月30日——文森特·凡·高搬到了海牙（荷兰南部），得益于叔叔森特的帮助，文森特凡·高开始在古皮尔画商的荷兰分公司做销售，后来叔叔将公司交给了赫尔马努斯·吉·蒂尔斯蒂格打理(32，Lange Beestenmarkt)。这段时间凡·高主要在画画、参观博物馆、收集照片和版画。

1871年

1月29日——凡·高一家搬到了赫尔沃特（北布拉班特省，荷兰）。住在托雷斯特拉特街47号（47, Torestraat）。

1872年

8月至9月，海牙——提奥拜访凡·高，二人参观博物馆，在席凡宁根海滩散步。

9月29日，兄弟二人展开书信来往。

1873年

1月6日，布鲁塞尔——提奥在古皮尔的比利时分公司工作，蒙塔涅·德拉库尔街58号（58, Rue Montagne de la Cour）。

1月26至27日，阿姆斯特丹——拜访科尔叔叔。

4月13日，赫尔沃特（北布拉班特省，荷兰）——回家探亲。

5月12日——曾在巴黎停留数日。

5月19日前后——凡·高前往伦敦，在古皮尔伦敦分公司工作，南安普顿街17号（17, Southampton Street），参观大英博物馆，国家画廊，华勒斯典藏馆，南肯辛顿博物馆（如今的维多利亚与艾尔伯特博物馆）。

8月——参观皇家艺术学院夏季展(Royal Academy of Arts Summer Exhibition)。

8月底——从一个不知名的地方搬到布里克斯顿,住在哈克福德路87号，卢瓦耶夫人的家里。（87, Hackford Road）。

1874年

6月27日至7月14日，赫尔沃特——拜访父母，然后到海牙找提奥。提奥从1873年11月起在古皮尔的荷兰公司工作。妹妹安娜到伦敦找工作，住在哈克福德路卢瓦耶夫人家。

8月10日前后，伦敦南部，肯宁顿路395号，(395, kennington road)，文森特和安娜搬到了约翰·帕克的家中，文森特爱上了卢瓦耶夫人的女儿。

8月24日，韦林（赫特福德，英国）安娜在一所学校教法语，住在玫瑰小屋，教堂街第22号Church Street)。

10月26日，巴黎——在古皮尔的巴黎分公司短暂停留。

12月底，赫尔沃特（北布拉班特省，荷兰）——回家探望父母，紧接着提奥也回来了。

1875年

1月，伦敦——文森特·凡·高在由古皮尔画商接管的霍洛威&森斯画廊（Holloway & Sons Gallery）工作。

5月中旬，巴黎——文森特·凡·高被调到古皮尔公司总部，住在蒙马特的一间小公寓里，地址不详。

10月22日——凡·高父母搬到埃滕。

1876年

1月4日，巴黎——凡·高从古皮尔画商辞职。

3月31日至4月14日——文森特在埃滕和父母待在一起，提奥也回来探亲。

4月17日，拉姆斯盖特（肯特，英国），凡·高在斯宾塞广场11号的斯托克学校教学。

6月12至17日——步行前往伦敦，然后去韦林探望妹妹安娜。

6月最后一周——斯托克学校搬到了埃尔沃斯（密德萨斯，英国），文森特·凡·高也随着搬来了此处。他被史莱德牧师聘为助教，工作地点是老霍姆法院。这个时期凡·高开始布道。

10月29日，里士满（伦敦）——在循道会教堂，凡·高举行了人生中第一次布道。

12月20日——凡·高回到埃滕父母身边，妹妹安娜也回来圣诞节。

1877年

1月14日，多德雷赫特——凡·高在布鲁瑟·冯布拉书店当售货员，经理是布拉特。住在商人彼得·里肯的家里(A312, Tolbrugstraat)。

4月1日——和提奥在埃滕。

5月2日至14日——和提奥在海牙。

5月14日，阿姆斯特丹（荷兰）——凡·高来到阿姆斯特丹准备神学的学习，和叔叔海因住在一起(3, Grote Kattenburgerstraat)。

12月底——在埃滕和父母在一起。

1878年

1月——回到阿姆斯特丹

8月26日——拉肯（布鲁塞尔），凡·高进修福音传教士。

11月25日——凡·高没有通过传教士考试。

12月26日——抵达比利时博里纳日。

1879年

1月——瓦姆村（科丰泰恩），住在面包师让·巴蒂斯特·丹尼斯的家里。

2月1日，博里纳日（荷兰）——任职教区临时牧师。

8月——库斯梅斯，住在矿工约瑟夫·爱德华·德克鲁克的家里（3, rue du Pavillon）。这个时期的凡·高致力于绘画，提奥曾经来访。

8月15至19日——在埃滕短暂停留。

11月——提奥搬到巴黎，在古皮尔公司获得了稳定的岗位。

1880年

3月——步行来到科瑞尔斯（法国），投奔画家朱尔斯·布雷顿，但对工作室感到比较失望，没有加入。

7月——库斯梅斯，回到矿工查尔斯·路易斯·德克鲁克的家里（5, rue du Pavillon）。

10月——凡·高从博里纳日到比利时布鲁塞尔，住在一家小旅馆（72, boulevard du Midi）。

11月第一周——进入美术学院开始学习，在同学们的能力考试中排名最后。

1881年

4月12日——凡·高回到埃滕。有时他会去海牙找安东·莫夫，这位表亲会经常指点他，鼓励他。凡·高和父亲起了争执，12月，凡·高决定回到海牙。

1882年

1月，海牙——文森特·凡·高在安东·莫夫家待了三个星期，文森特在距离安东·莫夫不远的地方租了一间工作室。

1月底——遇见妓女西恩，和西恩搬到了一起住。

5月7日——写信给提奥表明自己和安东·莫夫吵了架，导致了决裂。

6月7日——文森特·凡·高因出血过多在市立医院住院。在身体恢复后，凡·高经常开始在席凡宁根海滩作画。

8月4日——凡·高的父母搬到钮南（北布拉班特省，荷兰）。

1883年

9月11日——离开了海牙和西恩，前往德伦特（荷兰北部）。凡·拉帕德经常对凡·高描述这里。凡·高首先定居在霍赫芬的阿尔伯图斯·哈苏克，在那里停留了两周。凡·高在这里探索沼泽地，沿着运河漫步，描绘农庄、劳作中的男人和女人、田野和荒地。

9月底——凡·高乘坐驳船沿着运河去往新阿姆斯特丹，大约是下午一点出发，晚上十点左右到达。驳船最后停靠在一座吊桥附近，临近亨德利·肖尔特的酒店，凡·高在此下榻，住在一个大房间里，阳台朝向沼泽地、小屋和吊桥。

11月22日，兹韦洛——凌晨三点乘坐敞篷车外出写生，安东·莫夫和凡·拉帕德也经常到此地写生。凡·高此行并没有遇见在此经常写生的德国画家马克斯·利伯曼。

12月——离开德伦特，回到钮南。和父母住在教区的牧师寓所。他先在洗衣房里收拾出来一小块地方用来画画，后来凡·高住到了花园旁破破烂烂的门房里。

1884年

埃因霍芬（荷兰）——这个时期凡·高在学习音乐，同时为一些朋友教画画。向他学画的学生有烟草商科斯梅克，珠宝商赫尔努斯·吉佰图斯·特斯泰格。他为赫尔曼努斯的餐厅画了六幅装饰画。

1885年

3月26日——父亲突然离世。

10月——凡·高在阿姆斯特丹停留了三天，参观荷兰国家博物馆，倍受伦勃朗和弗朗斯·哈尔斯作品的启发。

11月28日——凡·高搬到安特卫普（比利时）。在颜料店楼上租了一间小房子，位于肖像街的194号（如今为224号）。

1886年

1月，安特卫普——1月18日考入美术学院，学习肖像画和石膏像素描。走访参观了博物馆、美术馆甚至很多教堂，十分喜欢鲁本斯的作品。

2月底——凡·高离开安特卫普，去巴黎投奔弟弟提奥。

2月28日——凡·高到达巴黎，和提奥居住在拉瓦尔大街25号的公寓里。

三月初至六月初——克里希大道的工作室里，凡·高在这里结识了约翰·彼得·罗素、埃米尔·贝尔纳、图卢兹·罗特列克以及很多艺术家，

荷兰

格罗宁根
德伦特
兹沃勒
阿姆斯特丹
新阿姆斯特丹
席凡宁根
海牙
鹿特丹
海尔福伊特
多德雷赫尔
布雷达
埃滕
蒂尔堡
欧普维坦
安特卫普
布拉邦特
埃因霍芬

奥维尔

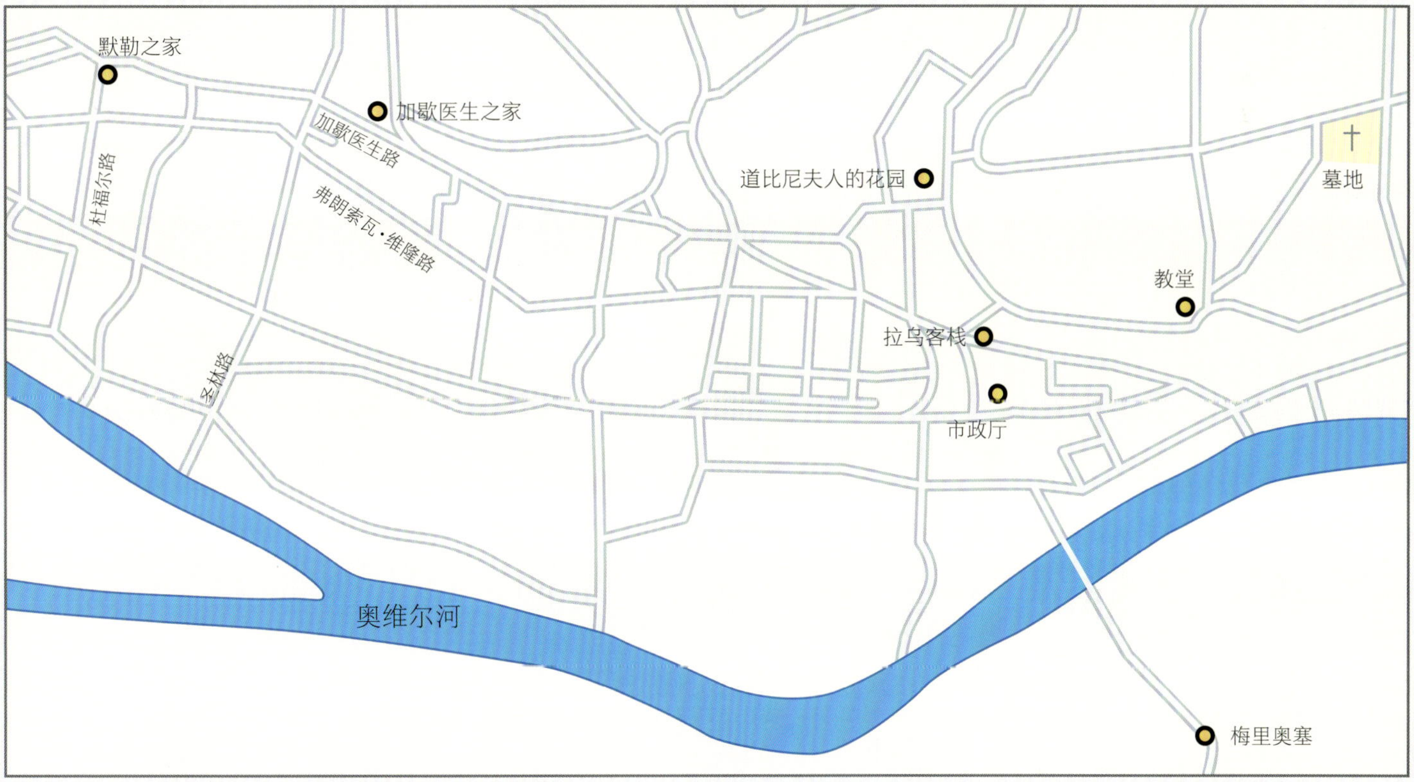
默勒之家
加歇医生之家
加歇医生路
杜福尔路
弗朗索瓦·维隆路
道比尼夫人的花园
墓地
教堂
拉乌客栈
圣林路
市政厅
奥维尔河
梅里奥塞

凡·高与他们保持了一生的友谊。

5月1日至6月30日——参观沙龙。

5月15日至6月15日——参观印象派画展。

6月初——凡·高与提奥一起搬到了蒙马特勒皮克街54号。

8月20日至9月21日——凡·高很可能在这段时间内参观了独立艺术家协会沙龙。

9月以及10月——凡·高在皮埃尔·费敏·马丁、乔治·托马斯以及阿丰斯·波提埃的画廊还有唐吉老爹的颜料店展出自己的作品，在唐吉老爹的店里卖出过至少一幅画。

秋季与冬季——因为和罗特列克友谊深厚，凡·高加入了罗特列克的工作室，参与前卫青年艺术家的周会。

1887年

2月——凡·高与商人亚历山大·瑞德建立了友谊。

2月至3月——凡·高在阿戈斯蒂娜·塞迦陀的铃鼓咖啡馆里举办了日本艺术个人收藏展览。

3月底——凡·高的妈妈从钮南搬到了布雷达，随身携带了凡·高留下的一些作品和收藏的插画杂志。

3月26日至5月3日——凡·高有可能参与了独立艺术家协会沙龙第三次展览。

5月——在阿涅勒拜访保罗·西涅克。

5月至6月——在巴黎乔治·珀蒂画廊与提奥一起参观第六届绘画雕塑艺术国际博览会。在巴黎美术学院参观米勒的画。

5月至6月——结识毕沙罗和他的儿子卢西安。

5月至7月——将自己的一幅画放在唐吉老爹的橱窗中展示。

1888年

1月——通过提奥在布索特&法拉东画廊的经营，凡·高得以见识了德加和高更的作品。

2月19日——与提奥一起去修拉的工作室参观了他的最新作品，之后凡·高便乘火车去了阿尔勒。

2月20日——到达阿尔勒。第一个落脚点是卡尔勒旅馆（30, rue de la Cavalerie）。

5月初——凡·高租用了黄房子东翼（2, place Lamartine），计划修建一间画室方便艺术家们聚在一起。在布置画室的期间凡·高居住在吉努夫妇的加莱咖啡馆楼上。

6月——凡·高在圣玛丽海滨停留了几天，多次游览蒙马儒修道院，画了多幅草稿图。此外还画了克劳平原风景图，背景中是阿尔皮勒山脉。

10月23日——高更从布列塔尼来到阿尔勒，和凡·高一起住在黄房子里。

12月23日——凡·高手拿剃须刀沿街追赶高更，吓坏了的高更住在一间客栈里。凡·高割下左耳，送给了在妓院工作的加布里埃尔，加布里埃尔并不是妓女。凡·高被送到阿尔勒医院接受治疗，高更离开了阿尔勒。

1889年

1月7日——凡·高离开阿尔勒医院。

2月9日——在阿尔勒医院又住了几天院。

3月——因阿尔勒市民请愿，凡·高仍被封闭在医院。

4月初——可以时不时回到黄房子，向保罗·西涅克展示自己的作品，其中有一幅画的是阿利斯康大道。

5月8日，圣雷米——凡·高被收治于圣保罗精神病院，被允许外出写生，留下了数十幅画。

1890年

1月，布鲁塞尔——在布鲁塞尔著名的“二十（Les XX）”展会上展出了一些凡·高的画。

1月31日——提奥的儿子文森特出生，文森特·凡·高画了一棵盛开的杏树。

3月20日至4月27日——在独立艺术家协会沙龙展出了一些凡·高的画。

5月16日——凡·高离开普罗旺斯，去巴黎找弟弟提奥。

5月20日，奥维尔（法兰西岛，法国）——从巴黎出发去奥维尔，在一家旅馆待了几天，由于太贵搬去了拉乌夫妇的客栈。结识了加歇医生和糖果商默勒，他们的家里经常聚集着很多法国艺术家。

5月25日——凡·高画了一幅加歇医生叼着烟斗的画像，并刻了一幅版画。

5月底至6月初——重新画了两幅加歇医生的画像。

6月4日前后——画了奥维尔小镇的教堂。

6月8日——弟弟提奥带着妻子和儿子来加歇医生家做客。

6月10日前后——画了多个版本的道比尼花园。

6月16日——作了《奥维尔小镇夜晚的白房子》一画。

7月14日——从拉乌客栈的房间里画了奥维尔的市政厅。

7月27日——凡·高朝自己开了枪。这把左轮手枪可能来自塞科尔坦兄弟。

7月29日——凡·高在提奥的照料中去世，死于拉弗客栈顶层的一个房间里。

7月30日——凡·高被安葬在奥维尔公墓。除了西奥和加歇医生，唐吉老爹、埃米尔·贝尔纳、吕锡安·毕沙罗也参加了葬礼。

参考资料

人名、地名索引

C

D

F

G

H

J

K

L

M

凡·高作品索引

字母F为首的编号主要参照雅戈·巴特·德拉费伊（Jacob-baart de la Faille，1886—1959）的《凡·高作品全目录》共4卷（*L'oeuvre de Vincent van Gogh*、*Catalog Raisonné*），巴黎-布鲁塞尔，1928，以及杂志《阿姆斯特丹-纽约》（*Amsterdam-New York*）1970。
字母JH为首的编号主要参照扬·哈尔斯克（Jan Hulsker，1907—2002）的《凡·高全集》（*The complete Van Gogh. Paintings, Drawings, Sketches*），纽约，1977。

1.（P.13）麦田鸦群（奥维尔，1890年7月），布面油画，51厘米×103厘米，阿姆斯特丹，凡·高博物馆，凡·高基金会F 779/JH2117
2.（P.17）去往塔拉斯孔的画家（阿尔勒，1888年7月），布面油画，48厘米×44厘米.之前藏于马格德堡，恺撒·腓特烈博物馆，二战期间遭到损坏。F448/JH1491
3.（P.28）献给保罗·高更的自画像，
（阿尔勒，1888年9月），局部，布面油画，61.5×50.3（全画见图73，第164页），剑桥（马萨诸塞州），哈佛艺术大学博物馆/福格美术馆。F475/JH1581
4.（P.29）母亲的肖像（阿尔勒，1888年10月），布面油画，40.6厘米×32.4厘米，帕萨迪纳（加利福尼亚州），诺顿·西蒙艺术博物馆F477 / JH502
5.（P.32）霍夫维弗湖（海牙，1873年春天），素描，22.2厘米×16.9厘米，阿姆斯特丹，凡·高博物馆（文森特·凡·高基金会）F477/JH1600
6.（P.34）埃滕的教堂和牧师寓所（埃滕，1876年4月），素描，9.5厘米×17.8厘米，阿姆斯特丹，凡·高博物馆（文森特·凡·高基金会），FXXI/JHjuv06
7.（P.35）埃滕花园的记忆（阿尔勒，1888年11—12月），布面油画，73厘米×92厘米，圣彼得堡，艾尔米塔什F496/JH1630
8.（P.36）哈克福德路的房子（伦敦，1873—1874年），素描，12.2厘米×16.6厘米，1972年被发现，出借到凡·高博物馆期限三十年，之后返回到凡·高家族手中。
9.（P.41）学校窗外的景色（拉姆斯盖特，皇家路6号，1876年5月31日），素描，6.9×10.9，阿姆斯特丹，凡·高博物馆（文森特·凡·高基金会），FXXVI
10.（P.44）三部巴黎小说（巴黎，1887年1月至2月间），油画，31.1厘米×48.5厘米，阿姆斯特丹，凡·高博物馆（文森特·凡·高基金会），F335/JH1226
11.（P.45）读小说的女人（阿尔勒，1888年10月至11月中旬），布面油画，73厘米×92.1厘米，F497/JH1632
12.（P.54）煤炭厂（博里纳日，1879年7月—8月），水粉画，26厘米×28厘米，阿姆斯特丹，凡·高博物馆（文森特·凡·高基金会），F1040
13.（P.56）雪中的矿工（库斯梅斯村，1880年8月至9月），水粉画，44厘米×55厘米，奥特洛，克勒勒·米勒博物馆，F831
14.（P.61）马格罗斯之家（库斯梅斯，1879—1880年），炭笔画，23厘米×29.4厘米，华盛顿，国家美术馆，阿曼德·哈默藏画，
15.（P.61）赞门尼克之家，（库斯梅斯，1880年6月—9月），炭笔画，22.8厘米×29.4厘米，华盛顿，国家美术馆，阿曼德·哈默藏画
16.（P.70）吃土豆的人，（钮南，1885年4月16日），布面油画，81.5厘米×114.5厘米，阿姆斯特丹，凡·高博物馆（文森特·凡·高基金会）F82/JH764
17.（P.71）悲伤，平版画（海牙，1882年11月）F1655/JH259。一幅原始手稿，该版本来自私人收藏（F929/JH129）
18.（P.71）吃土豆的人，以1885年4月16日油画版本为原型雕刻的版画。海牙，海牙市立博物馆。
19.（P.73）疲惫（Worn out）（埃滕，1881年9月至10月）。水粉画，阿姆斯特丹，斯蒂秦＆德波尔博物馆（Stichting P.&N.De Boer），F863/JH34.
20.（P.72）永恒之门（痛苦的老人）（普罗旺斯圣雷米，1890年5月）。布面油画，80厘米×64厘米，奥特洛，克勒勒·米勒博物馆。F62/JH922
21.（P.74）席凡宁根的洗衣房（席凡宁根，海牙，1882年7月），树胶水彩画，31.8厘米×54厘米，洛杉矶，保罗·盖蒂博物馆，F946/JH158
22.（P.77）席凡宁根海景（又称暴风雨），（席凡宁根，海牙，1882年8月），纸面油画，36.4厘米×51厘米，阿姆斯特丹，凡·高博物馆（文森特·凡·高基金会），里比乌斯·普勒提埃（A.E. Ribbius Peletier）遗赠. F4/JH187
23.（P.81）树林中的女人（海牙的树林），（海牙，1882年8月底至9月），纸面油画，39厘米×59厘米，奥特洛，克勒勒·米勒博物馆，F8/JH182

24.（P.82）沼泽地里工作的两个女人（新阿姆斯特丹，1883年10月），布面油画，26.8厘米×37.5厘米，阿姆斯特丹，凡·高博物馆（文森特·凡·高基金会），F19/JH409
25.（P.83）农舍（新阿姆斯特丹，1883年9月至11月）。布面油画，35.4厘米×55.7厘米，阿姆斯特丹，凡·高博物馆（文森特·凡·高基金会），霍赫芬（德伦特，荷兰），F17/JH0395
26.（P.84）新阿姆斯特丹的吊桥（新阿姆斯特丹，1833年10月），水粉画，39厘米×81厘米，格罗宁根，格罗宁根博物馆，F1098
27.（P.90）离开钮南教堂的信众（钮南，1884年1月、2月至1885年秋天）。布面油画，32.2厘米×54厘米，阿姆斯特丹，凡·高博物馆（文森特·凡·高基金会），F25/JH521
28.（P.93）静物与《圣经》，（钮南，约1885年10月28日），布面油画，65.7厘米×78.5厘米，阿姆斯特丹，凡·高博物馆（文森特·凡·高基金会）F117/JH946
29.（P.94）春日花园（钮南，1884年1月至2月）。纸面油画，25厘米×57厘米，格罗宁根，格罗宁根博物馆。2020年3月29日被盗。
30.（P.95）钮南教堂（钮南，1885年9月至10月）。布面油画，33厘米×43厘米，阿姆斯特丹，凡·高博物馆（文森特·凡·高基金会），F182/JH948
31.（P.96）欧普维坦的水磨（钮南，1884年11月），布面油画，44.9厘米×58.5厘米，当前所有者在苏富比拍卖会上购得（伦敦，2013年6月20日，编号336），F48/JH527
32.（P.97）乡间农舍（钮南，1885年5月），布面油画，64厘米×78厘米，阿姆斯特丹，凡·高博物馆（文森特·凡·高基金会），F83/JH777
33.（p.99）石膏像与两本书和一枝玫瑰（巴黎，1887年12月）。布面油画，55厘米×46.5厘米，奥特洛，克勒勒·米勒博物馆，F360/1349
34.（P.102）安特卫普城市风景（安特卫普，1885年12月至1886年2月），布面油画，43.7厘米×33.7厘米，阿姆斯特丹，凡·高博物馆（文森特·凡·高基金会），F260/JH970
35.（P.103）斯汀城堡（安特卫普，1885年2月），水粉画，13.1厘米×21.1厘米，阿姆斯特丹，凡·高博物馆（文森特·凡·高基金会），F1351/JH977
36.（P.107）女人后背石膏像，（巴黎，1887年2—3月），布面油画，40.8厘米×27.1厘米，阿姆斯特丹，凡·高博物馆（文森特·凡·高基金会），F216g/JH1055
37.（P.109）蒙马特：采石场与磨坊（巴黎，1886年6—7月），布面油画，32厘米×41厘米，阿姆斯特丹，凡·高博物馆（文森特·凡·高基金会），F230/JH1177
38.（P.110）带烟斗的自画像（巴黎，1886年9—11月），布面油画，46厘米×38厘米，阿姆斯特丹，凡·高博物馆（文森特·凡·高基金会），F180/JH1194
39.（P.113）从蒙马特看到的巴黎风景（1886年夏末）。布面油画，38.5厘米×61.5厘米，巴塞尔，巴塞尔美术馆，F262/JH1102
40.（p.114）巴黎一家餐馆内，1887年6—7月，布面油画，45.5厘米×56.6厘米，奥特洛，克勒勒·米勒博物馆，F342/JH1256
41.（P.115）勒皮克街公寓窗户的巴黎景色，（巴黎，1887年3—4月），布面油画，46厘米×38厘米，阿姆斯特丹，凡·高博物馆（文森特·凡·高基金会），F341/JH1242
42.（P.116）浮世绘：艺伎，溪斋英泉（1790—1848），（巴黎，1887年10月至11月），纸面油画，100.7厘米×60.7厘米，阿姆斯特丹，凡·高博物馆，凡·高基金会，F373/JH1298
43.（P.119）唐吉老爹（巴黎，1887年秋冬季节），布面油画，65厘米×51厘米，斯塔夫罗基金会收藏，已归爱德华·罗宾逊所有。F364/JH1352
44.（p.121）唐吉老爹，（巴黎，1887年秋冬季节），布面油画，92厘米×73厘米，巴黎，罗丹博物馆，F363 / JH1351
45.（p.125）蒙马特的小咖啡馆（巴黎，1886年10月），布面油画，49厘米×64里，巴黎，奥赛美术馆，F238/JH1178
46.（P.126）从吉拉登路看拉德磨坊（巴黎，1886年10月），布面油画，38.4厘米×46厘米，奥特洛，克勒勒·米勒博物馆，F227/JH1170
47.（P.129）布路特凡磨坊，（巴黎，1886年秋天），布面油画，55.2厘米×38厘米，兹沃勒，鹅卵石博物馆
48.（P.130）煎饼磨坊（布路特凡磨坊：真正的煎饼磨坊），（巴黎，1886年秋季），纸面油画，61厘米×50厘米。布宜诺斯艾利斯，国家美术馆F348/JH1182
49.（P131）蒙马特的风车磨坊（巴黎，1886年），布面油画，46.5厘米×38厘米。东京，普利司通美术馆（现纽约，拉斯登收藏J.S. Lasdon），F273/JH1116
50.（P.132）卡鲁塞尔桥（巴黎，1886年6月），布面油画，31厘米×44厘米，哥本哈根，新嘉士伯艺术博物馆，F221/JH1109
51.（P.134）艾涅尔的桥（巴黎，1887年夏），布面油画，53.5厘米×67厘米，苏黎世，布尔勒收藏展览馆，F301/JH327
52.（P.137）塞纳河上停泊的洗濯船（巴黎，1887年夏），布面油画，19厘米×27厘米，里士满，弗吉尼亚博物馆，F311/JH1325
53.（P.139）自画像，（巴黎，1887年秋天），布面油画，47厘米×35厘米，巴黎，奥赛美术馆F320/JH1334
54.（p.140）戴草帽的自画像（巴黎，1887年8月至9月），纸面油画，40.5厘米×32.5厘米，阿姆斯特丹，凡·高博物馆（文森特·凡·高基金会）。F469/JH1310
55.（p.140）带画架的自画像（巴黎，1887年12月至1888年2月），布面油画，65厘米×50.5厘米，阿姆斯特丹，凡·高博物馆（文森特·凡·高基金会）。F469/JH1356
56.（p.140）带画笔和颜料盘的自画像（普罗旺斯圣雷米，1889年8月底），布面油画，57.79厘米×44.5厘米。华盛顿，国家美术馆。F626/JH1770
57.（p.141）自画像（普罗旺斯圣雷米，1889年9月），布面油画，65厘米×54.2厘米。巴黎，奥赛美术馆。F627/JH1772
58.60.（p.144，p.146）阿尔勒的鸢尾花田（阿尔勒，1888年5月），局部与全图。布面油画，54厘米×65厘米，阿姆斯特丹，凡·高博物馆（文森特·凡·高基金会），F409/JH1416
59.（p.147）给埃米尔·贝尔纳的信以及朗格卢瓦桥的草稿（阿尔勒，1888年3月18日。致埃米尔·贝尔纳，587F）。纽约，陶藏品（Thaw collection），摩根图书馆与博物馆。
61.（p.149）特兰塔克耶桥（阿尔勒，1888年10月），布面油画，72.5厘米×91.5厘米，经佳士得拍卖行拍卖，（纽约，1987年6月19日，78号拍品），F481/JH1604
62.（p.149）从左岸看特兰塔克耶桥（阿尔勒，1888年6月），布面油画，65厘米×81厘米，经佳士得拍卖行拍卖，（纽约，2004年11月3日，41号拍品），F426/JH1468
63.（p.150）圣玛丽海滨（圣马迪拉莫，1888年6月），布面油画，51厘米×64厘米，阿姆斯特丹，凡·高博物馆（文森特·凡·高基金会）。F413/JH1452
64.（p.151）海滩边的渔船（圣马迪拉莫，1888年6月）。布面油画，64.5厘米×81厘米，阿姆斯特丹，凡·高博物馆（文森特·凡·高基金会）。F415/JH1460
65.（p.153）朗格卢瓦桥与阿尔勒的浣衣女（阿尔勒，1888年3月），布面油画，54厘米×65厘米，奥特洛，克勒勒·米勒博物馆。F397/JK1368
66.（p.154）一对爱人，未建成的画室（阿尔勒，1888年3月），布面油画，32.5厘米×23厘米，F544/JH1369
67.（p.155）朗格卢瓦桥（撑伞的女人）（阿尔勒，1888年5月），布面油画，49.5厘米×64.5厘米，科隆，瓦尔拉夫·瓦尔拉夫·理查尔茨博物馆。F570/JH1421

68.（p.156）拉克劳平原（圣雷米，1888年6月）。布面油画，73厘米×92厘米，阿姆斯特丹，凡·高博物馆，文森特·凡·高基金会。F412/JH1440

69.（p.159）蒙马特高地与废墟（阿尔勒，1888年7月）。素描，47.5厘米×59厘米，阿姆斯特丹，凡·高博物馆（文森特·凡·高基金会）。F1446/JH1504

70.（p.160）老磨坊（阿尔勒的老磨坊）（阿尔勒，1888年9月10日），布面油画，64.77厘米×53.97厘米，水牛城（纽约），奥尔布赖特·诺克斯美术馆。F550/JH1577

71.（p.162）两朵凋谢的向日葵（巴黎，1887年8月至9月），布面油画，43.2厘米×61厘米。纽约，大都会艺术博物馆，F375/JH1329

72.（p.163）花瓶里的12只向日葵（阿尔勒，1888年8月）布面油画，92.1厘米×72厘米，伦敦，国家博物馆。F454/JH1562

73.（p.164）献给保罗·高更的自画像（阿尔勒，1888年9月）。布面油画，61.5厘米×50.3厘米，剑桥，哈佛大学艺术博物馆/福格艺术博物馆。F476/JH1634

74.（p.166）黄房子（阿尔勒，1888年9月），布面油画，76厘米×94厘米，阿姆斯特丹，凡·高博物馆（文森特·凡·高基金会）。F464/ JH1589

75.（p.169）凡·高在阿尔勒的房间（阿尔勒，1888年10月），布面油画，72.4厘米×91.3厘米。阿姆斯特丹，凡·高博物馆（文森特·凡·高基金会）。F482/JH1608

76—78.（p.170，171）凡·高在阿尔勒的房间（圣雷米，1889年9月—10月），局部。布面油画，57.3厘米×74厘米（整体）。巴黎，奥赛博物馆。F483/JH1793

79.（p.172）阿利斯康的小路：落叶（阿尔勒，1888年11月1日），布面油画，72.8厘米×91.9厘米，奥特洛，克勒勒米勒博物馆。F486/JH1620

80.（p.172）阿利斯康的小路（阿尔勒，1888年11月），布面油画，91.7厘米×73.5厘米。经佳士得拍卖行拍卖（纽约，2003年11月4日，第25件拍品）。F569/JH1623

81.（p.175）阿尔勒女人（吉努夫人）。（阿尔勒，黄房子，1888年11月），布面油画，91.4厘米×73.7厘米，纽约，大都会艺术博物馆。F498/JH1624

82—83.（p.174）阿尔勒女人（阿尔勒，黄房子，1888年11月），整体与局部。布面油画，92.5厘米×73.5厘米，巴黎，奥赛博物馆，F498/JH1624

84.（p.176）粉色背景的阿尔勒妇女（普罗旺斯圣雷米，1890年2月）布面油画，65厘米×54厘米，巴西圣保罗，圣保罗艺术博物馆，F498/JH1894

85.（p.181）耳缠绷带的自画像（阿尔勒，1889年1月），布面油画，60厘米×49厘米，伦敦，科尔塔尔德画廊。F527 / JH1657

86.（p.182）阿尔勒医院中的花园（阿尔勒，1889年4月），布面油画，73厘米×92厘米，温特图尔，奥斯卡·莱因哈特（Oskar Reinhardt）收藏。F519/1687

87.（p.184）圣雷米精神病院的丝柏树（圣雷米，1889年10月），布面油画，92.2厘米×73.4厘米。洛杉矶，哈默博物馆，阿曼德·哈默收藏。F643/JH1799

88.（p.186）圣保罗修道院的回廊，（圣雷米，1889年10月）。油画，65.1厘米×49.1厘米。纽约，大都会艺术博物馆。F1529/JH1808

89.（p.188）佩洛莱斯溪谷，（圣雷米，1889年10月），布面油画，73厘米×91.7厘米，波士顿（马萨诸塞州），波士顿美术馆。F662/JH1804

90.（p.189）橄榄园（圣雷米，1889年夏），布面油画，72.5厘米×92厘米，奥特洛，克勒勒米勒博物馆。F585/JHJ1758

91.（p.191）罗讷河上的星夜，（阿尔勒，1888年9月20日至30日）。布面油画，72.5厘米×92厘米，巴黎，奥赛博物馆，F474/JH1592，

92.（p.192）夜间的露台咖啡（阿尔勒，集会广场，约1888年9月16日），布面油画，80.7厘米×65.3厘米，奥特洛，克勒勒米勒博物馆 F467/JH1580

93.（p.192）星月夜空下的丝柏小路（圣雷米，1890年5月12日至15日），布面油画，90.6厘米×72厘米。奥特洛，克勒勒米勒博物馆，F683/JH1982

94.（p.193）月亮初升（圣雷米，1889年7月13日，21:08），布面油画，72厘米×92厘米，奥特洛，克勒勒米勒博物馆，F735/JH1761

95，96（p.195，197）星夜，（圣雷米，1889年6月），布面油画，74厘米×92厘米，纽约，现代艺术博物馆。F612/JH1731

97，98（p.201）奥维尔小镇夜晚的白房子，在一颗明亮的星星之下（奥维尔小镇，1890年6月16日）。布面油画，59.5×73。圣彼得堡，艾尔米塔什博物馆。F766/JH2031

99.（p.203）暴雨天空下的麦田（奥维尔小镇，1890年7月）。布面油画，50.4厘米×101.3厘米，阿姆斯特丹，凡·高博物馆（文森特·凡·高博物馆）。F778/JH2097

100.（p.205）奥维的小屋（奥维尔小镇，1890年5月），布面油画，61厘米×73厘米，俄亥俄州，托莱多艺术博物馆。F759/JH1988

101.（p.208）加歇医生（《叼着烟斗的人》）（奥维尔小镇，1890年6月初）版画，18×15。F1664/JH2028

102.（p.209）玛格丽特·加歇在花园中（奥维尔小镇，1890年6月初），布面油画，46厘米×55厘米，巴黎，奥赛博物馆。F756/JH2005

103.（p.211）加歇医生，（奥维尔小镇，1890年6月上旬），布面油画，66厘米×57厘米，未知收藏，F573/JH2007

104.（p.210）静物与石膏像（巴黎，1887年12月）局部，布面油画，55厘米×46.5厘米（全画请见99页插图33）奥特洛，克勒勒米勒博物馆。F360/1349

105.（p.213）加歇医生的肖像，（奥维尔，1890年6月上旬），第二版，布面油画，68厘米×57厘米，巴黎，奥赛博物馆。F754/JH2014

106.（p.215）圣母升天教堂（奥维尔小镇，1890年6月4日）。布面油画，94厘米×74厘米，局部，巴黎，奥赛博物馆。F789/JH2006

107.（p.216）道比尼的花园（奥维尔小镇，1890年6月）。布面油画，51厘米×51厘米，阿姆斯特丹，凡·高博物馆（文森特·凡·高基金会）。F765/JH2029

108.（p.217）有猫经过的道比尼花园（奥维尔小镇，1890年7月），布面油画，56厘米×101.5厘米，贝斯利亚，康兹博物馆。F777/JH2105

109.（p.218）市政厅（奥维尔小镇，1890年7月14日），布面油画，72厘米×93厘米，F790/JH2108

110.（p.222—223）雨中的奥维尔（奥维尔，1890年）。布面油画，50厘米×100厘米，威尔士阿姆格达·西姆鲁国家博物馆，戴维斯姐妹收藏。F811/JH2096

111—112.（p.223）雨中的桥，整体和局部（巴黎1887年）。布面油画，73.3厘米×53厘米。阿姆斯特丹，凡·高博物馆（文森特·凡·高基金会）。F372/JH1297

P4—5罗讷河上的星夜，（阿尔勒，1888年9月20日至30日），局部。布面油画，72.5厘米×92厘米。全图见191页图91，巴黎，奥赛博物馆。F474/JH1592

P6圣母升天教堂（奥维尔小镇，1890年6月4日），局部。布面油画，94厘米×74厘米，全图见215页图106，巴黎，奥赛博物馆。F789/JH2006

参考文献

关于凡·高的文献不计其数，仅特此指出本书主要参考的、于研究主旨有益的材料。本书所引用的所有外语材料，无论是否已经存在意大利语译本，均由作者本人参考外语原文亲自核对审校，包括所引用的凡·高的书信。

Artaud 1947 – Antonin Artaud, *Van Gogh. Le suicidé de la société*, K éditeur, Paris 1947 (ed. it. *Van Gogh. Il suicidato della società*, Adelphi, Milano 1988).

Aurier 1890 – Georges-Albert Aurier, *Les Isolées: Vincent van Gogh*, in “Mercure de France”, 1 gennaio 1890, pp. 24-29.

Aurier 1889-1892 – Georges-Albert Aurier, *Scritti d’arte 1882-1892*, a cura di Elisa Baldini, Gianluca Tusini, Giuseppe Virelli, Mimemis, Milano/Udine 2019.

Bailey 1990 – Martin Bailey, *Young Vincent. The Story of Van Gogh’s Years in England*, Allison & Busby, Londra 1990.

Bailey 2019 – Id., *Living with Van Gogh*, White Lion, Londra 2019.

Beech 1988 – Martin Beech, *Millet’s Shooting stars*, in “Journal of the Royal Astronomical Society of Canada”, vol. 82 (n. 6), dicembre 1988, pp. 349-358.

Blondel 2019 – François Blondel, *Van Gogh – Années parisiennes: catalogue raisonné des tableaux peints à Paris (1886-1888)*, VisiMuZ, Parigi 2019.

Boime 1984 – Albert Boime, *Van Gogh’s Starry night: A History of Matter and a Matter of History*, in “Arts Magazine”, vol. 59 (n. 4), dicembre 1984, pp. 92-95.

Cabanne 1992 – Pierre Cabanne, *Qui à tué Vincent van Gogh?*, Quai Voltaire, Parigi 1992 (ed. it. *Chi ha ucciso Vincent van Gogh?*, traduzione di Eileen Romano, Skira, Milano 2013).

de Bruyn-Heeren 1996 – C. de Bruyn-Heeren, *Cornelis Schuitemaker (1813-1884), model for Vincent van Gogh*, in *Brabantse biografieën. Levensbeschrijvingen van bekende en onbekende Noordbrabanders*. vol. 4, J. van Oudheusden, Amsterdam/ Meppel 1996, pp. 109-112.

De la Faille 1928/1970 – Jacob Baart De la Faille, *L’Oeuvre de Vincent van Gogh. Catalogue Raisonnée*, Parigi-Bruxelles 1928 (ed. rivista *The Works of Vincent van Gogh. His Paintings and Drawings*, Reynal & Company/Meulenhoff International, New York/Amsterdam 1970).

Du-Quesne Van Gogh 1910 – Elizabeth Du-Quesne Van Gogh, *Personal Recollections of Vincent van Gogh*, Dover/New York 2017 (ed. or. *Vincent van Gogh. Persoonlijke herinneringer aangaande een kunstenaar*, Baarn 1910; ed. it. Elisabeth van Gogh, *Vincent, mio fratello*, Skira, Milano 2010).

Flammarion 1880 – Camille Flammarion, *Les comètes les étoiles et les planètes*, “L’Astronomie Populaire”, Eugène Ardant editeurs, Limoges 1880.

Flammarion 1882 – Id., *Les étoiles et les curiosités du ciel. Description complète du ciel visible à l’oeil nu et de tous les objects célestes faciles à observer*, supplément de “L’Astronomie Populaire”, Parigi 1882.

Flammarion 1886 – Id., “L’Astronomie 1886”, tomo V, vol. 15, Gauthier-Villars et Fils, imprimeurs-libraires de l’Observatoire de Paris, Parigi 1886.

Flammarion 1887 – Id., “Revue d’Astronomie populaire 1887”, tomo VI, Gauthier-Villars et Fils, imprimeurs-libraires de l’Observatoire de Paris, Parigi, 1 gennaio 1888.

Flamarion 1888 – Id., “L’Astronomie 1888”, revue mensuelle d’Astronomie populaire, tomo VIII, Gauthier-Villars et Fils, imprimeurs-libraires de l’Observatoire de Paris, Parigi, 1 gennaio 1889.

Fossi, De Marco, Dondero 1990 – Gloria Fossi, *Sulle tracce di Van Gogh. Alla ricerca dei luoghi, dei segni, del mito*, fotografie di Danilo De Marco e Mario Dondero, Giunti, Firenze 1990.

Fossi 1993 – Gloria Fossi, *Biondo Rubens. Théophile Gautier sulle tracce del maestro fiammingo* in “Art e Dossier”, n. 79, maggio 1993, pp. 24-29.

Fossi 1996 – Ead., *Il Ritratto. Gli artisti, i modelli, la memoria*, Giunti, Firenze 1996.

Fossi 2017 – Ead., *I libri rossi, gialli e blu di Van Gogh*, in “Art e Dossier”, ottobre 2017, n. 347, pp. 82-83.

Fossi 2020 – Ead., *La digitale del dottor Gachet*, in “Art e Dossier”, settembre 2020, n. 379, pp. 60-63.

Gautier 1839 – Théophile Gautier, *La Toison d’or* (1839), in “La Presse”, 6-12 agosto 1839 (ed. it. *Il vello d’oro e altri racconti*, a cura di Lanfranco Binni, Giunti, Firenze 1993).

Gayford 2006 – Martin Gayford, *The Yellow house: Van Gogh, Gauguin, and nine turbulent weeks in Arles*, Fig Tree, London 2006 (ed. it. *La casa gialla*, Excelsior 1881, Milano 2007).

Goncourt 1865 – Edmond et Jules de Goncourt, *Germinie Lacerteux*, Charpentier, Parigi 1865.

Guillemin 1864 – Amédée Guillemin, *Le Ciel, Notions d’Astronomie à l’usage des gens du monde et de la jeunesse*, Hachette, Parigi 1864.

Guzzoni 2014 – Mirella Guzzoni, *Van Gogh. L’infinito specchio. Il problema dell’autoritratto e della firma in Vincent*, prefazione di Massimo Recalcati, Mimesis, Milano/Udine 2014.

Guzzoni 2020 – Ead., *Vincent’s Book. Van Gogh and the Writers Who Inspired Him*, Thames & Hudson, Londra 2020 (ed. it. *I libri di Vincent*, in corso di stampa, Johann & Levi, Milano 2020).

Hendriks, van Tilborgh 2011 – Ella Hendriks, Louis van Tilborgh, *Vincent van Gogh. Paintings 2: Antwerp & Paris 1885-1888*, Lund Humphries Pub Ltd, Amsterdam 2011.

Hulsker 1977 – Jan Hulsker, *The complete Van Gogh. Paintings, Drawings, Sketches*, Abrams, New York 1977.

Inner Circle’s 2019 – *Van Gogh’s Inner Circle. Friends, Family, Models*, catalogo della mostra a cura di Sjraar van Heugten, Helewise Berger, con un contributo di Laura Prins (‘s Hertogenbosch, 21 settembre 2019-12 gennaio 2020), ACC ART Books, ‘s Hertogenbosch 2019.

Jacobi 2019 – Carol Jacobi, *Starry nights* in *Van Gogh and Britain* 2019, pp. 58-61.

Jansen, Luijten, Bakker 2009 – Leo Jansen, Hans Luijten, Nienke Bakker, *Vincent van Gogh – The Letters: The Complete Illustrated and Annotated Edition*, 6 voll., Londra/Amsterdam 2009; www.vangoghletters.org

Jansen, Luijten, Bakker 2013 – *Vincent van Gogh, Scrivere la vita*, selezione di lettere a cura di Leo Jansen, Hans Luijten, Nienke Bakker, Donzelli, Roma 2013.

Jaspers 1951 – Karl Jaspers, *Strindberg und Van Gogh*, Piper Verlag, Berlin 1951 (ed. it. *Genio e follia. Strindberg e Van Gogh*, Raffaello Cortina, Milano 2001).

Knapp, Van der Veen 2009 – Peter Knapp, Wouter van der Veen, *Vincent van Gogh à Auvers*, Editions du Chêne, Parigi 2009 (ed. it. *Vincent van Gogh. Sotto il cielo di Auvers*, Contrasto, Roma 2010).

Lettere 2006 – Vincent van Gogh, *Lettere a un amico pittore*, a cura di Maria Mimita Lamberti, traduzione di Sergio Caredda, Rizzoli, Milano 2006 (VI ed. Milano 2020).

Lettere 2013 – Vincent van Gogh, *Lettere* (selezione parziale), a cura di Cynthia Saltzman, traduzione di Margherita Botto, Laura Pignatti, Chiara Stangalino, Einaudi, Torino 2013.

Maupassant 1885 – Guy de Maupassant, *B el-Ami*, I ed. a puntate in "Gil Blas", 6 aprile-30 maggio 1885.

Making van Gogh 2019-2020 – *Making van Gogh. A German Love story*, catalogo della mostra a cura di Alexander Eiling, Felix Krämer, con Elena Schroll (Francoforte, Staedel Museum, 23 Ottobre 2019-16 febbraio 2020), Hirmer, Francoforte 2019.

Metzger, Walther 2008 – Rainer Metzger, Inigo Walther, *Vincent van Gogh 1853-1890* (2003), Taschen, Colonia 2008 (ed. it. aggior-nata *Vincent van Gogh, Tutti i dipinti*, 2015).

Mirbeau 1892-1893 – Octave Mirbeau, *Dans le ciel*, in "L'Écho de Paris", 20 settembre 1892-3 maggio 1893, (I ed. integrale in volume: Éditions de l'Échoppe, Caen 1989) (ed. it. *Nel cielo*, traduzione di Albino Crovetto, Skira, Milano 2015).

Otterlo 2003 – Jos ten Berge, Teio Meedendorp, Aukje Vergeest, Robert Verhoogt, *The Paintings of Vincent van Gogh in the Collection of the Kröller-Müller Museum*, Kröller-Müller Museum, Otterlo 2003.

Murphy 2016 – Bernadette Murphy, *Van Gogh's Ear. The True Story*, Vintage, Londra 2016.

Olson 2014 – Donald W. Olson, *Celestial Sleuth: Using Astronomy to Solve Mysteries in Art, History and Literature*, Springer Praxis Books, New York 2014.

Olson 2018 – Id., *Further Adventures of the Celestial Sleuth: Using Astronomy to Solve More Mysteries in Art, History, and Literature*, Springer Praxis Book, New York 2018.

Pollock 1978 – Griselda Pollock, *Vincent van Gogh: Artist of His Time*, Phaidon, Oxford 1978.

Saltzmann 1998 – Cynthia Saltzmann, *Portrait of Dr. Gachet: The Story of a Van Gogh Masterpiece*, Penguin, Londra 1999 (ed. it. *Ritratto del dottor Gachet*, traduzione di Clelia Bettini, Einaudi, Torino 2009).

Shaeberle 1903 – Shaeberle, J.M., *The ring nebula in Lyra and the dumb-bell nebula in Vulpecula, as great spirals*, in "Astronomical Journal", 1903 (23), pp. 181-182.

Starobinski 2012 – Jean Starobinsk *L'éncre de la Mélancolie*, Éditions du Seuil, Parigi 2012 (ed. it. *L'inchiostro della malinconia*, traduzione di Mario Marchetti, Einaudi, Torino 2014).

Thomson 2008 – Richard Thomson, *The Starry night*, The Museum of Modern Art, New York 2008 (II ed. 2017).

Tobin-Holberg 2008 – W. Tobin, J.B. Holberg, *A newly-discovered accurate early Drawing of M51, The Whirlpool Nebula*, in "Journal of Astronomical History and Heritage", 2008 (11/2), pp. 107-115.

Tralbault 1969 – Marc Edo Tralbault, *Van Gogh, le mal aimé*, Lazarus, Losanna 1969.

Un ami de Cézanne 1999 – *Un ami de Cézanne et Van Gogh. Le Docteur Gachet*, catalogo della mostra a cura di Anne Distel, Susan Alyson Stein, Andreas Blühm (Parigi, Grand Palais, 28 gennaio-26 aprile 1999 / New York, The Metropolitan Museum of Art, 17 maggio-15 agosto 1999), RMN, Parigi 1999.

Van Gogh 1990 – *Vincent van Gogh*, 2 voll., catalogo della mostra (Amsterdam, Van Gogh Museum [Paintings]/Otterlo, Kröller-Müller Museum [Drawings, 30 marzo - 29 luglio 1990) De Luca/ Mondadori, Roma/Milano 1990.

Van Gogh et Gauguin 2002 – *Van Gogh et Gauguin. L'atelier du Midi*, catalogo dell mostra a cura di Douglas W. Druick, Peter Kort Zegers, (Chicago, The Art Institute/Amsterdam, Van Gogh Museum 2002) Gallimard, Parigi 2002.

Van Gogh and Britain 2019 – *Van Gogh and Britain*, catalogo della mostra, introduzioni di Carol Jacobi e Ben Okri (Londra, Tate Britain, 27 marzo-11 agosto 2019), Londra 2019.

Van Gogh and the Colors 2008 – *Van Gogh and the Colors of the Night*, catalogo della mostra a cura di Sjraar van Heugten, Joachim Pissarro, Chris Stolwijk (New York, The Museum of Modern Art/Amsterdam, Van Gogh Museum, settembre 2008-giugno 2009), Van Gogh Museum/The Museum of Modern Art, Mercatorfonds, Bruxelles 2008.

Van Gogh 2015 – *Van Gogh in the Borinage. The Birth of an Artist*, catalogo della mostra a cura di Sjraar van Heugten et alii (Mons, Musée des Beaux Arts, 2015), Mercatorfonds, Bruxelles 2015.

Van Gogh l'uomo e la terra 2015 – *Van Gogh. L'uomo e la terra*, catalogo della mostra a cura di Kathleen Adler (Milano, Palazzo Reale, 18 ottobre 2014-8 marzo 2015), Motta/ilSole24ore cultura, Milano 2014.

Van Gogh Bonger 1914 – Johanna Van Gogh Bonger, *Vincent van Gogh* (1914, prefazione alla prima edizione integrale delle *Lettere*, I ed. it. 1954), ed.it.: *Vincent van Gogh*, traduzione di Guido Coppi, con uno scritto di Elio Grazioli, Abscondita, Milano 2007.

Van Tilborgh, Vellekop 1999 – Louis van Tilborgh, Marije Vellekop, *Vincent van Gogh, Paintings I. Dutch Period 1881-1885*, Amsterdam 1999.

Van Tilborgh 2006 – Louis van Tilborgh, *Van Gogh and Japan*, Van Gogh Museum, Amsterdam 2006.

Vellekop, Van Heugten 2001 – Marije Vellekop, Sjraar van Heugten, *Vincent van Gogh, Paintings I. Dutch Period 1885-1888*, Amsterdam 2001.

Whitney 1986 – Charles Whitney, *The Skies of Vincent van Gogh*, in "Art History", vol. IX (n. 3), settembre 1986, pp. 355-362.

Zola 1878 – Émile Zola, *Une page d'amour*, Charpentier, Parigi 1878.

图片信息来源

Le immagini fotografiche originali sono di Danilo De Marco e Mario Dondero, salvo dove altrimenti indicato. Inoltre segnaliamo:

Alamy Stock Photo / IPA: © Art Collection, 28 a; © "Art Collection 3", 97 a; © FineArt, 28, 164, 193; © GL Archive, 31; © Heritage Image Partnership Ltd, 222; © Historic Images, 95 a; © PAINTING, 218; © Peter Barritt, 188 a; © Pictures Now, 84; © The Picture Art Collection: 34 a, 83 b
© Bridgeman Images: 71 a, 182
Contrasto: © Album, 54 b; © Everett Collection / CBS Films, 177
Getty Images: © Archive Photos / Pictorial Parade, 118 d; © DeAgostini, 125, 189 b; © Heritage Images / Fine Art Images, 90, 134, 149 b, 169, 172, 181; © ullstein bild / ullstein bild, 152; © Universal Images Group / Picturenow, 126, 137; © Universal Images Group/ Sepia Times, 159; © VCG / Corbis / Francis G. Mayer, 149 a
© Gloria Fossi: 6, 44, 72, 99, 170, 171 a, 171 b, 190, 194, 210
© Sandro Fossi: 196
Mondadori Portfolio: © AKG-Images, 117; © Album, 103 a; © COLLECTION CHRISTOPHEL Warner Bros., 13 b
© Roger Viollet / Contrasto 130 b
Scala, Firenze: © Digital image, The Museum of Modern Art, New York, 195, 197; © Heritage Images / Foto Fine Art Images, 116, 156, 203
© Shutterstock: 25, 37, 39 b, 43 b, 124 b, 145, 151 b, 212, 220
© The Metropolitan Museum of Art, New York: 162, 175, 186
© The National Gallery of Art, Washington (DC): 61 a, 61 b, 140 b,
Wikimedia Commons: 4-5, 12, 24, 29, 32, 35, 36, 41, 45, 56 a, 70 b, 71 b, 74 a, 77, 78 b, 81, 82 a, 93, 94 a, 96 a, 102 d, 107 s, 107 d, 109, 110, 111, 113, 114, 115, 119, 121, 127 as, 127 bs, 129, 130 a, 131, 132, 139, 140 ad, 140 as, 141, 144, 146, 147, 150, 151 a, 153, 154, 155 a, 160, 163, 165 a, 165 b, 166, 172 b, 174 a, 174 b, 176 a, 176 b, 184, 191 a, 192 a, 192 b, 201 s, 201 d, 205, 209, 211, 213, 215, 216, 217, 223

In copertina: elaborazione grafica di Sansai Zappini da Vincent Van Gogh, *Autoritratto* (Parigi, Musée d'Orsay) e scatto fotografico di Danilo De Marco, Mario Dondero.

L'Editore si dichiara disponibile a regolare eventuali spettanze per le immagini di cui non sia stato possibile individuare la fonte.

作者简介

格洛丽亚·佛西（Gloria Fossi）

艺术史学家，畅销作家，记者，曾在佛罗伦萨、罗马与英法多地留学。从事视觉艺术与文学之间的关系以及比较研究，其著作被译成多达十一种语言，重要著作有：《乌菲兹美术馆：艺术、历史与收藏》（*Galleria degli Uffizi. Arte. Storia, collezioni*）；《裸体，爱的艺术手段》（*Il Nudo. Arte Eros Artificio*）；《肖像：艺术家，模特与记忆》（*Il Ritratto. Gli artisti, i modelli, la memoria*）；《南方的海：游历热带的艺术家，从高更到马蒂斯》（*Mari del Sud. Artisti ai tropici da Gauguin a Matisse*）。曾携手多名不同国家的著名摄影师和艺术史学家，主导设计并完成了一些不俗的作品。多年来她辗转多地，从欧洲到波利尼西亚，从撒哈拉以南非洲到印度洋，从安的列斯群岛到南太平洋，追随着许多艺术家与作家的足迹，诸如凡·高、马蒂斯、高更、毕加索、雨果·普拉特以及史蒂文森、康拉德、杰克·伦敦、萨默塞特·毛姆等。曾在意大利翻译出版埃德加·爱伦·坡的《阿瑟·戈登·皮姆历险记》，主编了罗伯特·路易斯·史蒂文森的《化身博士》以及约瑟夫·康拉德的《黑暗的心》。

达尼洛·德·马可（Danilo de Marco）

独立摄影师，意大利弗留利人，现居巴黎，近四十年来与大半个欧洲的记者保持合作，被称为“不需要邀请，通常不请自来”。本人常自称：“我不是摄影师，我只是个拍照的。”他的黑白照是对商业流量和网络热点的一种冷漠与无视。发表著作和展览有：“帕索里尼，无限的旋律”（Pasolini una melodia infinita）；“地球上的盐”（Il sale della Terra）、“阿尔戈号的船员（向克劳迪奥·马格里斯的70年致敬）（*Argonauta*）、另一个欧洲的游击队员（14年间在欧洲近一半国家拍摄地一千多张游击队员的面孔）（Partigiani di un'altra Europa）、我们如此词不达意（用文学讲述在意大利和世界各地旅行与相遇（Noi che siamo così poveri nel dire）、以你之眼看我（200多张照片展览）（Dentro i tuoi occhi per vedermi）。

人类学家詹保罗·格里曾说，“达尼洛是特立独行的狂热分子”。

马里奥·东德洛（Mario Dondero，1928—2015年）

第二次世界大战后最有感知、最有分量和最有天赋的摄影记者之一，拍下过很多经典的黑白镜头，诸如奥森·威尔斯的快速照片、皮尔保罗·帕索里尼的电影剧照以及阿尔贝托·贾科梅蒂的作品照，画面冲突感强烈。

东德洛年轻时曾是一名游击队员，曾参加过米兰的解放。后成为一名摄影记者，是米兰知识分子和摄影师群体的领军人物。1955 年移居法国，在那里生活了40年，与《新观察家》《世界报》《青年非洲》和《观察》等多家报刊合作，曾用镜头记录阿尔及利亚战争和阿富汗危机。

他有一张照片十分有名，拍摄于法国午夜出版社前，画面中是多位法国新小说作家，包括塞缪尔·贝克特、阿兰·罗布·格里耶和娜塔丽·萨洛特。

图书在版编目（CIP）数据

寻觅凡·高：追随大师足迹的艺术之旅/（意）格洛丽亚·福西（Gloria Fossi）编著；（意）马里奥·东德洛，（意）达尼洛·德·马可摄影；文潆羲译.—武汉：华中科技大学出版社，2022.6

ISBN 978-7-5680-6353-1

Ⅰ.①寻…　Ⅱ.①格…　②马…　③达…　④文…　Ⅲ.①凡高（Van Gogh, Vincent 1853-1890）－生平事迹　Ⅳ.①K835.635.72

中国版本图书馆CIP数据核字（2022）第057789号

SULLE TRACCE DI VAN GOGH
By Gloria Fossi

Direttore Divisione Arte Giunti Editore
Claudio Pescio

Traduzioni delle lettere di Van Gogh
Gloria Fossi

Fotografie originali
Danilo De Marco, Mario Dondero

湖北省版权局著作权合同登记　图字：17-2022-034号

寻觅凡·高：
追随大师足迹的艺术之旅
Xunmi Fan'gao: Zhuisui Dashi Zuji de Yishu zhi Lü

[意] 格洛丽亚·福西　编著
[意] 马里奥·东德洛
[意] 达尼洛·德·马可　摄影
文潆羲　译

出版发行：华中科技大学出版社（中国·武汉）　电话：（027）81321913
华中科技大学出版社有限责任公司艺术分公司　（010）67326910-6023
出 版 人：阮海洪

责任编辑：莽　昱　张丹妮
责任监印：赵　月　郑红红　　封面设计：邱　宏

制　　作：北京博逸文化传播有限公司
印　　刷：北京汇瑞嘉合文化发展有限公司
开　　本：635mm×965mm　1/12
印　　张：20
字　　数：90千字
版　　次：2022年6月第1版第1次印刷
定　　价：198.00元